GEOMORFOLOGÍA DE LEÓN

Ejemplos significativos
de procesos y formas de relieve

SERVICIO
DE PUBLICACIONES
UNIVERSIDAD DE LEÓN

GEOMORFOLOGÍA DE LEÓN

*Ejemplos significativos
de procesos y formas de relieve*

José María Redondo Vega

GML

Redondo Vega, José María

Geomorfología de León : ejemplos significativos de procesos y formas de relieve / José María Redondo Vega. –
[León] : Universidad de León. Servicio de Publicaciones, [2025].

377 p. : mapas, fot. col. ; 24 cm

ISBN 979-13-87583-22-4

1. Geomorfología-España-León (Provincia). I. Universidad de León. Servicio de Publicaciones. II. Título.

551.4.03/.05(460.181)

Edita: UNIVERSIDAD DE LEÓN
      Servicio de Publicaciones

Dirección editorial: JOSÉ MANUEL TRABADO CABADO
Diseño, maquetación y tratamiento de las imágenes: JUAN LUIS HERNANSANZ RUBIO

ISBN: 979-13-87583-22-4
Depósito legal: DL LE 430-2025

Imprime: LOZANO Impresores (Granada).
Impreso en España/*Printed in Spain*

León, octubre de 2025

UNIÓN DE EDITORIALES UNIVERSITARIAS ESPAÑOLAS

Esta editorial es miembro de UNE, lo que garantiza la difusión y comercialización de sus
publicaciones a nivel nacional e internacional.

A Ana, José Carlos, Alfonso y Fernando

"Nada es permanente a excepción del cambio"

Atribuida a **Heráclito de Éfeso**

"El conocimiento es una riqueza que se puede transmitir sin empobrecerse. Al contrario, enriquece a quien lo transmite y a quien lo recibe"

Nuccio Ordine

"Es mejor vivir con la duda, la incertidumbre y no saber, que tener respuestas que podrían estar equivocadas"

Richard Feynman

Índice

Las formas de relieve *dirigidas por el clima*

Prólogo

Escribir sobre la gran riqueza geomorfológica de León abre un amplio campo de trabajo, a la vez que entraña una cierta dificultad explicar los siempre complejos procesos que modelan la superficie, así como lo efímero y cambiante de las formas de relieve dependientes de ellos. Sin embargo, sí está claro el enfoque de este trabajo, pues al tratarse de la explicación de un conjunto de formas de modelado terrestre, y ser éstas objeto de la Geomorfología, forzosamente este debería ser geográfico y, por ello, abordarse desde el ámbito inmanente de la Geografía Física de la cual el saber geomorfológico forma parte principal y uno de sus fundamentos.

El relieve, como epidermis del sistema vivo que es el planeta, es algo cambiante, dinámico y en permanente evolución y transformación. Los cambios a veces son observables a escala del hombre, pero muchas veces no, son casi imperceptibles, pues se producen muy lentamente, aunque siempre suelen dejar su rastro en el relieve. Desde el campo de la Geomorfología es posible advertir el solapamiento de procesos y formas de relieve revelador de los cambios climáticos que un mismo espacio ha sufrido a lo largo de periodos de tiempo muy dilatados. Con frecuencia, los relieves adquieren la estructura de formas superpuestas, unas encima o al lado de otras, elaboradas bajo condiciones climáticas tan diferentes como un clima tropical húmedo, uno de extrema aridez, o uno muy frío con la mayor parte del agua disponible en estado sólido. Las diferentes escalas de análisis de esos cambios climáticos fueron ya señaladas hace décadas y en ellas se reflejan modificaciones en el clima de decenas de años y seculares, o variaciones a escala de cientos de miles de años, siendo su resultado las sucesivas herencias morfoclimáticas pero, ¿hasta cuándo debemos rastrear esos cambios?

Otras ciencias nos indican la presencia de restos de origen glaciar de varios cientos de millones de años en rocas de nuestro entorno que tienen una antigüedad de más de 440 millones de años. Ahora bien, ¿qué sentido tiene para el geomorfólogo hablar actualmente de "glaciación paleozoica" en el valle del río Luna si ese valle fluvial se formó mucho tiempo después, o de la existencia de depósitos formados por tormentas en las series sedimentarias paleozoicas generadas en mares someros tropicales? Cabe pensar que esos interesantes restos sólo indican procesos, similares a los que actualmente se dan en medios fríos, o en mares cálidos, pero nada informan, lógicamente, acerca de la configuración paleo-geográfica del entorno en el que se dieron, de la realidad del relieve entonces existente y mucho menos de dónde se localizaba este. Ahora bien, su existencia sí demuestra lo perecedero de las cosas, su constante trasmutación. Por ello, desde un punto de vista geomorfológico, es conveniente acercarnos mucho más al presente para rastrear esos cambios ambientales a través de pruebas y evidencias geomorfológicas, conservadas sobre todo durante el Cuaternario, que nos permitan perfilar más adecuadamente la explicación de los relieves.

No hay duda de la importancia de fijar la edad de los fenómenos que conforman las formas de relieve, pues la datación exacta y absoluta de los procesos es necesaria, para ordenar adecuadamente la sucesión de formas y procesos a lo largo del tiempo sobre un espacio. Pero no se debe olvidar tampoco que tan valioso como conocer "cuándo" se han producido es que ese dato vaya acompañado de una correcta explicación de la forma de relieve en concreto, de su proceso genético, "el qué", y también "el dónde" se ubica concretamente. El conocimiento de la edad precisa de un umbral glaciar, de un bloque errático, de un espeleotema, o de la materia orgánica que encierra un sedimento, es algo fundamental porque nos ayuda a rebajar la elevada carga de incertidumbre que siempre soporta la explicación geomorfológica. Pero sería deseable no hacerlo gravitar en exceso sobre la datación si ello supone aislarlo del contexto espacial en la que está inmerso.

Al encarar este trabajo se ha intentado precisar lo novedoso del estudio manteniendo siempre los objetivos dentro del ámbito de lo geomorfológico, sin dejarse seducir por la facilidad de reunir trabajos ya publicados. A partir de esa intención, este libro, en sentido estricto, no es una mera compilación, aunque son imprescindibles las referencias, y aún los textos publicados por nosotros sobre los relieves de León desde principios de los años ochenta del siglo pasado pues, ¿cómo escribir sobre algo sin tener en cuenta lo que se ha hecho antes? Es obligado hacerlo, pero buscando el necesario equilibrio entre compilar y parafrasear, lo cual casi nunca es tarea fácil.

Este libro solo pretende dar testimonio de la abundancia de cualidades y atributos excelentes que tienen las formas de relieve en la provincia de León. Es decir, poner de manifiesto la riqueza de esos elementos en ese territorio, exponer lo relevante desde un punto de vista geomorfológico más que lo sensacional. En absoluto se pretende con ello inventariar unos bienes naturales por su utilidad patrimonial pues, desde distintos enfoques científicos, y con mayor o menor acierto, esas listas seguramente ya se han realizado. Ese no es el interés de este trabajo. Solamente se intentan aportar pruebas haciendo atestación de los ejemplos elegidos como representativos, tanto de las formas de relieve, como de los procesos y de las acciones que las generan.

Para ello se han seleccionado unos ejemplos muy característicos, guiados por el conocimiento adquirido del medio geográfico. La elección de los ítems que conforman este texto probablemente a muchos especialistas les puede parecer arbitraria. ¿Por qué esos ejemplos y no otros? Además, no se sigue un orden de los modelados, ni de los espacios geográficos que se escogieron, ni de escala, ni de tamaño, ni de interés, ni de importancia si se comparan con otros lugares próximos o muy lejanos. Ni siquiera se ordenan geográficamente por valles, comarcas o por unidades morfoestructurales. Tampoco se agrupan rígidamente, seguramente de manera heterodoxa, por las categorías geomorfológicas habituales, porque ¿cómo asignar a una determinada categoría una forma de relieve que combina a la vez lo estructural lo dinámico y lo climático?

Cada forma de relieve refleja siempre aspectos estructurales y climáticos y se construye mediante procesos dinámicos. El estudio por separado de esos aspectos no deja de ser algo artificioso y estático para acercarse a una realidad de identidad compleja que se caracteriza justamente por todo lo contrario. J. Tricart (1977) habló ya de una separación puramente dialéctica a efectos facilitar su estudio, de arrojar algo de luz en unas formas de relieve siempre activas, en mutación constante, donde las continuas interacciones de formas y de procesos dificulta a menudo un correcto análisis de las mismas. Es en ese sentido en el que proponemos la clasificación en apartados que sigue a continuación: aunque, seguramente, podría haber sido otra planteando todos los matices que desde la ortodoxia geomorfológica se le quieran aplicar. Por eso, y a pesar de que para nosotros lo estructural lo climático y lo dinámico se conjugan en una única disciplina que es la Geomorfología, hemos agrupado los diferentes sitios del estudio en cuatro grandes apartados. En primer lugar las formas estructurales que reflejan aspectos de las fuerzas internas por un lado y, por otro, las dependientes de la presencia de una litología determinante en el modelado como la caliza. En segundo lugar las formas de relieve que podríamos llamar dinámicas gobernadas por las fuerzas externas y en las que el clima y la estructura tienen un papel más secundario. En tercer lugar las formas de relieve dirigidas por el clima que en nuestro entorno se concretan en las de origen glaciar y periglaciar. Y en cuarto lugar las antropogenéticas o antrópicas cuyo origen, directa o indirectamente, se debe a los usos y aprovechamientos realizados por el hombre.

No obstante lo anterior, el resultado podría parecer casi un caprichoso desorden donde se mezcla lo grande y lo pequeño, los procesos funcionales con las formas heredadas, aunque todos los ejemplos escogidos son representativos e importantes desde la Geografía. Tampoco ha de pensar el lector que estuviera hecho adrede con objeto de igualar su importancia. Simplemente, todos son interesantes: desde una morfoestructura fallada que forma un horst de varios kilómetros cuadrados, a los casi inapreciables arañazos de un canto glaciar. Todos nos indican algo, explican procesos, mecanismos, acciones súbitas e intensas, o casi inapreciables pero más continuadas a escala temporal del hombre.

Por eso, la aparente mezcla y confusión de este conjunto de textos no es más que un fiel reflejo de la complejidad con la que se nos presentan las formas de relieve. ¿Cómo si no considerar la acción permanente de las fuerzas que esculpen el relieve sobre un mismo espacio, o la superposición de un modelado sobre otro que se menciona al principio? Esa ocultación de lo más antiguo por lo más moderno que, a veces, llega a borrarlo por completo. En ocasiones los geomorfólogos comparamos el modelado del relieve con un palimpsesto, con un encerado en el que escribimos, borramos y sobrescribimos una y otra vez, en el que nada permanece intacto y que se transforma constantemente. Así las huellas, restos y evidencias morfológicas se apilan y se amontonan en el espacio geográfico dando lugar a algo complejo, difícil de desentrañar, de comprender y de explicar. Esa dificultad es cada vez mayor cuanto más se retrocede en el tiempo, pues este siempre las convierte en algo evanescente, y tratamos de entender la configuración de las antiguas formas de relieve, de los modelados, a través de reconstrucciones paleo-geográficas que cuando se apoyan en escasas evidencias geomorfológicas son difíciles de comprender.

Algunos geógrafos hemos caído en la persuasión, en el hechizo geomorfológico de perseguir la aprehensión de algo que nunca para de cambiar y que manifiesta una gran fragilidad que va de la mano de su carácter transitorio. De este modo, con demasiada frecuencia nos debatimos entre la aseveración del hallazgo geomorfológico y el pasajero esplendor de la forma y sobre todo de su detalle; de algo que la experiencia dice que aparece con fecha de caducidad. Entonces, ¿qué sentido tiene asignar un valor patrimonial inmutable, como a menudo se hace, a la forma de relieve? ¿Por qué ese empeño de los geomorfólogos de estudiar unos relieves que se hallan en constante mutación, de perseguir la belleza de lo efímero?

Quizá la respuesta esté en que creemos que es importante conocer esa piel de la Gea pues, a pesar de ser el soporte y conexión de todas las capas del planeta, y de casi toda actividad antrópica, debido a su dinamismo cambiante, sigue siendo una gran desconocida. Y, por ello, minusvalorada. Hablamos de la riqueza que la biodiversidad supone para la sociedad, de la degradación de los paisajes naturales, de los cambios del uso del suelo, de los riesgos naturales, de la explotación de los recursos naturales, de los ciclos climáticos y de fenómenos meteorológicos extremos y de la extensión imparable de urbanización; pero rara vez lo hacemos de la infraestructura y del soporte de todo ello que es el relieve. Sin embargo, muchas formas de relieve tienen, de por sí, un alto valor intrínseco en razón del cual, y solo por eso, deberían ser merecedoras de su conocimiento y difusión entre la población y formar parte de su acervo cultural.

La recopilación en el libro de todos estos ejemplos quiere atestiguar la riqueza geomorfológica de León, infravalorada, destacando para ello tanto las formas de relieve, procesos y acciones muy conocidas, como otras absolutamente ignoradas pero que es necesario valorizar antes de que la dinámica natural vaya cambiando sus características, las borre o las oculte sepultándolas con nuevas formas. Lo cual no obsta para que, a veces, se incluyan referencias de elementos importantes por su singularidad, con imágenes del preciso momento en el que fueron descubiertos, aunque ahora otros procesos naturales hayan ya desvanecido alguna de sus características. Es obligado hablar de ellos, incluso aunque hayan desaparecido debido a la acción antrópica.

En todo caso, la desestructuración del libro es más aparente que real, porque siempre se ha tratado de encauzar la descripción de los sitios, de los procesos y del relieve de la misma manera y que se pueda seguir el hilo conductor del discurso. Por eso, en todos ellos se hace mención de su localización geográfica, se utiliza la toponimia habitual de sus habitantes o, si era desconocida, la oficial de la cartografía del Instituto Geográfico Nacional. También, se mencionan sus dimensiones, su interés y relevancia, o algunos trabajos previos que lo destacaron, antes de explicar la forma de relieve concreta y su proceso genético. Además, en todos los casos se incluye una imagen de cada sitio, a veces otra más de detalle para destacar algo realmente excepcional.

Las formas de relieve *estructurales*

Las formas de relieve estructural se construyen a partir de las estructuras que generan las fuerzas internas del planeta, manifestadas en procesos como la tectónica o el vulcanismo. Son responsables, inicialmente, de las desigualdades creadas en la superficie terrestre. Pero, desde el momento que se están generando las estructuras por las fuerzas internas está actuando un conjunto de fuerzas externas, la erosión en sentido amplio, que las modifica continuamente dando lugar a esas formas de relieve estructural que son a la vez trasunto de ambos conjuntos de fuerzas (García Fernández, 2006).

El enfoque estructural de la geomorfología se centra el estudio de la superficie terrestre derivado de la estructura y de sus dos componentes principales: los roquedos, la litología, y su disposición espacial que ha generado la tectónica. Forman la infraestructura del relieve y de los paisajes por ello. Por eso se dice que constituyen su arquitectura, su armazón, que en unión con los agentes del modelado, de manera constante, dan lugar a las formas estructurales de enorme complejidad pues poseen edades y génesis muy variadas, y se generan a todas las escalas (Serrano Cañadas, 1998).

Hemos incluido en este apartado un conjunto de formas de relieve de diverso tamaño, desde deformaciones discontinuas de dimensiones métricas, a cubetas tectónicas de varios kilómetros cuadrados, en las que aspectos estructurales litológicos o tectónicos, o ambos a la vez, destacan en la configuración del relieve por encima de otros aspectos del modelado que siempre están presentes pero, desde nuestro punto de vista, en un segundo plano.

Así incluimos una variada relación de formas estructurales dependientes de la actividad tectónica, con algunos de los escasos ejemplos de deformaciones continuas (números 1, 2, 6 y 9) y otros dependientes de fallas y fracturas (números 3, 4, 5, 10, 12 y 13). Se añaden también ejemplos de relieves estructurales en los que la erosión diferencial ha dejado en resalte los roquedos y las estructuras más resistentes a la erosión (números 8, 14 y 15).

A continuación figuran varios ejemplos de relieves estructurales dirigidos por la disolución de las calizas que conforman el *karst*. Estas formas de relieve tienen una doble condición estructural pues, a la presencia de roca caliza que posibilita el modelado kárstico, se unen las deformaciones tectónicas, muy antiguas, que han experimentado los sedimentos paleozoicos. Éstas han incrementado notablemente el espesor original de los sedimentos, posibilitando, de esta forma, el desarrollo de los mayores conductos verticales del país en los Picos de Europa.

Se estudian en primer lugar una serie de hoces y gargantas calcáreas en las que los ríos se ahocinan en la estructura, frecuentemente guiados por fallas y fracturas, pero siempre relacionados con el desarrollo de la karstificación en sus vertientes (números 16 a 21). A continuación figuran los macizos kársticos en los que representan las formas mayores exokársticas (números 22 a 27) que caracterizan todos los afloramientos calizos de la montaña de León. También se estudian algunas de las numerosas cavidades subterráneas de la provincia, para lo cual elegimos de las exploradas las de mayor dimensión ya que contienen varios niveles con estadios de desarrollo de la karstificación diferenciados en cada una de ellas (números 28 a 32). Por último, algunos ejemplos de formas y de procesos kársticos y mixtos, como la formación de tobas calcáreas, las formas superficiales de disolución, o la dinámica de disolución de los sustratos calizos sepultados por sedimentos recientes (números 33 a 35).

1

El *relieve plegado de zócalo* de las Sierras de Casas Viejas y San Félix

Al SSO de La Bañeza, entre los valles del río Jamuz y del Eria, se levanta un segmento del zócalo paleozoico que domina estos amplios valles caracterizados por su escasa pendiente longitudinal. Estos relieves están constituidos por pizarras y cuarcitas del Paleozico inferior, deformados en apretados pliegues de dirección NO-SE y que forman culminaciones enrasadas en las que, indistintamente, se aprecian las charnelas de los antiguos anticlinales y sinclinales. Esta organización morfo-estructural no implica una *isoaltitud* de las cumbres del relieve, ya que un conjunto de fallas transversales a la dirección de los ejes de los pliegues, dislocan y trocean las culminaciones escalonando los relieves. Por eso, tampoco el desnivel entre las cumbres y el fondo de los valles en la Sierra de Casas Viejas (Fig. 1) es uniforme, oscilando entre los 150 y los 200 m; en todo caso sí es lo suficientemente notorio para que esos asomos del zócalo paleozoico hayan acreditado tradicional-mente, por su entidad y personalidad, el nombre de "sierra".

Por otro lado, y con la misma disposición morfoestructural señalada, al S de las localidades de Felechares y San Félix de la Valdería se extienden otros relieves de "sierra" apenas destacados sobre las superficies compuestas por los sedimen-tos terciarios y, sobre todo, cuaternarios, que recubren hacia el N las vertientes del valle del río Ería. Este relieve se extiende a lo largo de unos 4,5 km y forma un bloque estrecho y alargado en el que afloran los materiales del zócalo paleozoico constituidos por pizarras y cuarcitas.

Desde el punto de vista estructural la sierra forma un bloque compacto de orientación NO-SE que, a modo de segmento individualizado, conecta por el NO con las estribaciones de las sierras del Teleno y del Pinar (con las que concuerda por su idéntica configuración lito-estructural) de cuyo extremo le separa la falla O-E que ocupa el valle del río Eria. Mientras que, hacia el SO, el bloque se prolon-ga hasta el valle del río Órbigo, en donde se sumerge bajo los sedimentos de la Cuenca del Duero formando otro segmento del mismo zócalo denominado Sierra de Carpurias, ya en la provincia de Zamora. Se trata, por tanto, de un bloque exento y aislado, que culmina en el alto de San Félix (973 m) y que, a pesar de su modesta altitud y que los desniveles no son grandes, sobresale del fondo del valle de río Eria que se sitúa a 830 m, destacando netamente sobre la superficie de las terrazas fluviales de la margen derecha del valle. Ello se debe a que el afloramiento del zócalo en su vertiente septentrional tiene una marcada ruptura de pendiente, justo en el contacto con los sedimentos cuaternarios de la terraza. Desde ese punto, las terrazas apenas bajan de cota 30 m en más de 3 km, lo que se traduce en un relieve casi plano, como atestiguan los restos de lagunas existentes que podemos atribuir a un deficiente drenaje; mientras que el mayor desnivel entre la culminación del relieve y el fondo del valle del Eria, se ciñe solo al afloramiento del zócalo propiamente dicho, a lo que es el relieve paleozoico.

Figura 1. Charnela anticlinal de cuarcitas en la Sierra de Casas Viejas que domina hacia el O el valle del río Eria; más al fondo, otros segmentos del zócalo levantados como las sierras de San Feliz, a la izquierda, del Pinar y el Teleno (2183 m) en el centro.

Estructuralmente las cuarcitas paleozoicas le confieren una personalidad de macizo antiguo. El roquedo aparece dispuesto en apretados pliegues que en la sierra se traducen en un *sinclinal vergente* de dirección NO-SE y que coincide con la del relieve. Esta antigua estructura de deformación está cortada por una superficie erosiva que la nivela y disloca, a su vez, gracias a un conjunto de fallas de dirección O-E transversal a la anterior que la escalona levemente y la hunde bajo los sedimentos cuaternarios hacia el SE.

Se trata de un *relieve plegado de zócalo* en sentido estricto, pues esa es su disposición morfo-estructural. Este relieve plegado de zócalo no es, por el contrario, equivalente a uno de tipo *apalachense*, ni siquiera *seudo-apalachense*, ya que no existe una sucesión clara de crestas en materiales duros alternando con surcos en pizarras excavados por erosión diferencial; ni tampoco una *iso-altitud* en las culminaciones enrasadas de sus culminaciones. En este sentido, la Sierra del Teleno, con la que presenta similares caracteres lito-estructurales y situada unos 30 km al NO, se eleva a más de 1200 m por encima de la culminación de la de Felechares, lo que indica los enormes esfuerzos de la tectónica reciente al fragmentar la antigua superficie de erosión que configuraba el macizo y disponerla escalonadamente en diferentes cotas altitudinales.

2

La estructura monoclinal de los conglomerados terciarios en Candanedo de Boñar

El contacto entre el borde meridional de la Cordillera Cantábrica y el extremo septentrional de la cuenca del Duero no se realiza de manera directa, sino mediante la interposición de una *depresión de contacto* (Ferreras Chasco, 1981) que se sigue, desde el valle del río Luna, hasta el del Esla.

Esa depresión es un relieve caracterizado por su complejidad y asimetría. La asimetría se debe básicamente a que el borde meridional culmina apenas por encima de los 1300 m, mientras que, al N, la estribación de la cordillera, tiene sus culminaciones varios centenares de metros por encima de ese nivel. Pero también se debe a que cambian de forma llamativa las rocas que lo forman: al N siempre son complejos afloramientos de rocas paleozoicas muy deformadas y dislocadas por la orogenia varisca, que constituyen los roquedos de muy diversas facies continentales de las cuencas carboníferas, o marinas como las calizas masivas y otras rocas (incluso del Palozoico inferior). Mientras que, al S, por el contrario, hay un predominio de materiales detríticos conglomeráticos que se han formado a expensas de los procedentes de la cordillera, es decir, unas litologías con mucho menor diversidad.

Para aumentar la complejidad de ese contacto entre las dos grandes unidades morfoestructurales (montaña y cuenca sedimentaria), afloran calizas y arenas mesozoicas de manera discontinua, que forman casi una sutura de las mismas. En el caso de la Vega de Boñar, además, no solo las arenas tienen extensa representación (Grandoso, Colle) sino que las calizas mesozoicas adquieren un importante papel por sus más extensos afloramientos en esa zona de contacto, lo que es casi una excepción que le imprime caracteres propios pues difiere, según su localización, en ambas márgenes del río: en la vega aparecen solamente basculadas unos 35° al SO, mientras que en la margen derecha del río Porma (La Mata de la Riva) lo hacen formando tres apretados pliegues (Redondo Vega y García de Celis, 1989).

El flanco S de la depresión de contacto lo forman una potente serie de conglomerados que se caracterizan por contener cantos y bloques de rocas calcáreas. El tamaño de los detritos aumenta hacia el muro de la formación donde, ocasionalmente, hay bloques de hasta 60 cm de eje mayor y disminuyen hacia el techo de la misma; del mismo modo, a medida que nos alejamos de la *depresión de contacto* disminuyen de tamaño y se presentan más desgastados, lo que concuerda con un mayor alejamiento de estos materiales respecto a su área fuente que sería la Cordillera Cantábrica.

Figura 2. Los conglomerados terciarios con buzamiento de 35° al S, en la proximidad de Candanedo.

En cuanto a su génesis, se considera que proceden de aportes fluviales emplazados mediante vastos abanicos aluviales ubicados a la salida de los grandes ejes que tuvieron que drenar la cordillera a medida que la cuenca sedimentaria, situada al S y con tendencia al hundimiento, se iba rellenando.

En la actualidad se presentan basculados, con una dirección de buzamiento hacia SSO, de unos 30° a 40° (Fig. 2), es decir, como un relieve monoclinal. El origen de tal disposición hay que buscarlo en la tectónica alpina que produce el rejuego de los bloques del antiguo macizo paleozoico, que ha deformado hasta verticalizar las calizas y arenas mesozoicas más próximas al contacto de ambas morfo-estructuras, mientras que ha basculado los conglomerados calcáreos pero sólo en las cercanías de la depresión, ya que más al S, reposan sub-horizontales bajo las series detríticas silíceas más modernas que son las que forman el techo de la sedimentación cenozoica del borde de la cuenca sedimentaria.

Entre ambos sectores, los conglomerados se nos presentan como algo parecido a un *relieve de cuesta*, aunque sin la repetición de sus formas características (depresión/frente y dorso) que la alternancia de rocas duras y blandas impone a la evolución morfognética de las *cuestas*. Así, el río principal se dispone como un curso consecuente (Llopis Lladó, 1950) cortando perpendicularmente el relieve monoclinal y haciéndolo visible (Fig. 2), mientras que el techo de los conglomerados forma un frente enhiesto muy marcado, por ejemplo, en el interfluvio Porma-Curueño, aunque en el Canto de la Muga (1341 m) aparecen formando un sinclinal (lo que tampoco se aviene con un *relieve de cuesta*) que domina los valles subsecuentes que coinciden con la depresión de contacto. Pero ahí termina el parecido con el *relieve de cuesta*, ya que el dorso no enlaza hacia el S con una sucesión de depresiones subsecuentes en materiales blandos y nuevos afloramientos conglomeráticos de los mismos materiales que forman el frente, sino otros conglomerados más recientes y silíceos, no calcáreos, que yacen horizontales.

3

Falla de las series devónicas del valle del Torío

Cuando los esfuerzos tectónicos, además de romper una estructura, produ-cen un desplazamiento a ambos lados de la misma, se produce una falla a partir de una superficie más o menos regular que denominamos *plano de falla*. La magnitud del desplazamiento es el *salto de falla*, que puede ser muy variable en su dimensión e indicativo de las características del impulso tectónico que ha producido la falla, además de evidenciar que las fallas no son más que deformaciones discontínuas de las rocas.

En Geomorfología son importantes las fallas "que no se ven", y que rara-mente se cartografían, pero que tienen gran trascendencia morfológica porque a menudo dirigen y controlan los grandes volúmenes montañosos, o las redes de drenaje y el escurrimiento y, por tanto, fundamentan la erosión y el trasiego de materiales sobre la superficie. En ese sentido a lo largo del libro repetidamente se hace mención de esas fallas que desnivelan bloques y altas superficies, o se ocultan bajo muchas de nuestras hoces y escobios.

Sin embargo, a continuación se indica un ejemplo de falla con objeto de ilus-trar un tipo de forma estructural muy habitual de nuestras montañas y que indica los elevados esfuerzos a los que estuvieron sometidas las rocas que las componen.

En la Fig. 3 se observa una falla que afectó a las rocas de las series devó-nicas del N de León constituidas mayoritariamente por bancos de calizas grises muy compactas; las capas descansan en posición subvertical, con el buzamiento invertido (están inclinadas hacia la izquierda, el N, pero deberían estarlo hacia la derecha de la foto que es el techo de la serie). La falla ha producido una discon-tinuidad que hace que la misma capa aparezca desplazada hacia la izquierda, y hacia arriba, a partir del plano de falla, lo que se observa fácilmente si nos fijamos en unas capas delgadas de lutitas y margas rojizas que marcan el desplazamiento efectivo realizado que es el *salto de falla*. El desplazamiento es vertical y, dado que el bloque del techo se mueve hacia arriba en relación al bloque del muro, podría ser resultado de un movimiento de compresión con lo que sería, por ello, una falla inversa.

El conjunto de esta tectostática adquirida sirve para indicar los esfuerzos que hicieron deformar, romper, desplazar y levantar los estratos de las rocas sedimentarias, en origen horizontales, hasta esa posición que ahora ocupan, exponiendo las capas más delgadas de lutitas verdosas y margas rojizas a la erosión diferencial (están excavadas formando un surco), frente a los bancos de calizas compactas gris claro que quedan en resalte. La falla probablemente está relacionada con otra de mayor dimensión de dirección O-E, transversal a la estratificación, que disloca el techo de la serie devónica en la zona y que se sigue desde la orilla del río Torío más de 400 m hacia el E.

Figura 3. Vista parcial de una de las numerosas deformaciones discontinuas que afectan a las rocas paleozoicas del N de León.

El relieve de crestas fallado de Mallo de Luna

Se trata un relieve formado por un conjunto de bloques de caliza paleozoica dispuesta en capas sub-verticales que buzan al N entre 70º y 80º. Los bloques, exentos y alineados de NO a SE, dominan el corto valle del arroyo Cuartero desde el tercio inferior de la vertiente y en él se asienta el núcleo de población de Mallo de Luna.

Los bloques están fallados gradualmente, a modo de escalones, en el sector intermedio del valle mencionado. Más en detalle, forman crestas de desigual culminación resaltadas por la labor de la erosión diferencial que las destaca, tanto del surco principal de lutitas que forma el valle (unos 200 m respecto a la cota de Mallo de Luna), como de similares rocas friables que las confinan hacia el S, hacia la divisoria con el valle vecino de Irede de Luna, aunque en este caso el surco excavado por la erosión diferencial sólo se traduce en una alineación de collados ligeramente rebajados respecto a la culminación de la cresta caliza.

El relieve fallado lo forman cuatro bloques agrupados en dos conjuntos separados, a su vez, por una dislocación de dirección SO-NE. El salto de esta falla que separa ambos conjuntos es de casi 350 m. Los bloques más próximos a Mallo de Luna aparecen individualizados mediante fallas muy marcadas (Fig. 4). Estas dislocan solo ligeramente la estructura pues el más alto de ellos (el situado inmediatamente al S de pueblo) culmina a 1356 m, por lo que solamente destaca una veintena de metros respecto a los situados a ambos lados; mientras que el más alejado hacia el O aparece rehundido a una cota algo inferior de 1300 m. Los arroyos que han excavado el relieve, cortando las crestas calizas perpendicularmente se ajustan a estas fallas. Los dos de la parte central han formado sendos abanicos, relictos en la actualidad, al salir del ámbito del corto escobio tallado en la cresta, y circular por la zona de menor pendiente próxima al fondo del valle.

Hacia el O de la deformación discontinua mencionada, otro grupo formado por cuatro pequeños bloques constituyen el extremo occidental del relieve fallado. Los bloques están individualizados mediante fallas de dirección perpendicular a la mencionada y de pequeño salto. Las fallas desnivelan en sentido descendente los bloques, de ONO a ESE, de tal modo que su culminación es a 1425 m, 1415 m, 1404 m y 1395 m respectivamente. Las calizas presentan *karstificación* y solo la primera de esas fracturas, la más oriental, ha guiado a un pequeño arroyo para perforar totalmente la crestería calcárea proyectando su incisión casi hasta la línea divisoria por el S del relieve fallado de Mallo de Luna, además de sedimentar otro abanico sobre el fondo de valle que, a su vez, sirve de límite entre los dos grupos de bloques del relieve fallado. El extremo occidental del relieve fallado lo forma un extenso depósito gravitacional de ladera muy colonizado por la vegetación.

La génesis de esta morfo-estructura, como muchas veces ocurre en un antiguo macizo, es intrincada al convergir espacialmente varios procesos. En primer lugar, no podemos aislar la zona de la compleja morfo-tectónica del macizo que, seguramente, ha tenido que influir en la actual disposición. Este relieve, formado a partir del juego de pequeños bloques fallados, se engloba a otra escala en las estructuras colindantes con las que seguro se relaciona. Así, la falla directriz N-S a la que se ajusta el colector principal, el río Luna, mediante la cual se ha abierto paso a través de las resistentes estructuras paleozoicas (calizas y cuarcitas) a las que corta perpendicularmente y que separa, netamente, la terminación *periclinal* del sinclinal de Alba (Fig. 9) al E, del relieve fallado de Mallo de Luna al O. Por otro lado, el valle de Mallo de Luna se ajusta a las directrices estructurales del macizo paleozoico, pero lo hace con rasgos notables de inadaptación, pues la amplitud del valle no se aviene con la importancia del curso que lo drena. Recuerda en ese sentido a otros paleo-valles de la montaña en los que cursos fluviales de muy poca entidad escurren por amplios valles y cuya génesis hay que buscar en reajustes y reorganizaciones relativamente recientes de las redes de drenaje. Si reconstruimos topográficamente el actual valle hacia el O es fácil ver que ha tenido que drenar una parte importante la sierra de La Filera 1873 m, o bien, al menos, su cabecera actual más occidental se incorporó al del río de Irede de Luna, como se deduce de la cota que separa ambas cabeceras en el collado.

Figura 4. Panorámica del relieve de crestas fallado de Mallo de Luna desde el NE.

El relieve de macizo fallado y de erosión diferencial de Los Argüellos

El interfluvio Torío-Curueño se sitúa en la zona nuclear de la Montaña Central Leonesa. Se caracteriza por constituir un relieve en el que contrasta un marcado surco deprimido y continuo, orientado de O a E, con los relieves enhiestos que lo confinan de manera prácticamente continua por el N y por el S. Este surco contiene la divisoria de aguas entre las dos cuencas fluviales en la Collada de Valdeteja (1378 m): drena hacia el O, hacia el río Torío, a lo largo de un valle de casi 8 km; mientras que, por el E, lo hace hacia el río Curueño, a través de un valle más corto (no llega a 6 km de recorrido), lo que le confiere mayor energía para perforar las calizas masivas carboníferas antes de su desembocadura en este río.

Desde el punto de vista geomorfológico la zona es un relieve de *horsts en crestas* (González Gutiérrez, 2001, 2002b) y en su configuración destacan morfo-estructuras levantadas que, a modo de bloques, dominan topográficamente las zonas hundidas, estando ambas separadas por fracturas y fallas que las delimitan espacialmente.

Las grandes discontinuidades estructurales generadas por la orogenia varisca son las responsables, en principio, de la disposición a la que parecen ajustarse estas morfo-estructuras. Es el caso de los afloramientos de las calizas carboníferas, tanto al N como al S del valle central, así como su encorvado trazado hacia el S cerca ya del valle del río Curueño; lo mismo que la traza del cabalgamiento continuo que se sigue a lo largo de todo el interfluvio por el que las rocas del Paleozoico inferior se sitúan tectónicamente sobre las lutitas carboníferas, mucho más jóvenes.

Esa disposición morfo-estructural determina que los bloques estén formados en su parte culminante por las calizas grises carboníferas masivas, también las de facies tableada, y constituyen los principales *horst* que se pueden observar desde el O (Fig. 5): Sierra de Mediodía (1848 m), Bodón (1957 m), Cueto de la Pila (1714 m) y Sancenas (1921 m). La resistencia y compacidad de las calizas que dominan estos *horst* han manifestado una mayor resistencia a la erosión, predominantemente la disolución kárstica, sobre todo si la comparamos con el comportamiento de las lutitas a las que dominan topográficamente.

Dada la misma constitución litológica de estos bloques, las diferencias que se aprecian en sus cotas culminantes, más que a contrastes en la intensidad de la *karstificación* que a todos afecta, se explican más bien por la tectónica reciente que los ha emplazado y que levantaron enérgicamente por el S todo el bloque de Sancenas en relación con el valle, siguiendo una fractura en la dirección de los contactos. Lo mismo que por el N, las fallas transversales a las direcciones de los contactos, dislocan a distintas cotas la alineación del Bodón a lo largo de todo el interfluvio, coincidiendo con los collados (González Gutiérrez, 2001); o la falla que disloca en dos unidades el *horst*, Cueto de la Pila, 1714 m, y Peña la Verde, 1676 m, que cierra por el E el valle hacia el Curueño y que aprovecha el arroyo de Valdeteja para excavar la hoz entre ambos bloques. La tectónica de fractura es responsable de la configuración y distribución básica de los bloques del relieve mientras que la erosión diferencial explica su vaciado.

El contrapunto de esos relieves dominantes es el surco abierto entre ellos a lo largo de toda la divisoria. El valle está labrado también sobre materiales de edad carbonífera, pero en los que predominan las lutitas como rocas más representativas, lo que ha favorecido su excavación y ahondamiento. No obstante, la unidad sí tiene una mayor diversidad litológica pues, además de las lutitas, afloran otras rocas como las dolomías y calizas masivas que, aunque poco potentes y de morfología irregular, siempre quedan en resalte entre las lutitas y forman crestas escalonadas por las vertientes, fruto también de la labor de la erosión diferencial.

La aparente diversidad morfológica de estos relieves debido a la tectónica reciente condiciona el proceso general de encajonamiento de la red principal que avena todo el macizo ya que tanto el río Torío al O, como el Curueño al E, circulan a la misma cota altitudinal (1110 m) en las confluencias de los tramos disímiles del surco central que drenan.

Figura 5. El relieve de macizo fallado y de erosión diferencial de Los Argüellos.

El sinclinal dislocado de Montuerto

Esta morfoestructura (Fig. 6), enmarcada entre el bloque de Sancenas al N, la cuenca de Matallana al O, el surco *ortoclinal* en el externo al S y las dovelas de Cueto Ancino (1733 m) y Pico Muelas (1587 m) al N y SE respectivamente, forma parte de las primeras culminaciones del macizo que se elevan sobre la cuenca del Duero (González Gutiérrez, 2002b), con Peña Galicia (1652 m) visible desde la ciudad de León, y la Peña San Froilán (1481 m) como cotas más destacadas. Está formada por rocas que abarcan desde el Paleozoico inferior al Carbonífero, aunque las series no están completas porque existe una laguna estratigráfica de parte de la serie devónica, y tampoco se ordenan secuencialmente dado el salto estratigráfico provocado por el despegue de la escama de Correcillas (González Gutiérrez, 2002b).

El sinclinal es una de las pocas unidades de la montaña leonesa donde la estructura tiene una trascendencia en el relieve (González Gutiérrez, 2001, 2002b), pues casi siempre el arrasamiento post-orogénico del macizo, su sobreelevación durante los movimientos alpinos (con la aparición de nuevas dislocaciones y fracturas que han afectado a la raíz de las antiguas estructuras *variscas*) y el incremento de la erosión que la reactivación desencadenó, han eliminado los principales rasgos de las antiguas estructuras paleozoicas. Algunos de esos rasgos permanecen y ese es el valor que tiene este espacio y que le confiere singularidad. No obstante, esta estructura sinclinal de rumbo NE-SO, que afecta a varias superficies de despegue, está trastocada por la acción de la erosión diferencial y por la fracturación transversal (González Gutiérrez, 2002b).

Los contrastes litológicos entre las series competentes y deleznables se han traducido, al trabajar la erosión de forma diferencial, en una alternancia de crestas y surcos. Así, por un lado, destacando en el relieve están las crestas, combadas y alabeadas, con las capas dispuestas casi verticalmente y compuestas por cuarcitas y calizas que dibujan los sucesivos cierres *perisinclinales* (González Gutiérrez, 2002b) de la estructura (Peña Galicia, Montuerto, Prado Llano); por otro lado los surcos, deprimidos, excavados por los arroyos de Requejo, Peña Galicia y el barranco de Valdorria en las litofacies más deleznables de lutitas y pizarras que se entreveran a gran escala con las rocas más competentes (González Gutiérrez, 2002b).

El sistema de fallas transversal ha cuarteado el sinclinal, hundiéndolo desde sus extremos hacia el centro (González Gutiérrez, 2002b) de tal modo que los cursos de mayor competencia (ríos Curueño y Valdecésar) han utilizado esta red de discontinuidades mecánicas para incidir en las cuarcitas y las calizas. En este sentido, el cierre *perisinclinal* de Montuerto es un ejemplo de ello, pues varias fallas han fragmentado y desnivelado la estructura en tres crestones individualizados: la Peña San Froilán (1481 m), Montuerto (1184 m) y Peña Morquera (1433 m), separados actualmente por los cuérnagos que han labrado una quebrada doble y que aún salvan las cuarcitas mediante saltos y cascadas, como el río Valdecésar antes de su confluencia con el Curueño (González Gutiérrez, 2002b).

Figura 6. Cierre perisinclinal de Montuerto desde el O.

La Peña de Armada

Situada en el valle del río Porma al S de Puebla de Lillo, la Peña de Armada recibe el nombre del pueblo homónimo situado a su pie y hoy desaparecido bajo las aguas del embalse del Porma. Este relieve conforma una cresta de dirección NO-SE que se prolonga y continúa al otro lado del embalse.

Desde un punto de vista estructural la Peña de Armada forma parte del flanco meridional de un *klippe*, es decir, un relieve de resistencia correspondiente a un manto de cabalgamiento que ha sido erosionado, por lo que aparece aislado y superpuesto a estructuras más modernas.

Como tal, junto con las denominadas *ventanas tectónicas*, es un elemento que suele acompañar a las complejas estructuras de los cabalgamientos paleozoicos que ya definió Julivert (1967) y englobó en la denominada *Región de Pliegues y Mantos de la Cordillera Cantábrica*, cuando han sido parcialmente desmantelados por la erosión.

Sin embargo, lo que nos interesa, desde el punto de vista geomorfológico de este relieve, es cómo se nos presenta en la actualidad a partir de aquella tecto-estática adquirida en la orogenia varisca.

Así, se trata de una morfo-estructura exenta y destacada (sobre todo las calizas compactas) sobre los materiales deleznables que las rodean, dislocada en su parte NW y perforada de N a S por el río Porma, aunque hoy la lámina de agua oculta el escobio por el que el río se abría paso hacia el amplio valle de Vegamián situado más al S, hoy también oculto bajo el agua del embalse.

En efecto, entre la Peña de Armada (1466 m), y la continuación de la estructura en el espolón meridional de la Peña de Utrero (1259 m), hay un salto de más de 200 m y evidencia la presencia de una falla por la que el río Porma atravesaba la estructura (Fig. 7).

Este hecho, lejos de ser excepcional, es bastante habitual en la mayoría de los ríos cantábricos de León que, siguiendo una dirección N-S desde la divisoria con

Asturias hasta la cuenca sedimentaria, atraviesan toda la montaña en esa dirección y cruzan casi siempre los afloramientos de rocas paleozoicas más competentes (cuarcitas y calizas masivas, sobre todo), mediante fallas de carácter directriz que desnivelan los bloques a ambos márgenes del valle actual. O bien atraviesan esos resistentes roquedos mediante la conjugación de fracturas y fallas sucesivas más modestas, pero que tienen el mismo efecto de facilitar el escurrimiento del drenaje general hacia el S.

Aunque la circulación de los colectores principales es dificultosa por la resistencia del roquedo interpuesto, éstos se adaptan a esas líneas de debilidad del antiguo macizo y consiguen atravesarlo siguiendo la pendiente general; esa dinámica se traduce en la aparición de escobios y hoces que jalonan los principales ríos cantábricos como Esla, Porma, Curueño, Torío y Bernesga, dentro del macizo montañoso.

Figura 7. En el centro y a la derecha de la imagen la Peña de Armada (1466 m) vista desde el S.

8

Relieves de Resistencia

En la Sierra del Pinar, entre El Sanguinal (1720 m) y Peña Canales (1733 m), se localizan unas cuarcitas blancas ordovícicas fuertemente deformadas en pliegues muy apretados de dirección NO-SE y plano sub-vertical (buzando 80º al SO).

Desde el S, la cresta visible es, en realidad, el flanco meridional de un sinclinal y la superficie que se observa, el plano de la cresta que coincide con una de las juntas de estratificación de las cuarcitas, en contacto, con rocas de facies pizarrosa, es decir, aparece en resalte por *erosión diferencial*, aunque como se muestra en la imagen (Fig. 8) hay sectores que han resistido mucho mejor la erosión que otros que, aunque formados por el mismo material, aparecen rebajados topográficamente.

La cresta de cuarcitas está recorrida por una red regular de diaclasas, de planos de dirección vertical y horizontal que, junto con la estratificación, han creado una red cuadrangular de discontinuidades en la roca compacta, troceándola, y permitiendo la infiltración del agua en profundidad. Como consecuencia de esa estructuración, se facilita la penetración del agua y el contacto directo de ésta con la roca, lo que favorece la meteorización y que la roca compacta pierda parte de su cohesión. Se produce su desagregación en fragmentos pequeños, en granos de cuarzo, que se acumulan al pie de las crestas como formaciones superficiales de arenas (muy abundantes en la zona) y que posteriormente se integran lentamente en los procesos edafo-genéticos.

Varios pueden ser los mecanismos que coadyuvan a esa dinámica geomorfológica, pero en las condiciones de clima actuales, seguramente juegan un papel esencial la alternancia de periodos secos y húmedos, y fríos y secos, con los cambios subsiguientes de estado del agua que en ocasiones empapa la roca.

En algunas caras de las crestas, preferentemente las orientadas al N, hay presencia de oquedades irregulares en la superficie de la roca (*taffoni*) de varios cm, enmarcadas por la red ortogonal de diaclasas. De manera puntual esas oquedades son de menor tamaño y encuadradas por ceñidos tabiques que forman estrechas vetas de cuarzo que recorren la estructura de la roca (*nidos de abeja*). Esas formas de detalle del modelado de las cuarcitas (los mejores ejemplos están en las crestas situadas entre el arroyo de Fuente del Toro y el arroyo de Las Mayadicas), unido al desgaste que presenta en general los afloramientos, y a la trasformación de las aristas y ángulos en superficies curvas y esquinas embotadas, nos indica un grado ya avanzado de meteorización de la roca a pesar de su carácter de roca compacta y resistente, al menos si las comparamos con las pizarras del entorno.

Figura 8. Sector en resalte de una cresta de cuarzo-arenita de la Sierra del Pinar con un intenso proceso de meteorización a partir de la red ortogonal de diaclasas de su estructura.

El sinclinal de Alba

Al S de la localidad de Mirantes de Luna, en la orilla oriental del embalse de Barrios de Luna, se yergue un escarpe de roca caliza hendido por su mitad por el arroyo del Monte (Fig. 9). Se trata de calizas devónicas que conforman el extremo ONO de una de las estructuras más singulares de esta parte del macizo cantábrico en León cual es el sinclinal de Alba.

Extendido entre el valle del río Luna al O y el del Bernesga al E a lo largo de 17 km, forma el primer contrafuerte montañoso del macizo cantábrico cuando lo divisamos desde los páramos detríticos del piedemonte montañoso situado al S. Sin embargo, es difícil determinar su disposición estructural como un sinclinal, es decir, con las capas deformadas de tal manera que las direcciones de buzamiento (hacia dónde están inclinadas las capas) convergen hacia el centro de la deformación, debido a la larga historia de morfogénética que ha tenido desde su génesis, ya compleja, en la orogenia varisca. Sus grandes dimensiones y el trabajo de la erosión desgastando desigualmente sus flancos y su zona axial, la diversidad del roquedo que lo compone, y las fracturas y fallas que lo recorren en todas direcciones, hacen de esta estructura algo difícil de reconocer sobre el terreno. Por eso es preciso acudir a la cartografía temática lito-estructural y a los fotogramas aéreos para ver la continuidad de los afloramientos rocosos y su disposición espacial y, comprobar que, en efecto, estamos ante un pliegue sinclinal.

Su extremo noroccidental está drenado por el arroyo del Monte que se adapta a una falla en la misma dirección (que se sigue durante 1,5 km) y que desnivela los bloques de caliza del escarpe 100 m: Las Arregueras al N 1358 m y la Peña el Salto 1459 m al S, forman el desigual *cierre perisinclinal* del pliegue en la orilla del embalse de Barrios de Luna. A partir de ese punto y hacia el interior de la estructura en dirección SE también los buzamientos son disimiles en un flanco y otro de la deformación continua: al N las areniscas del Devónico superior buzan 30º al S cerca del *cierre perisinclinal* para ir ascendiendo su inclinación hasta los 45º (con la misma dirección de buzamiento) de la cota culminante de la estructura que es el Alto de Amargones de 1898 m; mientras que el flanco meridional del sinclinal, las mismas areniscas devónicas buzan al N pero su buzamiento es el doble, 60°, cerca del *cierre perisinclinal*.

Figura 9. Detalle del *cierre periclinal* fallado al NO del sinclinal de Alba en Mirantes de Luna.

A partir de la localidad de Cuevas de Viñayo, el eje del sinclinal de Alba se dispone de O a E a lo largo de 8 km confinado entre dos fallas de dirección SO-NE. Las calizas tableadas carboníferas que forman la extensa charnela del pliegue mantienen la disposición sinclinal en ambos flancos, pero las capas están mucho más deformadas con buzamientos de entre 60° y 80°. En la zona septentrional de la estructura se conjugan una serie de pliegues menores apretados y cabalgamientos que le imprimen una gran complejidad a la misma; mientras, la banda de materiales devónicos del flanco meridional aparece troceada por fallas N-S y adelgazada progresivamente hacia el E hasta desaparecer, como la charnela del pliegue principal, en la falla SO-NE que la confina netamente ya en la vertiente del valle del Bernesga al O de Puente de Alba (Bufo, 1245 m).

Desde un punto de vista morfológico toda esta compleja estructura forma un bloque elevado en relación a los dos grandes ejes de drenaje mencionados, el río Bernesga al E y el Luna al O. Pero también y, sobre todo, respecto al piedemonte detrítico meridional y su culminación (Alto del Negrón, 1343 m) sobre los que se levanta de manera enérgica. No obstante, el contacto no es directo pues la erosión ha excavado una amplia depresión de contacto periférica a los páramos detríticos que forma el sector valle de Alba-Carrocera-La Magdalena. El levantamiento del bloque que conforma la estructura sinclinal de Alba en relación a los valles encajados y los páramos detríticos la confirma la disposición radial, en todas direcciones, de los arroyos y ríos que la drenan: arroyo del Monte hacia el O, arroyos de Sagüera, de Portilla, de Piedrasecha, río Torre y arroyo San Martín hacia el S; arroyo de los Barrios y de Villajo hacia el E y arroyo Pedroso y Valdecuevas hacia el N.

10

Las *gargantas epigenéticas* de Montearenas

Antes de la confluencia de los ríos Sil y Boeza en Ponferrada, ambos cursos fluviales atraviesan un afloramiento de rocas intrusivas paleozoicas, los denominados granitos de Montearenas. Ambos ríos pasan de circular por amplios valles fluviales flanqueados por niveles de terrazas (en el caso del Sil hoy en día bajo las aguas del embalse de Bárcena) a encajonarse en los granitos, y en parte de su estructura encajante del Paleozico inferior, describiendo dos cortas y entalladas gargantas de carácter *epigenético* (Redondo Vega et al., 2002d; 2002e). Entendemos por *epigénesis* cuando un río que ha circulado por un nivel más alto se encaja en el relieve y al hacerlo ha fijado su trazado inicial manteniéndolo; a medida que progresa en profundidad puede exhumar elementos del relieve que permanecían ocultos, o bien constituir un valle que difiere morfológicamente del situado aguas arriba y abajo con la aparición de *meandros encajados* (García Fernández, 2006).

Estos materiales intrusivos, granitos, forman una verdadera barrera que cierra, y separa, las dos cubetas tectónicas: la de Bembibre al E y la del Bierzo al O. Al atravesar estas rocas los ríos dividen ese conjunto en tres sectores: el más elevado al O es, en realidad, un relieve duplicado: uno al N, El Castro (807 m), y el otro al S, el Cerro del Castro (804 m); en ambos casos la culminación la hacen merced a las rocas del Paleozoico inferior en las que se encaja la intrusión granítica, aunque los granitos llegan casi a la cota de 800 m. Esos relieves están nivelados con el bloque elevado del Pajariel (817 m), también formado por rocas del Paleozoico inferior, que presenta un escarpe de falla muy marcado que confina ambos ríos en su confluencia al S de la ciudad de Ponferrada.

El sector central está desnivelado respecto al occidental unos 70 m y culmina en Montearenas (736 m). Está formado esencialmente por granitos; los asomos de esta roca son raros pues aquellos forman un zócalo que suele estar cubierto por sedimentos neógenos y cuaternarios. A veces es posible observar, no obstante, un potente *manto de alteración* de arenas (de ahí el topónimo) en los taludes de las vías de comunicación, o en las plazas de las canteras abandonadas; este relieve forma el interfluvio de cumbres planas entre las dos gargantas sobre el que se apoyan los restos de *glacis* y de terrazas fluviales.

En el sector oriental (margen izquierda del río Boeza), los granitos solo afloran en las proximidades de la garganta (Fig. 10) ya que el contacto con los materiales metamórficos de la intrusión granítica forma parte del relieve (lo mismo que ocurría en los Castros); el relieve culmina por debajo de la cota de Montearenas en el Teso del Valle Grande (713 m), que es un relieve plano, desnivelado y basculado hacia el SE, en el que, al igual que ocurría con los otros dos sectores, los granitos y la rocas encajantes aparecen semi-ocultos y fosilizados por los sedimentos neógenos y cuaternarios.

Las gargantas labradas por los ríos Sil y Boeza en el bloque de Montearenas no se explican por la mera incisión de unos ríos cuya erosión se ve incrementada por el descenso notable del nivel de base regional. Además de la dureza de los granitos en los que se encajan los ríos, está la magnitud de dicho encajamiento: de unos 200 m en el caso del Boeza respecto a la culminación de Montearenas y de casi 300 m en el caso del Sil respecto a los relieves del Castro (Redondo Vega et al., 2002d).

Por otro lado, el profundo encajonamiento y el trazado en cerradas curvas que describen los ríos (sobre todo a la entrada en los granitos desde su contacto metamórfico), sugieren el mantenimiento de unos ejes de escurrimiento sobre un bloque con tendencia a elevarse en relación con su nivel de base. Estamos ante unas gargantas de claro significado *epigenético,* semejantes a las que labran todos los ríos al entrar en las cubetas rehundidas de El Bierzo desde sus bordes montañosos, o a la que excava el colector principal una vez que abandona El Bierzo camino de Galicia (hoz de Covas, Redondo Vega et al., 2002d).

Hay otro hecho que probaría el carácter *epigenético* de las gargantas, al menos en el caso del río Sil. Así, cuando este río principal sale a la *fosa* del Bierzo desde su encajamiento en los relieves de roquedos paleozoicos aguas arriba de Congosto, se dirige directamente en dirección S hacia los granitos de Montearenas, cuando lo más lógico es que los sorteara por el O y siguiera la dirección del escurrimiento regional en dirección SO hacia San Andrés de Montejos. Esa sería la dirección de escurrimiento más normal ya que el desnivel entre la terraza de la margen derecha (descontando los diques artificiales construidos en el embalse de Bárcena) y el fondo de su valle (en Posada del Río, hoy bajo el embalse), es de solo unos 50 m y, además, se trata de materiales cenozoicos mucho más fáciles de erosionar que los granitos.

Sin embargo, se abre paso a través de los granitos con lo que cabe pensar que mantiene un trazado previo al juego diferencial de bloques fallados que muy recientemente se ha tenido que producir en el entorno de la confluencia del río Sil y del Boeza (Redondo Vega et al., 2002d). Es decir, el levantamiento del bloque de Montearenas, aunque diferencial y escalonado hacia el SE, por un lado, facilita la incisión de las gargantas y el mantenimiento del trazado inicial de los ríos, mientras que, por otro, al crear los fuertes desniveles permite el desescombro de parte de la cobertera de rocas neógenas y cuaternarias, con lo que se exhuma el relieve oculto del zócalo en el que se abren las propias gargantas.

Figura 10. Detalle del perfil en transversal en "uve" de la garganta del río Boeza aguas abajo de la Presa de Montearenas, cerca ya del límite meridional de la misma en el pago denominado La Fraga.

Ripple-marks en las series paleozoicas del valle de Valseco

En la carretera que va desde Páramo del Sil a Matalavilla, al ascender por la ladera de la margen derecha del valle y cerca de la coronación de la presa de Matalavilla, en la trinchera de la carretera aparecen varias capas de pizarra cuya superficie presenta una serie de ondulaciones. Son los *ripple-marks*, o rizaduras, formas ondulatorias, normalmente de pequeña dimensión, que se originan sobre los sedimentos finos (arenas, limos) debido al movimiento del agua o del viento.

La forma y estructura interna que tienen depende de la velocidad a la que se desplaza el agua y de si la corriente es unidireccional u oscilatoria. Así, según el tipo de corriente, se dividen en *ripple-marks* de corriente y *ripple-marks* de oleaje (de oscilación). En el primer caso, los de corriente (y también los de origen eólico), su forma es asimétrica, con un flanco más desarrollado que otro. Cuando, por el contrario, se han formado por el movimiento oscilatorio del agua (oleaje), la forma es perfectamente simétrica y ambos flancos son idénticos. La forma permite así identificar el medio ambiente concreto en que se han originado y el agente modelador.

Los *ripple-marks* se presentan en los afloramientos con una dimensión diversa, pues la distancia entre dos crestas consecutivas de esas ondulaciones varía entre menos de un centímetro y varios decímetros; la altura o amplitud de las mismas es de 5 a 10 veces menor.

Caracterizan los *ripple-marks* de oleaje conjuntos sucesivos de ondulaciones, dispuestos de forma recta en planta, a veces ligeramente curvada, muy homogéneos y paralelos entre sí. Estos característicos micro-relieves de morfología ondulada están formados por crestas simétricas que a veces desarrollan una bifurcación de la cresta en un extremo, en el caso de los de planta recta y en los de oleaje (la bifurcación de crestas también aparece en los eólicos).

Los *ripple-marks* de corriente se caracterizan, en primer lugar, por la forma de las crestas, que es claramente asimétrica y, además, suelen tener desarrollos mucho más irregulares, con frecuentes cambios de dirección como corresponde a la irregularidad de los impulsos de las corrientes de agua que los generan y que suelen asimilarse a los escurrimientos del agua de la zona intermareal.

En el ejemplo seleccionado los *ripple-marks* se han formado por acción del movimiento del agua y aparecen a la vez los de corriente y los de oleaje, incluso con bifurcaciones. La utilidad que tienen estas morfologías es que permiten reconstruir las condiciones ambientales durante el proceso de sedimentación que formó la roca, es decir, la paleo-geografía de ese momento concreto, aunque esta nada tenga que ver con el relieve actual en el que se insertan.

En la actualidad el afloramiento se dispone dentro de una potente serie de rocas sedimentarias que incluye variados tipos de litologías del Paleozoico inferior (no sólo las pizarras contienen los *ripple-marks*, también las areniscas). Aquellas rocas fueron deformadas por varios plegamientos hasta aparecer las capas verticales, en origen horizontales, en su ubicación actual, muy lejos ésta en altitud y en condiciones morfodinámicas del medio ambiente en el que se generaron las formas. En el ejemplo escogido los *ripples* se presentan en varios bancos y capas de pizarra dispuestas verticalmente y en el *techo* de las mismas. Fueron expuestas a condiciones sub-aéreas cuando se construyó la carretera de acceso a la presa de Matalavilla y han sufrido un continuo deterioro desde entonces (Fig. 11), de tal modo que en la actualidad es difícil identificar muchos de los detalles de estas formas estructurales.

![Capa de pizarras del Paleozoico inferior con ripple-marks muy degradados]()

Figura 11. Capa de pizarras del Paleozoico inferior con ripple-marks muy degradados por su exposición a los agentes meteóricos.

La *cubeta* de Noceda

Esta depresión topográfica (Fig. 12), caracterizada por la planitud de su relieve, delimita El Bierzo al NNE entre dos de sus valles principales drenados por los ríos Sil y Boeza. La depresión forma un valle alargado de O a E de, aproximadamente, 9 km por 3 km, de N a S, en su parte central. Su altitud, en torno a los 850-900 m, contrasta con los relieves enhestados del segmento meridional de la Sierra de Gistredo, que la limitan por el N, formado por roquedos del Paleozoico inferior que culminan más de 900 m por encima del fondo de la misma: Piedrafita (1766 m), Gistreo (1731 m). Mientras que, a mediodía, y hacia sus límites O y E, el contraste topográfico, aun existiendo, es mucho menor pues son en este caso las culminaciones pandas de las series estefanienses las que la confinan solo 100-150 m por encima del fondo de la depresión: Alto de Valdegalén (965 m) y de Mesón (1083 m).

El contacto entre la depresión y los bloques que la delimitan al N y S se produce mediante fallas de dirección O-E, con lo cual esta adquiere el carácter de una *cubeta tectónica* rehundida entre ellas (Gómez Villar et al., 1996). Esas fallas delimitan los dos grandes bloques montañosos entre los que se sitúa la cubeta y donde han quedado retenidos sedimentos modernos provenientes de los mismos, que adquieren la forma de rampas suavemente inclinadas, *glacis*, que enlazan topográficamente el pie del relieve dominante con el nivel de terrazas fluviales más alto que, a su vez, dominan los fondos del valle actual.

Los *glacis* y las terrazas fluviales dan carácter a la cubeta de Noceda repitiendo el relieve, aunque con una dimensión menor, del Bierzo Bajo; de hecho, es una especie de cubeta satélite de la principal (García Fernández, 2006), o de la vecina *cubeta* de Bembibre situada inmediatamente al S. La condición de planitud la imprimen los sedimentos recientes al sellar el zócalo infra-yacente y nivelar las irregularidades que este pudiera tener; y ello a pesar de que el encajamiento de la red fluvial del río Noceda y sus afluentes, sobre todo el río San Justo por su margen izquierda, están en un proceso de excavación de esas superficies, con lo que en muchos casos solo se mantienen discontinuamente sobre los interfluvios de los numerosos arroyos afluentes. El desmantelamiento de esas superficies se debe, en primer lugar, a la apertura del escobio por el que el río Noceda sale de la cubeta hacia el S, y lo hace encajándose en las series estefanienses siguiendo una falla de dirección N-S que desnivela las superficies culminantes pandas casi 100 m a ambos lados del tajo.

Por otro lado, al O y al E, los afluentes de la red del río Sil y del Boeza, también están en un proceso de activa incisión sobre ambos flancos de la cubeta. Allí, además de confinarla topográficamente, desmantelan sus bordes debido al activo retroceso de las cabeceras del río Velasco y del río Quintana, impulsados por el encajonamiento de los ríos principales, el Sil y Boeza, a los que tributan su caudal (Gómez Villar et al., 1996). Mientras que por el N el río Noceda, a pesar de que su curso salva elevadas pendientes debido a la proximidad de su nacimiento en la Sierra de Gistredo, su reducida cuenca vertiente le suministra escasos caudales para incidir los materiales paleozoicos cruzándolos mediante saltos y cascadas, algunas realmente espectaculares como La Gualta.

Figura 12. La cubeta de Noceda desde el O de la localidad con las estribaciones de la Sierra de Gistredo, a la izquierda, y el bloque de Alto del Mesón, a la derecha, que la confina por el S.

13

La *cubeta* de Bembibre

El valle de Bembibre está drenado por el río Boeza desde que sale de los terrenos paleozoicos a la altura de Folgoso de la Ribera y entra en los sedimentos cenozoicos por los que discurre hasta abandonarlos aguas abajo de San Miguel de las Dueñas. En total el trazado ronda los 20 km, con dirección NE-SO. Desde un punto de vista estructural se trata de una pequeña *cubeta tectónica* (Fig.13) drenada por la red del río Sil desde el borde occidental levantado de la Meseta (Redondo Vega et al., 2002d, 2002e) y que enlaza morfológicamente con la *cubeta* del Bierzo, de la que solo la separa el afloramiento del zócalo del entorno de Ponferrada con los relieves de Montearenas (736 m) y Pajariel (837 m) (García Fernández, 2006).

La morfología del valle consiste en fondos de valle planos que están dominados por los taludes de las terrazas fluviales que los enmarcan y estas, a su vez, por relieves paleozoicos que lo hacen muy enérgicamente sobre todo por el S. El contraste del relieve se debe, más que a una altitud elevada (relieves culminantes en torno a la cubeta apenas sobrepasan los 1500 m), a la proximidad de estos al fondo de la cubeta situada solo a 600 m (Redondo Vega et al., 2002d, 2002e).

El límite septentrional de la cubeta lo marca un *escarpe de falla* atenuado, tajado por los ríos principales Noceda y Boeza. El escarpe delimita un bloque a partir de una falla directa de plano subvertical y hundimiento del labio S. La falla marca una ruptura neta (no sólo tectónica, sino también litológica y morfológica) entre el zócalo paleozoico y la cobertera de sedimentos modernos. Así, entre la culminación del bloque paleozoico levantado de *Raposa* (1141 m) y los sedimentos del piedemonte hay un desnivel de 200 m que se mantiene a lo largo de todo el interfluvio Boeza-Noceda.

Por el S, la alineación montañosa Redondal-Alto de Veiga (1573 m), enrasada y continua, forma el bloque que culmina en El Redondal (1564 m) y que domina la cubeta y la cierra mediante un enérgico escarpe de falla (Redondo Vega et al., 2002d; García Fernández, 2006). Esta alineación de E-O se caracteriza porque prolonga hacia el O, unos 16 km, los relieves de la divisoria con el Duero; además, presenta una marcada *isoaltitud* pues, en su culminación plana en torno a los 1500 m, solo destacan pequeños bloques levantados como El Redondal. Está formada por las potentes series cuarcíticas del Paleozoico inferior, cuya resistencia a la erosión ha coadyuvado a la conservación de esa culminación plana como un resto de los paleo-relieves previos al juego diferencial de las estructuras en torno a la cubeta y que fueron la causa del origen de ésta (Redondo Vega et al., 2002d, 2002e).

Por el E, el límite de la cubeta está menos definido pues solo la notable morfología asimétrica a ambos lados de la divisoria marca algo la diferencia, además de la interposición de los afloramientos carboníferos estefanienses de la cuenca carbonífera de Bembibre-Torre, que hacen de transición entre los relieves del borde de la Meseta y los de la cubeta.

Por el O de la cubeta de Bembibre no existe un escarpe de falla neto como al N y S de la misma, o la divisoria de aguas que la cierra por el E, sino que el límite lo marca un bloque levantado, Peñas de la Riestra (1118 m), que la separa del valle del río Sil y, al SO, el encajonamiento del río Boeza en el relieve granítico exhumado de Montearenas (736 m) que apenas destaca de los niveles altos de las terrazas que forma el río en la margen derecha.

Figura 13. La cubeta de Bembibre desde El Redondal (1564 m); al fondo el bloque de la sierra de Gistredo y en el plano intermedio el bloque del Alto Raposa (1141 m) que la separa de la cubeta de Noceda situada más al N.

El valle de erosión diferencial y fallado de Geras-Beberino

El río Casares, aguas abajo del pueblo de Geras hasta cerca de Beberino, circula por un valle paralelo a los afloramientos de las series calcáreas paleozoicas, con una dirección ONO-ESE, ajustándose al surco estrecho labrado sobre las lutitas estructuralmente intercaladas entre las calizas. En su margen izquierda, el valle aparece dominado por las calizas devónicas que ocupan el tercio inferior de la ladera. En estas calizas los arroyos estacionales han excavado cauces cortos y estrechos y muy pendientes, con una dirección NNE-SSO.

En la margen derecha, aunque se mantiene, aproximadamente, esa misma disposición morfoestructural, a diferencia de lo que ocurre en la vertiente izquierda, la de la derecha está drenada por arroyos permanentes que tienen una mayor cuenca vertiente que los de la margen izquierda y que descienden desde el cordal principal del Macizo de Amargones (1898 m). Estos arroyos salvan el elevado desnivel existente entre su nacimiento y el nivel de base del río Casares mediante un lecho que se caracteriza por presentar una sucesión de pozos, rápidos y pequeñas cascadas. Sin embargo, lo más llamativo de esta vertiente es que en ella se reproduce una estructura originada por la *erosión diferencial* en estos valles equivalente a la del valle principal del río Casares. Así, la distinta resistencia de los materiales que atraviesan crea una alternancia entre sectores de valles amplios, que aparecen cuando los arroyos atraviesan rocas más blandas (usualmente lutitas o alternancias de estas con areniscas), y tramos con estrechas y angostas hoces cuando se encuentran con los competentes materiales calizos paleozoicos. Estas hoces de corto recorrido, pero de gran verticalidad, son uno de los rasgos más atractivos del paisaje de este valle (Redondo Vega y Santos González, 2011).

Llama la atención, además, el hecho de que en toda esta vertiente del valle unos ríos de escaso caudal (aunque salven elevadas pendientes) hayan podido atravesar con relativa facilidad, sin más apoyo que la disolución, los competentes materiales calizos y que, además, lo hagan siguiendo una dirección hacia NNE que es contraria a la del escurrimiento regional. La explicación a esta "anomalía" está en el hecho de que los afloramientos de rocas competentes que atraviesan están netamente desnivelados hacia el ESE, lo que indica la existencia de fracturas y fallas que los escalonan. Por eso creemos que los arroyos han logrado perforar estas calizas utilizando una red previa de fracturas y fallas, que determina la peculiar dirección de estos arroyos dentro del macizo montañoso (Redondo Vega y Santos González, 2011).

Esa red de fracturas compartimenta un conjunto de bloques que ocupan una posición intermedia entre los cordales culminantes del macizo citado y el surco principal por el que discurre el río Casares a una cota de 1050 m. Se aprecian netamente seis bloques montañosos de irregular dimensión, constituidos por calizas paleozoicas y con la misma dirección de las estructuras mencionadas. Los bloques se disponen escalonados descendiendo de cota en esa dirección a lo largo de 6 km y culminan respectivamente, del más occidental al más oriental: Cueto Ancho a 1624 m; Traspenas a 1532 m; Cantopajares a 1453 m; Arbalejos a 1445 m; Peña Forcada a 1393 m y Canto del Barredo a 1348 m. Tal disposición espacial indicaría la presencia de fallas perpendiculares a la dirección de la estratificación. Las fallas crearían líneas de debilidad que han guiado los ejes fluviales de la margen derecha del río Casares, permitiendo la incisión lineal de las competentes calizas paleozoicas mediante cortas y estrechas hoces (Redondo Vega y Santos González, 2011) como, por ejemplo, la Hoz del Calero.

Los rasgos descritos indican que este valle tiene un marcado carácter estructural, al igual que otros muchos que articulan el relieve de las montañas cantábricas, en el sentido de que su trazado ha sido definido por el entramado estructural previo que dirige la elaboración de las morfo-estructuras (García Fernández, 2006); el cauce principal ha sido labrado en los materiales más blandos dejando en resalte la crestas calcáreas más competentes que, a su vez, los afluentes han atravesado aprovechando redes de fracturas que desnivelan bloques y que son los que guían el escurrimiento. El resultado es un tipo de relieve de *erosión diferencial* y *fallado* (Fig. 14).

Figura 14. Relieve de erosión diferencial con crestas y surcos al NE de Beberino.

La encrucijada morfoestructural del valle del río Luna

La provincia de León tiene, en las estribaciones montañosas del valle del río Luna, un lugar privilegiado donde se puede contemplar el contacto de varias morfoestructuras relevantes del N de la Península Ibérica. En efecto, en el entorno de la localidad de Benllera convergen, por un lado, los roquedos más antiguos del país, precámbricos, que constituyen el núcleo de la *estructura antiformal* del Narcea, y que aquí ubican su extremo meridional peninsular, antes de sumergirse hacia el E, a modo de zócalo, bajo de los sedimentos continentales cretácicos y cenozoicos de la Meseta (Julivert, 1967). Por otro lado, más al N se yergue, enérgico, el relieve paleozoico de la vertiente meridional de la Cordillera Cantábrica, de compleja y variada composición lito-estructural. *Zócalo precámbrico*, *macizo antiguo paleozico* y *Meseta* se confrontan y articulan en este punto (Fig. 15), pero su morfología, posición altitudinal y su contacto son a la vez diversos y complejos.

Las formas romas y macizas, pesadas, caracterizan los roquedos más antiguos. Las rocas del zócalo precámbrico son fundamentalmente lutitas en su sector más septentrional y facies más areniscosas en el meridional; se presentan fuertemente deformadas, con sus capas en posición vertical o muy inclinada, como consecuencia de una dinámica tectónica pre-paleozoica muy antigua: a veces es posible observar, como ocurre en Irede de Luna, a solo 14 km al NO de Benllera, el contacto del roquedo precámbrico en *discordancia angular* bajo las rocas paleozoicas (Meléndez y Fuster, 1984).

El relieve que forman culmina al N de Benllera en el Alto de los Pisones (1144 m); más al N el zócalo se pone en contacto con las estribaciones de la Cordillera Cantábrica que culmina a solo 9 km al N en el Amargones (1898 m); ese marcado contraste topográfico se ve acentuado por las formas de relieve muy diferentes de la cordillera: las elevadas pendientes y la alternancia de roquedos de muy variada resistencia a la erosión, han creado unas condiciones idóneas para que trabaje la *erosión diferencial* dejando en resalte las rocas más resistentes y erosionando las más blandas.

No obstante, el contacto entre ambas morfoestructuras se realiza mediante los materiales interpuestos de la cuenca carbonífera de La Magdalena con los que, si bien hay claras diferencias lito-estructurales, apenas las hay morfológicas, ya que el relieve de las rocas estefanienses forma una continuidad y culmina a cotas parecidas: Sierros de Viñayo (1156 m) y extremo NE del Alto de la Lomba (1113 m).

Al E de Benllera esos materiales se ocultan primero bajo las arenas cretácicas, que tienen en la zona uno de los afloramientos más occidentales de su emplazamiento en el "surco" entre la cordillera y la Meseta desde Guardo a La Robla (LLopis Lladó, 1950). Y a continuación, algo más al E, lo hacen bajo las facies conglomeráticas de rocas cenozoicas (paleógenas y neógenas) que constituyen la otra gran morfo-estructura del área, que es el extremo NO de la Meseta.

Los potentes sedimentos cenozoicos aparecen en su contacto con la Cordillera Cantábrica en posición vertical (Cascos Maraña, 1990), deformados, pero a muy poca distancia hacia el S reposan horizontales, coadyuvando a la planitud que caracteriza a esta morfo-estructura. En la zona alcanzan su máxima cota en la cumbre del Alto El Negrón (1343 m). Este relieve, formado por sedimentos continentales recientes, domina en más de 150 m a los romos relieves del macizo precámbrico y de la cuenca carbonífera situados inmediatamente al O, lo que podría indicar una fractura del zócalo de dirección meridiana que es la que aprovecha el río Luna para abrir su valle una vez que abandona la Cordillera Cantábrica y toma, resueltamente, esa dirección abandonando la NO-SE que ha llevado durante gran parte de su trazado montañoso.

Figura 15. En primer plano la vertiente del páramo de Camposagrado de materiales cenozoicos que, a su vez, fosilizan las arenas cretácicas; en el centro, el macizo de materiales precámbricos rehundido topográficamente y detrás, dominando todo el conjunto, la Cordillera Cantábrica de estructuras paleozoicas.

16

Garganta del río Cares

Este estrecho desfiladero tallado por el río Cares (Fig. 16) se sitúa entre León y Asturias, en el centro de los Picos de Europa y separa el macizo central de Torre Cerredo (2649 m), del occidental de Peña Santa (2596 m), que contienen las mayores elevaciones de la Cordillera Cantábrica. Se suele considerar que la garganta comienza aguas abajo de la localidad de Caín. Sin embargo, el río empieza a encajonarse mucho antes de llegar a esa población; aproximadamente desde la ermita de Corona, ya presenta caracteres de un auténtico desfiladero, aunque ensanchado por su margen izquierda en la confluencia de río Peguera, y en Caín por la convergencia de varias *riegas*. Considerando todo ello su longitud sería de unos 14 km.

El río, en la garganta, sigue dos direcciones predominantes: SSO-NNE en su tramo más alto hasta que en su tercio inferior, durante unos 4 km, cambia a una dirección O-E desde la confluencia de la Canal de Sabugo por su margen derecha, hasta la Canal del Tejo (Bulnes), bordeando en este tramo el enérgico escarpe del Murallón de Amuesa. Desde esa confluencia, retoma su rumbo N, hacia Poncebos y Arenas de Cabrales en donde vuelve a cambiar su rumbo hacia el E que ya no abandonará hasta su desembocadura en el río Deva.

Ese trazado con cambios bruscos de dirección, en *bayoneta*, a menudo responde a la adaptación de los ríos a fracturas de la estructura. Así, unas veces corta de S a N las estructuras paleozoicas, otras veces sigue su mismo rumbo. En el primer caso el trazado sigue la pendiente general del relieve de la Cordillera Cantábrica al ir desde la divisoria de aguas con su vertiente S hasta la costa asturiana. Al discurrir hacia Asturias va cortando, de manera toscamente perpendicular, las sucesivas escamas cabalgantes cuyo apilamiento ha generado, al repetir las series paleozoicas, el armazón principal del macizo (Cabero Diéguez et al., 1988) y da lugar a un espesor sobresaliente de calizas que tiene una trascendencia directa en la morfogénesis.

La potencia que alcanzan las calizas carboníferas en los Picos de Europa, sin parangón en nuestro país, es una de las claves que explica la morfogénesis actual del macizo, pues ha hecho posible la profundización de la *karstificación*. Así, todo el macizo está sometido a intensos procesos de disolución kárstica (Ruíz Fernández y Serrano, 2011) que explican de por sí muchos rasgos principales de su relieve y que alteran su superficie. Resultado de ello son las numerosas *surgencias* de origen kárstico que jalonan las vertientes de la garganta, como las fuentes de la Jarda, Farfada, Farfao de la Viña y Los Molinos, y que se hayan generado las simas más profundas del país.

Por otro lado, el levantamiento enérgico de todo el conjunto montañoso, y su proximidad al mar, han creado unas condiciones muy favorables al actuar como pantalla y asegurar unas abundantes precipitaciones que alimentan, no solo las circulaciones subterráneas, sino que proporcionan caudal suficiente a los ríos, como el Cares, para poder encajonarse en los duros roquedos calizos. Además, en los periodos más fríos la elevada precipitación en forma de nieve, y la elevación del macizo, favorecieron la instalación de glaciares que también han trascendido a las formas actuales.

La profundización que el río ha hecho en el macizo da idea de las elevadas pendientes de las vertientes que dominan la garganta: desde la cumbre del Torre Cerredo, por la Canal de Dobresengos, hasta la confluencia de esta con el río Cares se salva un desnivel de 2,2 km en una distancia de 4,6 km, lo que confiere a esa canal una pendiente del 48%. La profundización de la garganta y las elevadas pendientes generan una activa dinámica de vertientes con canchales activos, caídas y avalanchas de rocas, aludes, fenómenos a menudo favorecidos por las descompresiones que las rocas del macizo experimentan al progresar la incisión de la garganta.

La profunda incisión realizada por el río Cares no sólo ha sido capaz de atra-vesar las potentes y competentes calizas paleozoicas a lo largo de la garganta, sino que ha hecho retroceder su cabecera hacia el S, estableciendo la actual divisoria más allá de las más elevadas cumbres del macizo (Cabero Diéguez et al., 1988). Es decir, el río en un proceso aún no concluido, ha excavado el valle de Valdeón que se articula como una vasta depresión entre el enhiesto macizo de Picos de Europa y los cordales de las sierras de Riaño que lo delimitan al S. Todo el material excavado se ha ido vaciando hacia la garganta del Cares en un proceso erosivo facilitado por la presencia de afloramientos de materiales más deleznables como las lutitas, y estableciendo la actual divisoria de aguas casi 600 m por debajo de la cota que alcanzan las cumbres del macizo calcáreo de Picos de Europa.

Todos esos materiales arrastrados a lo largo de la garganta se han deposita-do en terrazas en distintos niveles traspasado el macizo montañoso en el entorno de Arenas de Cabrales. Su estudio nos indica los últimos cambios acaecidos en la dinámica del río Cares. Así, las terrazas bajas tienen caracteres más torrenciales y masividad de los materiales transportados, y coincidirían con el último ciclo gla-ciar pleistoceno (Ruiz Fernández y Poblete Piedrabuena, 2011). Por el contrario, las terrazas más altas no presentan esos caracteres de torrencialidad y corresponden a una menor capacidad de arrastre de la corriente, que indicaría unas condiciones climáticas más estables. Según los análisis sedimentológicos, y las dataciones realizadas en los aluviones de esas terrazas, la tasa de encajamiento del río en los últimos 37000 años es de 0,24 mm/año (Ruiz Fernández y Poblete Piedrabuena, 2011), lo que nos da una idea de la poderosa labor de incisión realizada por el río.

La Garganta del Cares es uno de los sitios más visitados del Parque Nacional de Picos de Europa y hace casi dos décadas se consideró, en su doble condición de garganta fluvial y kárstica, como uno de los *geomorphosites* más relevantes del Parque Nacional (Serrano y González Trueba, 2005). En los años 20 del pasado siglo, se construyó un canal para llevar el agua del río desde la presa de Caín hasta la central de Camarmeña-Poncebos. Con objeto de realizar labores de mantenimiento de esa infraestructura, debido precisamente a la continua caída de rocas desde las laderas, 20 años después se construye el camino, a veces tallado en la roca, que sigue toda la garganta y que todos los años recorren decenas de miles de visitantes.

Figura 16. Garganta del río Cares en la confluencia con la Canal de Dobresengros, verano de 2006.

17

Hoces de Valdeteja

Entre Tolibia de Abajo y Nocedo de Curueño el río Curueño ha excavado una garganta cuando atraviesa las competentes rocas paleozoicas en las que predominan las litologías calcáreas. Esta garganta sigue una dirección clara N-S y una longitud aproximada de 7 km entre El Bodón (1957 m) al N y el Cueto Ancino (1729 m) al S. La génesis de esta garganta calcárea es fluvial, aunque el río Curueño haya explotado líneas de debilidad estructurales como fallas y fracturas, contactos litológicos y de facies, incluso antiguos conductos kársticos alguno de los cuales son aún visibles en el tramo intermedio de la garganta suspendidos a decenas de metros sobre el *talweg* actual. Todos estos elementos han facilitado la labor erosiva del río mediante la cual ha sido capaz de abrirse paso de N a S traspasando rocas muy competentes y siguiendo la dirección general del escurrimiento entre la divisoria con Asturias y el piedemonte cantábrico (González Gutiérrez, 2001, 2002b; Redondo Vega et al., 2002h, 2002j; González-Gutiérrez et al., 2017a).

Aunque la denominamos Hoces de Valdeteja en realidad se trata como hemos dicho de una garganta fluvial que tiene dos sectores desemejantes desde el punto de vista morfológico. Tanto en el tramo más septentrional como, sobre todo, el más meridional (Fig. 17), el río horada con dificultad y transversalmente las calizas masivas carboníferas. Como consecuencia de ello el valle se estrecha reduciéndose su dimensión y las vertientes se extienden muy escarpadas, a veces sub-verticales. Ambos sectores constituyen dos embocaduras al N y al S y son las hoces propiamente dichas.

Si en el tramo meridional la garganta parece ajustarse rudimentariamente al debilitamiento que imponen en la estructura las discontinuidades mencionadas, y que el curso fluvial ha aprovechado (Cascos Maraña, 1990), en la embocadura septentrional esa adaptación de la garganta a líneas de debilidad y a los contactos litológicos es más evidente. Así, la salida hacia el S del río Curueño desde la amplia cuenca intra-montañosa de Tolibia-Lugueros y, con ello, la apertura de la hoz, sigue una falla muy neta de dirección N-S. Tal hecho lo demuestra el desnivel de más de 500 m sobre idénticas litologías entre El Bodón en la margen derecha y la peña de La Caldera (1441 m) en la izquierda; esta falla directriz (González Gutiérrez, 2001, 2002b), por cuanto sigue el curso general del escurrimiento en la vertiente S de la cordillera, disloca y desnivela ambos bloques, elevando más de 800 m la culminación de las cresterías de El Bodón sobre el fondo de valle plano en el que se asienta la mencionada cuenca intra-montañosa; mientras que el desnivel en la margen izquierda es algo menos de 300 m.

Entre esos dos tramos, el ubicado aproximadamente entre los Caseríos de Valdeteja y la Venta de la Zorra (Vega de San Pedro), la garganta se resuelve en un valle más amplio en el cual la angostura de las hoces situadas aguas arriba y abajo del mismo se transforma en un valle con perfil transversal más abierto; ese mayor desarrollo del fondo de valle facilitó de localizados usos agrarios tradicionales, y de poblamiento, a pesar de estar rodeado de enérgicos relieves en todas direcciones. Este sector intermedio se amolda con el encaje del río a las calizas de facies tableada (mucho más friables desde el punto de vista de su resistencia a la erosión) y a los contactos N-S de esta litología con los roquedos paleozoicos más antiguos que afloran en la zona. Por eso casi siempre estas calizas tableadas se disponen muy rebajadas en relación a los bloques poderosamente levantados de las más masivas que las dominan.

Ya mencionamos como la *karstificación* que caracteriza alguno de sus tramos es un fenómeno que tuvo que coadyuvar a la apertura y evolución morfogenética de la garganta. Por un lado, porque la respuesta a la disolución de las dos facies calcáreas presentes en la zona ha sido desigual, pues siempre se muestran mucho más rebajadas y desgastadas las facies tableadas respecto a las calizas masivas; de hecho, las cavidades mas evolucionadas, y de mayor dimensión, que se localizan en la garganta se han desarrollado sobre las calizas tableadas carboníferas: cuevas de Tibigratias (Redondo Vega, 1981), El Arenal o Las Lendreras. Por otro lado, los restos de paleo-conductos kársticos aislados de antiguas galerías de cavidades (Cascos Maraña, 1990) a media ladera, así como otros de sección en *ojo de cerradura* o los conductos de tipo vadoso a ambos márgenes del valle, han tenido que influir en la apertura del valle, tanto favoreciendo la circulación del río, como haciendo evolucionar las vertientes retranqueándolas y ampliando por ello el valle.

No obstante, cuando el río atraviesa paquetes de calizas masivas tiene capacidad suficiente para incidir linealmente su *talweg* dejando en ocasiones restos suspendidos sobre el *talweg* actual de antiguos niveles erosivos de lechos rocosos (aunque re-trabajados por procesos de disolución kárstica), destacando los situados entre la Venta de la Zorra y la desembocadura del arroyo de Valdemaría. Otras veces el río ha sido capaz de generar tramos de lecho rocoso que imprimen carácter a la garganta. Algunos de estos segmentos fluviales son realmente singulares, como el de más 150 m de longitud que se localiza entre el puente de acceso al valle del arroyo Tejedo y la desembocadura del arroyo de Valdeteja.

En la garganta existen magníficos y numerosos canchales *periglaciares* sub-actuales que adquieren la estructura de *grèzes litées* (González-Gutiérrez et al., 2017a). También ejemplos más aislados de depósitos de ladera cementados (*gonfolitas*); se trata de antiguos derrubios gravitacionales que se muestran encostrados debido a su cementación por el agua que los ha empapado, muy rica en bicarbonato de calcio disuelto por la abundancia de calizas del entorno. La compleja y continua evolución de las vertientes dentro de las hoces, con la superposición de procesos morfo-genéticos, la muestra el hecho de aparecer algunas de estas *gonfolitas* fosilizando depósitos fluviales dejados por el río, excavadas posteriormente por éste y semi-sepultadas por *grèzes litées* periglaciares relictos.

Figura 17. Puente de los Argüellos o de los Verdugos, 1978. Hoces de Valdeteja.

18

Hoz de Vegacervera

Está situada entre las localidades de Felmín, al N, y Vegecervera, al S, en la Montaña Central de León. Se trata de una estrecha garganta labrada por el río Torío en las calizas carboníferas (Fig. 18), con una longitud aproximada de 1,3 km desde la curva del río aguas abajo del calero hasta la antigua mina de barita situada en la margen izquierda. La Hoz de Vegacervera tiene un origen fundamentalmente fluvial, pues ha sido la incisión lineal del río Torío el fenómeno principal que la ha formado.

Para poder atravesar las competentes calizas paleozoicas, el río ha aprovechado una falla directriz de dirección N-S, que se manifiesta por el salto que existe entre la superficie plana (aunque surcada por una densa red de dolinas) a 1650 m y que culmina en el pico Ungrío a 1685 m, y la equivalente en la margen derecha que se establece en torno a 1550 m y se eleva a 1599 m en el Pico Cimero (González Gutiérrez, 2001 2002b; Redondo Vega et al., 2002h, 2002i). Un desnivel de 85 m sobre idénticas litologías a ambos lados de la hoz, y a solo 1,7 km de distancia entre ellos, sólo se explica por la existencia de una falla directriz que haya dirigido de N a S el escurrimiento, siguiendo el desnivel general desde la divisoria de aguas cantábrica, hasta la cuenca sedimentaria de su piedemonte meridional. Además, hacia el E, el macizo calcáreo está escalonado, también mediante fallas (González Gutiérrez, 2001, 2002b), entre esa superficie que domina la hoz y la culminación del mismo en el Pico Polvoredo a 2007 m. En el medio, a partir de la Forca de Vagacervera (que sigue una línea de falla), se extiende una superficie irregular en torno a los 1760 m, conocida como Las Enrasadas, en la cual se repite la misma morfología panda de las que dominan la hoz y que, en detalle también está dilacerada por un conjunto irregular de dolinas, muchas de ellas de tipo estructural.

El perfil transversal de la hoz presenta dos sectores bien diferenciados pues los dos tercios superiores de pendiente fuerte (aunque de perfil más tendido como de uve abierta), se trasforman hacia el *talweg*, en el tramo inferior, en un perfil transversal muy escarpado, a menudo subvertical. En el primer caso, se trata de un paleo-valle muy antiguo, que se genera a medida que se levantan los bloques del macizo cantábrico y se hunde la cuenca sedimentaria situada al S del mismo (Cascos Maraña, 1990), aunque aún los desniveles entre ambas morfoestructuras no serían muy marcados. Algunos testigos del antiguo paleo-valle tiene continuidad hacia el S en las culminaciones de los cordales de las estructuras estefanienses de la cuenca de Matallana (Cueto Salón 1520 m al E, y la del cordal del Alto de Abecedo de 1465 m al O). Aún más al S, las culminaciones del piedemonte constituido por materiales cenozoicos también se ahorman con la prolongación de esa falla directriz, como manifiestan sus culminaciones en la Lomba de los Tres Pandos (1311 m) al E y Cantolaparra (1243 m) al O.

El segmento inferior del perfil es muy escarpado y presenta pendientes sub-verticales, que le confieren carácter y es la parte visible de la hoz cuando se recorre por el fondo de la misma. Su morfología de paredes lisas, casi verticales, indica un fuerte encajamiento fluvial contemporáneo al de la red fluvial en el piedemonte detrítico terciario y a la apertura de los valles y riberas del mismo. La disolución de la caliza siempre presente en ese tipo de rocas se traduce en magníficos ejemplos de *lapiaz* sobre muchas superficies; esas formas de disolución superficial forman a veces agrupaciones o *campos de lapiaz* de cierta extensión, con llamativas y profundas cuchillas, como los existentes en el entorno de la Canal de los Tres Techos, que es el acceso al Pico Cimero desde el fondo e la hoz. De forma ocasional existen también formas erosivas del lecho rocoso, como las marmitas, no solo en el roquedo del lecho, sino suspendidas en la base de la ladera de la hoz, indicando antiguos niveles erosivos del río. Pero en esta parte inferior de la hoz, predominan otros procesos geomorfológicos activos, además de los mencionados, como las frecuentes caídas y desprendimientos de rocas, a veces siguiendo planos suavemente curvos de la estructura y que se activan por la descompresión experimentada por el macizo a medida que la excavación de la hoz va dejando partes de este en condiciones sub-aéreas.

La explotación de líneas de debilidad hace que la incisión lineal del río se vea favorecida, además, por otros procesos, que coadyuvan a la apertura de la hoz, aunque aquel sea el principal responsable. Es el caso de la intensa *karstificación* del macizo que se manifiesta en las numerosas cavidades existentes destacando aquellas que tienen un desarrollo vertical principal como las simas de La Grail, La Forca, El Cascabel, Los Ingleses, u otras que conjugan galerías horizontales con pozos verticales como El Silencio, cavidades de desarrollo horizontal predominante como El Rubio (Redondo Vega, 1980), El Balcón de Pilatos o Los Dibujos y resurgencias y surgencias como el Pozo del Infierno y la situada 200 m al N del Calero. Todas ellas, y citando las más conocidas por haber sido exploradas y cartografiadas, son ejemplos del grado intenso de disolución kárstica del macizo calcáreo. Por ello, es muy posible que la labor erosiva del curso principal que lo diseca haya aprovechado algunos paleo-conductos subterráneos existentes para desmantelar más fácilmente las competentes calizas carboníferas y progresar en su incisión, al menos en las etapas iniciales de formación del valle (Cascos Maraña, 1990) a partir del cual se ha formado la hoz actual.

No obstante, *karstificación* y erosión fluvial, aunque seguramente relacionados, son procesos difíciles de relacionar desde un punto de vista dinámico como ya comentaremos en la espeleogénesis de la cueva de Valporquero. Y los datos conocidos a veces apuntan precisamente a lo contrario. ¿Cómo si no explicar la presencia del sifón del Pozo del Infierno en mitad de la hoz, que desciende casi un centenar de metros por debajo del *talweg* actual del río Torío? La constatación de una mayor intensidad y velocidad de la disolución del macizo en comparación a la incisión de río epigeo nos permite pensar en que ambos son fenómenos independientes.

Figura 18. Embocadura septentrional de la Hoz de Vegacervera.

La intensa *karstificación* se manifiesta, además de por las numerosa cavidades citadas, por los campos de dolinas que dominan la hoz desde el relieve culminante: al E, el entorno de Pico Ungrío, a pesar de, o precisamente por ello, presentar una alta densidad de pequeñas torcas y dolinas de hundimiento y estructurales, existe una conservación de la paleo-superficie casi plana de ese sector del relieve culminante; por el contrario el situado bajo el Pico Cimero (1599 m) al O, es mucho más irregular, aunque persistan aún sectores de la antigua paleo-superficie y cuente con campos de dolinas bien desarrolladas cuyos ejes se ajustan a las fracturas principales que recorren el macizo por toda la vertiente de la Hoz de Vegacervera.

A una escala menor, la apertura de la hoz sobre estos materiales tan compactos y competentes sigue, no sólo la falla directriz N–S que desnivela el macizo, sino otras de plano subvertical que se conjugan con aquella densificando las discontinuidades en el interior de la peña. Se trata de fallas de dirección transversal a la directriz y que conservan en muchos casos el *espejo de falla*. En ocasiones cruzan de un lado otro de la hoz y son las responsables de que el río, al excavar la hoz, dé una serie de quiebros, a derecha e izquierda, pero manteniendo el vector de dirección S para atravesar el macizo.

La profundización del río en el macizo de calizas compactas ha traído consigo unas fuertes descompresiones sobre las superficies rocosas de las vertientes de la hoz, pues al progresar la morfogénesis de la garganta, crece el vacío en el seno del macizo y la tendencia natural de deformarse hacia ese vacío de la superficie de la roca, acaba por crear fisuras (las cuales son un camino fácil a la penetración del agua, a la disolución) que dan lugar a la progresiva inestabilidad de la superficie de la roca. Despegada la zona más superficial en forma de fragmentos de diverso tamaño (a veces de un espesor considerable, se sueltan a modo de *escamas* de escala métrica), se produce la caída de estos por gravedad, emplazándose en el *talweg* o a pie de vertiente. Este proceso puramente mecánico es responsable y uno de los fundamentos de la evolución de esas vertientes de rocas compactas. Mediante él, las vertientes tienden a retranquearse de su posición inicial en dirección contraria al hueco creado y se conjuga con la propia incisión lineal del río en su lecho rocoso.

19

La hoz de Los Calderones

La estrecha hoz que el arroyo de Los Caderones ha labrado sobre las calizas paleozoicas comienza a 1,3 km al N de la localidad de Piedrasecha. El lugar es muy conocido por los senderistas y tiene un acceso muy fácil desde el pueblo. Desde el punto de vista geomorfológico se trata de una hoz abierta en las duras calizas paleozoicas por el arroyo de Los Calderones, que aprovecha varios factores favorables como la elevada pendiente que salva, las discontinuidades y contactos estructurales y, sobre todo, la activa *karstificación* de las calizas, como lo prueba la existencia de varias cavidades subterráneas en el macizo.

El arroyo drena un sector de la vertiente S de sinclinal de Alba, importante estructura paleozoica que forma el primer bloque destacado de la Cordillera Cantábrica desde el S y se extiende, fallado y dislocado, entre el valle de río Luna al O y el del río Bernesga al E. El sinclinal está formado esencialmente por rocas silíceas devónicas hacia los flancos y tiene su culminación en el Amargones (1898 m). En su zona axial rocas más modernas, carboníferas, forman un importante aflo-ramiento de calizas tableadas, en las cuales se ha abierto la hoz de Los Calderones.

El arroyo de Los Calderones (Fig. 19) circula por las calizas carboníferas 1 km aproximadamente. El tramo superior sigue la dirección de los contactos en el flanco S del sinclinal de Alba (Fig. 9) de ONO a ESE; al final de ese tramo su caudal sufre una serie de pérdidas hasta que desaparece totalmente en las calizas tablea-das carboníferas y, solamente en épocas de grandes precipitaciones o deshielos, la infiltración hacia la red kárstica subterránea no es completa y el agua circula, en parte, por la entalladura de la hoz. A partir de esa zona superior el curso gira brus-camente hacia el S, aumentando notoriamente la pendiente y estrechándose el fondo de la hoz hasta llegar a medir en algunos puntos tan solo 2 m de ancho. Este tramo, de unos 450 m, habitualmente es un valle seco, ya que el agua se infiltra en su totalidad hacia la red subterránea.

La *karstificación* del macizo lo evidencian los restos de conductos subte-rráneos *kársticos* a distintos niveles por encima del *talweg* de la hoz actual, cuya presencia muestra el proceso de profundización de la disolución de las calizas, proceso posiblemente relacionado con la propia apertura y ahondamiento de la hoz. De hecho, en la margen derecha del valle, casi en mitad de la hoz, a unos 30 m sobre el fondo actual y al pie de un pequeño resalte de caliza, hay una apertura hacia una cavidad subterránea. Se accede, mediante una sima de una decena de metros, a un conducto con un curso de aguas permanente que, después de un centenar de metros, desaparece en un sifón. Los materiales de uno de los meandros que forma el curso subterráneo (gravas y cantos), son predominantemente silíceos, lo que implica aportes de ese material desde el exterior de la cavidad, es decir, desde la parte N (Macizo de Amargones).

Figura 19. El lecho del arroyo de Los Calderones en 1983. Salvo en fuertes deshielos o precipitaciones, está siempre seco pues circula subterráneamente: se sume en la parte superior del valle y vuelve a aflorar en las resurgencias kársticas aguas abajo de la garganta.

Sobrepasadas las calizas tableadas en su mayor parte, el caudal de una serie de *surgencias kársticas* al confluir, conforman otra vez el arroyo, ahora ya con un caudal mucho mayor que el que llevaba antes de sumirse hacia la red subterránea. Este hecho nos indica que la circulación subterránea, no sólo se abastece de las infiltraciones desde la zona superior de la hoz, sino que tiene aportes de agua subterráneos desde el interior del macizo kárstico.

Por otro lado, en el interior de la hoz en su margen izquierda es posible observar cantos y bloques de rocas silíceas posados sobre antiguos niveles erosivos de las calizas de la hoz, a una veintena de m del actual fondo de valle. Proceden de la cabecera de los arroyos que drenan la vertiente S del Amargones y se interpretan como fruto de episodios de avenidas con una fuerte torrencialidad, o bien restos de antiguos niveles del lecho del arroyo de los Calderones, que han quedado suspendidos a medida que se encajonaba el arroyo en la hoz.

Los Llagos de Jesús
y la garganta del río Sella

Con esta denominación, o simplemente Chagos, se conocen en Soto de Sajambre unos pastizales de alta montaña situados al NO de la localidad, en el límite con Asturias, y que se extienden por unas 18 ha. Se trata de una depresión entre las cresterías de Cueto Palombo (1497 m), Pico Beza (1573 m), que la limitan por el N, mientras que una cresta casi continua desde Peña Acéu (1459 m), a Peña del Sedo (1458 m), forma una "uve" que abraza la depresión a mediodía.

La disposición de esas cresterías de roquedos calizos que la confinan hace que la depresión tenga una forma triangular en planta cuyo punto más bajo se sitúa a 1181 m, lo que potencia la sensación de depresión cerrada en todas direcciones. Solamente por el O la depresión se abre, por el collado de Valdelillo (1252 m), a la profunda entalladura del río Sella en el desfiladero de Los Beyos (Fig. 20). Esta garganta atraviesa el macizo calcáreo de Picos de Europa por su parte occidental aprovechando líneas de debilidad tectónica del conjunto masivo de la montaña cantábrica.

Gracias a la incisión del río Sella, es posible observar la estructura interna de los Picos con el apilamiento de los estratos cabalgantes e inclinados hacia el N (Cabero Diéguez et al., 1988) y la estructura escalonada de apilamientos de capas con escarpes verticales que se suceden a lo largo de las laderas. Así, entre el río y el collado de Valdelillo, apenas hay 1450 m de distancia en línea recta; sin embargo, el desnivel es de 910 m, lo que nos da una pendiente media de más de 30º. Esas elevadísimas pendientes caracterizan el encajonamiento del Sella y de las *riegas* afluentes y, además, han favorecido la profundización de la red subterránea que drena el macizo calcáreo.

La depresión de los Chagos está recorrida por pequeños regueros en los que se concentra el escurrimiento, de E a O, hasta una pequeña laguna situada al pie de un asomo de caliza escarpado. Los cambios de nivel que experimenta la laguna después de épocas de fuertes precipitaciones y deshielos, hacen suponer que ese punto funciona como sumidero de aguas hacia el interior del macizo.

Toda la depresión cerrada de Chagos está recubierta de un ostensible manto de arcillas procedentes de la disolución de las calizas, que junto con la existencia de cavidades en ese mismo entorno (cueva del Barro, cuya entrada está a unos 100 m más al O de la laguna, o el pozo de Las Grajas en el cordal septentrional), indican un macizo sometido a una profunda *karstificación*, con lo que la propia depresión cerrada se constituye como un pequeño *poljé* que se drena a través de la laguna y la mencionada cueva hacia el interior de la red kárstica.

Figura 20. Desfiladero de Los Beyos aguas abajo del caserío de Cobarcil.

21

El Fontanón
de Nocedo de Curueño

Al N de la localidad de Nocedo de Curueño, en la margen derecha del valle del río Curueño, a una cota de 1065 m y al lado de la carretera LE 321, se localiza una surgencia *kárstica* que drena el sistema de aguas subterráneo del bloque calizo que culmina en Peña Valdorria (1926 m) y que los lugareños llaman El Fontanón (Fig. 21). Al otro lado del río las mismas calizas se hunden más de 300 m, Peña Cernadera (1554 m), lo que implicaría la presencia de una falla directriz N-S que, al desnivelar los bloques del macizo, ha facilitado el paso del río a través de las competentes calizas carboníferas, excavando una corta hoz donde se ubica el antiguo balneario de Nocedo abandonado hace décadas.

Esa discontinuidad estructural que desnivela el macizo, también ha tenido que individualizar la circulación de aguas subterránea de tal modo que, la surgencia *kárstica*, que tiene como nivel de base el río Curueño apenas 3-4 m situado por debajo, constituye un notable ejemplo de lo que en fenomenología *kárstica* se denomina *formas de emisión* (Llopis Lladó, 1970).

El área de alimentación es el bloque de Peña Valdorria, pues al N y S del mismo, las rocas siliceas del Paleozoico inferior, o el predominio de pizarras carboníferas respectivamente, lo individualizan litológicamente. Las calizas que forman el área de alimentación son de facies mayoritariamente masiva, pero densamente recorridas por discontinuidades, como la estratificación subvertical con marcadas juntas de dirección O-E, a la que se une una densa red de fracturas en esa misma dirección, y otra perpendicular a la dirección de las capas muy perceptible, que atraviesan toda la peña.

Además existe una red de diaclasas que, a pequeña escala, abren la roca compacta y aseguran una fácil infiltración del agua hacia el interior del macizo, facilitando su karstificación y que son, casi siempre, las que influyen más decisivamente en el emplazamiento de las surgencias (Llopis Lladó, 1970).

La karstificación superficial, guiada por las discontinuidades estructurales, ha creado una superficie muy irregular que favorece la infiltración de unas precipitaciones abundantes, como corresponde a ese espacio de montaña, existiendo incluso algún manantial cerca de la cumbre del relieve (Portillo del Agua), aspecto poco habitual en los macizos calizos karstificados.

Sin embargo, el acceso al interior no es posible salvo por alguna pequeña cavidad como en la Cueva del Buey, o la misma surgencia inferior que, tras un breve recorrido por su conducto, ve su bóveda descender formando un sifón e impidiendo el acceso al interior de la red.

La proximidad de área de acumulación al nivel de base y el elevado desnivel que hay entre la parte superior del macizo y la surgencia, (750 m entre el Portillo del Agua y la surgencia en apenas 1,6 km de distancia en línea recta), aseguran una rápida trasmisión del agua por el interior de éste, así como una respuesta rápida con incrementos de caudal considerables en situaciones excepcionales de periodos de lluvias persistentes y/o súbitos deshielos sobre todo durante el invierno. En esas ocasiones el agua llega a salir a presión desde El Fontanón alcanzando la carretera.

Figura 21. En El Fontanón el agua normalmente se filtra a través de grandes bloques tapizados de musgo hasta desembocar en el río y sólo en épocas de lluvias abundantes y deshielos es visible, a veces surgiendo a presión por las fisuras de la roca caliza. A la derecha durante un deshielo en el invierno de 1984.

22

Vega de Liordes

Se trata de una depresión en la parte más meridional del macizo central de los Picos de Europa, cerca del límite entre León y Cantabria. El fondo de la misma se encuentra por debajo de la cota de 1900 m, mientras que sendos cordales montañosos la confinan al N con el Tiro Llago, (2561 m) y La Padiorna (2314 m) y al S con la Torre de Liordes (2477 m) y Peña Regaliz (2219 m), dándole una forma toscamente cuadrangular. El contraste entre el fondo casi plano de la vega y los enhiestos cordales y torres calcáreas que la circundan, de paredes casi verticales, reafirma su condición de depresión y de paisaje de alta montaña al mismo tiempo. Su singularidad geomorfológica ya fue reconocida hace tiempo como uno de los *geomorphosites* más singulares de los Picos de Europa, (Serrano y González Trueba, 2005; González Trueba y Serrano Cañadas, 2008).

Todo su contorno está formado por rocas calizas carboníferas en las cuales su *karstificación*, es un proceso muy activo como lo demuestran las numerosas cavidades exploradas y cartografiadas hace décadas (Torres Vega et al., 1983), entre las que destacan tres simas situadas en la parte OSO de la vega, en la zona basal de la vertiente del Hoyo de Liordes:

- la L6, La Horcadina, con un desnivel de -250 m y con un potente helero a -27 m

- la L22, con -164 m de desnivel y abundante hielo fósil en el fondo de un pozo de 80 m; la presencia de hielo en el interior de muchas cavidades de los Picos de Europa es un elemento de sobresaliente interés geomorfológico (Gómez Lende y Serrano Cañadas, 2012)

- la L30, se trata de una sima vertical de -115 m de desnivel, con paredes cubiertas de hielo y una gran acumulación de nieve en su fondo (Torres Vega et al., 1983).

Otra de las cavidades, el Sumidero de Liordes, hace de *pónor* de todas las aguas que escurren y drenan la vega alimentando la red subterránea kárstica. La cavidad conduce el agua a través de una serie de pozos (el mayor de 40 m), con cascadas y rampas, hasta alcanzar la profundidad de -228 m, en la que el curso de aguas desaparece en un sifón.

La depresión de la Vega de Liordes tiene en su origen un doble carácter estructural pues la disolución de las calizas de su entorno genera un tipo de relieve estructural como es el kárstico, de hecho, el tipo de depresión cerrada, casi plana, que concentra la escorrentía y la sume hacia el interior de la red subterránea es característica del *karst*. Pero, por otro lado, la ubicación concreta entre una estructura cabalgante al S y un sistema de fallas de dirección NO-SE y NE-SO compartimentan la estructura hundiendo la depresión (Serrano Cañadas y González Trueba, 2002; González Trueba, 2007), en la cual afloran las lutitas respecto a sus bordes enérgicos formadas por las competentes calizas.

Figura 22. Vega de Liordes; al fondo, tras la niebla, la collada de los Tornos de Liordes, 1981.

Debido a su altitud, este espacio fue ocupado por los hielos cuaternarios que dejaron la impronta de su paso bajo la forma de umbrales y superficies rocosas pulidas, al igual que ocurrió en casi todo el macizo central de los Picos de Europa (Frochoso Sánchez, 1980; Frochoso Sánchez y Castañón Álvarez, 1998; González Trueba, 2007). La Vega de Liordes fue un receptáculo topográfico donde se concentraba el hielo procedente sobre todo de los circos glaciares situados en los cordales al OSO de la Torre del Hoyo Chico (2369 m) y Torre de Salinas (2447 m), que confluían con los procedentes de los circos del cordal septentrional de Torre Blanca (2617 m) y Madejuno (2509 m). La sobre-excavación de esas lenguas en aquellas zonas ya rebajadas por la disolución kárstica previa a la instalación el hielo, o bien la mayor debilidad de la estructura casi siempre ligado a cambios de facies de la roca paleozoica y/o al cruce de varias fracturas y diaclasas, dieron lugar a *jous*, algunos de los cuales están hoy día ocupados por pequeñas lagunas de origen glaciar: Llagu Cimero (2013 m) y Llagu Bajero (1865 m).

Su función de colector hizo posible que, al rellenarse completamente de hielo la depresión que forma la vega, rebosara durante el máximo avance de los hielos hacia el S a través de la Canal de Pedabejo (2035 m) y, sobre todo, hacia el E hacia la cabecera del valle del Deva, sobre-alimentando el glaciar homónimo a través de la Collada de Liordes (1949 m) (Frochoso Sánchez y Castañón Álvarez, 1998; Serrano Cañadas y González Trueba, 2002).

Muchas huellas del glaciarismo cuaternario, sobre todo las marcas de erosión de detalle, han sido borradas por la disolución de la superficie rocosa de calizas en las que el agua de los deshielos e intensas precipitaciones de la zona actúan con una gran agresividad. Por eso, aun permaneciendo la forma que esculpió el hielo en los umbrales, se ha perdido el detalle de las estrías y acanaladuras unidireccionales que tuvo que dejar. No obstante, sí se conservan algunos restos más recientes como en el entorno del Jou de los Llagos. Allí se localiza un complejo morrénico de hasta cuatro arcos de morrenas frontales apoyados sobre umbrales, o en la cubeta de sobre-excavación del Llagu Cimero. La altitud y posición que ocupan estos sedimentos glaciares permite atribuirles una edad fini-pleistocena *tardiglaciar* (Serrano Cañadas y González Trueba, 2002).

23

El macizo *glacio-kárstico* de Sancenas

Este macizo está situado al N de la provincia de León, en el interfluvio de los valles de los ríos Torío y Curueño. Se extiende 11 km de O-E y sus cotas más altas culminan por encima de los 1900 m: Bucioso (1961 m), Cueto Calvo (1921 m) y La Carva (1917 m). El macizo está limitado al N y al S por los valles de arroyos que avenan hacia los ríos mencionados, con cotas en torno a los 1300-1140 m. La diferencia entre las culminaciones y los fondos de los valles circundantes hace que el macizo se eleve de manera enérgica frente a estos y adquiera caracteres geográficos de alta montaña, sobre todo cuando se divisa desde su lado septentrional, donde las morfo-estructuras de capas sub-verticales de caliza coadyuvan a esa sensación.

La verticalidad de sus bordes septentrionales contrasta con la relativa planitud del espacio culminante que aparece entre sus cresterías y cumbres más elevadas. Es el valle de Sancenas (Fig. 23) formado por varias depresiones cerradas de fondo plano y origen kárstico (*poljés* y *dolinas*), retocadas por el glaciarismo cuaternario. En esas depresiones elevadas se han ubicado tradicionalmente pastizales de altura para el ganado.

El bloque de Sancenas desde un punto de vista morfo-estructural está formado por las estructuras *variscas* que quedaron en relieve a partir de los rejuegos de bloques alpinos (González Gutiérrez, 2001). Debido a su elevada altitud (el fondo del *poljé* actual está a 1745 m) y proximidad a la divisoria principal de la cordillera (a sólo 10 km al N) le aseguran una abundante precipitación, la invernal siempre en forma de nieve cuyo lento deshielo aporta, además, un contacto más prolongado a la disolución de las calizas. A estas condiciones naturales favorables desde el punto de vista geográfico, se unen otros factores de tipo estructural como la elevada densidad de la red de diaclasas, o los frecuentes contactos litológicos de facies calcáreas de diferente edad y de respuesta diferente a la disolución, todo lo cual ha facilitado la *karstificación* del macizo. A pesar de que el *poljé* se emplaza sobre las rocas devónicas próximas al contacto con las facies silíceas ordovícicas y devónicas (González Gutiérrez, 2001, 2002b) y que una de sus vertientes, la meridional, la componen ya las litologías rocas silíceas paleozoicas.

El macizo glacio-kárstico de Sancenas se compone de dos sectores nítidamente diferenciados. El más meridional, donde la *karstificación* ha avanzado más, presenta una morfología de *karst* maduro, con un *poljé* (que es el valle de Sancenas en sentido estricto) asentado en calizas devónicas que a su vez se extiende en dos niveles escalonados: el oriental, Fig. 23, es aún funcional ya que lo drena un pequeño arroyo que circula, desde su manantial en las dolomías devónicas a media ladera, hasta el *pónor* de Sancenas a lo largo de más de 900 m (González-Gutiérrez et al., 2017a).

Hacia el O el *poljé* se ensancha y constituye el otro nivel, en la actualidad a unos 30 m más alto. Esta parte está desconectada de la circulación superficial adquiriendo caracteres de antiguo paleo-valle que, unido con el anterior, desaguaba hacia el N por el collado de Las Vizarreras. La existencia de pequeñas dolinas de colapso, alineadas siguiendo alguna fisura principal del sustrato, junto con sumideros en su extremo septentrional, impiden, salvo cuando se dan deshielos rápidos, la escorrentía de las aguas superficiales, lo que refuerza su condición de paleo-valle. Ambas partes del *poljé* están recubiertas de un potente manto de arcillas rojas de descalcificación que, al estar acumuladas en el fondo la depresión cerrada kárstica, le imponen una gran planitud a su superficie.

Figura 23. Vista general del macizo glacio-kárstico de Sancenas.

Al N del *poljé* se sitúa el otro sector del macizo glacio-kárstico y lo forman una sucesión de enhiestos relieves y depresiones cerradas siendo su cota más elevada la Peña del Mediodía de 1915 m. Estos relieves son mucho más irregulares, a veces casi laberínticos, como corresponde a un *karst* menos evolucionado que el del sector meridional. Aquí son frecuentes las dolinas embudiformes y estructurales, torcas y simas en el sector de Las Vizarreras. No obstante lo dicho, en el extremo occidental del sector, frente a la localidad de Lavandera, se emplaza la cavidad de Las Grajas, que presenta una abundante reconstrucción lito-química, signo de *karst* muy evolucionado, pero se encuentra a más de 1800 m de altitud en una zona con afloramientos de las calizas masivas carboníferas.

Siendo el modelado kárstico generado por la disolución de la caliza el que caracteriza los rasgos morfológicos principales de este macizo, no debemos minimizar el hecho de que la zona estuvo ocupada por el hielo, ocupación que, como veremos a continuación dejó numerosas evidencias y huellas muy nítidas (González-Gutiérrez et al., 2019a). El macizo de Sancenas fue sin duda un lugar muy favorable para la acumulación de hielo durante la glaciación pues gracias a la *karstificación* previa, extensas superficies planas y altas en el caso del *poljé* (Fig. 23); otras más irregulares, formadas por campos de dolinas estructurales y torcas, debido a su orientación norteña (Las Vizarreras) también lo fueron pues, una vez colmatadas de hielo (y así estuvieron, como lo prueba el hecho de cantos alóctonos de cuarcita y arenisca que aún se encuentran en el fondo de dolinas), suponen una excelente trampa para este, permitiendo su estabilización y conservación. De esta forma, el hielo acumulado en la parte alta (*poljé*) mediante una di-fluencia hacia la zona de las torcas a través de los dos collados y de esta zona hacia el NE (cabecera del valle de Valverde de Curueño y circo de Fejabudo) o sobrealimentaba el circo de Valdelasrubias (González-Gutiérrez et al., 2019a; Santos-González et al., 2022b).

Testigos de esa circulación del hielo son la presencia de cantos y algún bloque de cuarcita y, sobre todo, de areniscas ferruginosas (el afloramiento se ubica casi en la divisoria meridional del macizo) en los *collados de di-fluencia*, algunos pulidos y estriados y en ocasiones empastados entre los restos de las *alteritas* rojizas. Ese movimiento del hielo desde las altas planicies de Sancenas hacia las cabeceras de los valles se aprecia también por la presencia de relieves calcáreos enrasados en la zona axial de las torcas y dolinas, o la de *bloques erráticos* de gran tamaño de calizas masivas que persisten apoyados inestablemente sobre facies calcáreas no masivas, o en el mismo borde de algunas dolinas y torcas, (González-Gutiérrez et al., 2019a). Por último, el importante conjunto morrénico situado al pie del escarpe septentrional de Sancenas (Santos-González et al., 2022b), con morrenas perfectamente conservadas, es prueba irrefutable de la existencia y acción de los glaciares pleistocenos.

Todos esos restos y evidencias de origen glaciar a lo largo del macizo indican su ocupación, durante el último periodo frío, por un campo de hielo de hasta 140 m de espesor máximo. Este pequeño *icefield* nivelaba el relieve kárstico anterior rebasándolo, a través de los collados mencionados, en dirección N, mediante una serie de lenguas de hielo (González-Gutiérrez et al., 2019a), que alcanzaban la cota de 1360 m durante el máximo avance de los hielos. La lengua situada más al E fue la más desarrollada y tuvo su frente situado algo más bajo, 1290 m, muy cerca de la localidad de Valdeteja. Cuando se retiran los hielos, las sucesivas fases de estabilización de los frentes de las lenguas (tres muy marcadas en el valle de Valdelasrubias y en la Vega de Ubierzo) dieron lugar a un conjunto de morrenas laterales que se escalonan por las vertientes.

El resultado de todo ello es que el macizo glacio-kárstico de Sancenas es un lugar privilegiado para poder observar la convergencia y superposición de formas de relieve generadas bajo condiciones morfo-genéticas muy distintas, la kárstica y la glaciar, sin que la intensidad de los procesos geomorfológicos sucesivos haya conseguido borrar totalmente los precedentes.

24

La Sierra de los Grajos

La Sierra de los Grajos se sitúa al ENE de la localidad de Villafeliz de Babia. Es una plataforma kárstica compuesta principalmente por calizas carboníferas cuyas dimensiones son 6 km de largo por 3 km de ancho y culmina en Peña Castillo a 1849 m. Hacia el S, esta plataforma se eleva abruptamente más de 500 m sobre la Vega del Panazal, que es un valle excavado en lutitas carboníferas (García de Celis, 1997). Al N, la Sierra de los Grajos limita con la Vega de Gorgoberos, una depresión kárstica cerrada, *poljé*, en torno a los 1650 m.

En general, las calizas paleozoicas son propensas a la *karstificación*, aunque la intensidad de la actividad kárstica varía según el tipo de facies de caliza y sus características estructurales. El macizo principal de la Sierra de los Grajos está formado por calizas carboníferas, mientras que en el *poljé* de la Vega de Gorgoberos predominan rocas devónicas con presencia más irregular de las calizas de esa edad. Entre estas dos zonas existe un desnivel altitudinal de casi 200 m, lo que puede explicarse, además de por la distinta intensidad de *karstificación* según el tipo de caliza (mucho más compactas las carboníferas), por la presencia de varias fallas que delimitarían la vega, de las cuales la de mayor continuidad, y de dirección O-E, separa el bloque levantado de las calizas masivas carboníferas al S, del hundido de la Vega de Gorgoberos al N (Fig. 24).

Además de las formas de relieve resultantes de la disolución de las calizas, la Sierra de los Grajos estuvo ocupada por el hielo (García de Celis y Martínez Fernández, 2002; Santos-González et al., 2018, 2022b) a pesar de su relativa baja altitud, sobre todo, si la comparamos con relieves muy cercanos próximos a la divisoria con Asturias que sobrepasan holgadamente los 2000 m como Peña Ubiña (2411 m), o Peña Orniz (2191 m). Su ocupación por los glaciares aprovechando la favorable topografía elaborada previamente sobre las calizas por la *karstificación*, ha dado lugar a un relieve con formas fruto de esa superposición de dinámicas. La interacción entre paleo-glaciares y *karstificación* ha generado formas como en pocos sitios de la cordillera se observan (González-Gutiérrez et al., 2017c).

Esta zona contiene restos notables del glaciarismo cuaternario, aunque debido a su baja altitud, a la ausencia de circos glaciares mucho más frecuentes y desarrollados en otros macizos de la Cordillera Cantábrica (Gómez-Villar et al., 2015), o la escasez de grandes morrenas, no ha despertado mucho interés entre los geomorfólogos. Sin embargo, la prevalencia del flujo de agua subterránea y la disolución química ha favorecido la preservación de las formas glaciares en mucho mejor estado que en otros sectores de la cordillera (González-Gutiérrez et al, 2017c). Las morrenas laterales y frontales muestran tres etapas glaciares principales y otras fases menores de estabilización glaciar, con la *paleo-ELA* (la antigua línea altitudinal de equilibrio glaciar que separa las áreas con presencia de hielo de las de ablación de este) que oscila en la zona entre 1650 y 1760 m (Santos-González et al., 2013b). Las morrenas se combinan con depresiones y sumideros resultantes del drenaje kárstico subglacial.

En el caso de la Sierra de los Grajos, a pesar del drenaje subterráneo y la conservación de muchos depósitos glaciares sobre formas kársticas, se formó una llanura aluvial. Estos sedimentos *proglaciares* y otros provenientes de áreas no *karstificadas*, llenaron las depresiones del terreno preglacial ubicadas en sus bordes, destacando la Vega del Panazal (González-Gutiérrez et al., 2017c) como una de los mejores ejemplos de toda la Cordillera Cantábrica.

Figura 24. Arcos morrénicos en la Vega de Gorgoberos correspondientes a sucesivas fases de estabilización del frente del glaciar.

Esta convergencia de formas y procesos es casi una excepción en la Cordillera Cantábrica, donde la erosión post-glaciar ha erosionado habitualmente las morrenas frontales y los sedimentos *proglaciares*. De ahí el interés de esta sierra al conformarse una especie de relieve mixto, *glacio-kárstico*, ya que al perfecto estado de conservación de las morrenas situadas sobre el *poljé* septentrional, se une la presencia de los arcos morrénicos escalonados situados al E de Peña Castillo (González-Gutiérrez et al., 2017c), o la llanura situada al S rellenada de sedimentos fluvioglaciares. Mientras que la *karstificación* domina en el relieve culminante salpicado de *dolinas*, casi siempre alineadas siguiendo discontinuidades mecánicas de la estructura, o se deja ver en el hundimiento de la superficie de algunas morrenas superpuestas a calizas sometidas a la disolución (González-Gutiérrez et al., 2017c; Santos-González et al., 2018).

25

Pozos de nieve de Piedrafita la Mediana

Al E del puerto de Piedrafita la Mediana (1684 m) se levanta un cordal que sirve de divisoria de aguas con Asturias, que asciende de altitud hasta culminar en la cresta de calizas carboníferas de Peña Laguna (1962 m). Los sucesivos collados y hondonadas aún acogen restos de lagunas de origen glaciar, aunque en avanzado proceso de colmatación y casi todas de carácter estacional.

El afloramiento de calizas destaca netamente por su color gris claro y su escasa cubierta vegetal en comparación con el predominio de lutitas carboníferas que forman el armazón principal del relieve. Las calizas están densamente recorridas por redes de diaclasas en todas direcciones, lo que hace que se presenten dilaceradas, con afloramientos muy irregulares en los que los ciclos de helada, hielo-deshielo, han desagregado los compactos bancos de su estructura hasta convertirlos en "caos de rocas" y pedreros en los que se mezclan, sin orden, bloques y cantos de cualquier tamaño.

Estas condiciones lito-estructurales unidas a un clima riguroso de alta montaña por la altitud, la posición de divisoria y su exposición continua a una elevada pluviosidad, crean unas condiciones muy favorables, por un lado, para una importante innivación y, por otro, para la acumulación de la nieve en las irregularidades de la superficie que la disolución de la caliza por el agua lleva a cabo.

En la vertiente norteña de ese afloramiento de calizas persisten varios *pozos de nieve* que son como pequeñas torcas o simas, algunos de flancos casi verticales, en los que la disolución de la caliza ha progresado más que en los lugares adyacentes, casi siempre porque coinciden con el cruce de varias diaclasas mayores, lo que ha favorecido la disolución en profundidad, es decir, la karstificación. Desencadenado el proceso, estas hondonadas acumulan más nieve y, sobre todo, ésta tarda más en fundirse, porque, por su orientación, no llegan a recibir radiación directa del sol durante el estío, y por las frecuentes nieblas en la estación cálida, lo que hace que la nieve acumulada persista de un año para otro. Este efecto es citado por algunos autores para las montañas más altas de la provincia, como el

Llambrión (2642 m), donde se mencionan neveros alojados en simas y dolinas (González Trueba y Serrano Cañadas, 2010) a cotas por encima de los 2200 m.

Por otro lado, la lenta fusión de la nieve acumulada durante los meses fríos genera un contacto más estrecho y continuado del agua con la roca, lo que incrementa el poder disolvente de ésta; además, se trata de aguas de fusión frías también con alta capacidad de disolución.

El pozo más grande es vertical, de algo más de una decena de metros de profundidad, más angosto y de forma redondeada, en el que la nieve suele persistir de un año para otro y se localiza en el entorno de la divisoria de aguas con Asturias. Otros son algo más irregulares en sus bordes y menos profundos (Fig. 25), pero también se caracterizan por acumular gran cantidad de nieve, aunque su persistencia sea menor.

Figura 25. Uno de los *pozos de nieve* del puerto de Piedrafita, en la raya con Asturias, a comienzos del verano de 2008 aún con varios m de espesor.

26

Poljé del Valle del Marqués

Un *poljé* es una depresión del relieve de origen *kárstico*, por tanto, generado a partir de la disolución de las rocas calcáreas que forman su estructura y cuyo drenaje se realiza subterráneamente, por lo que aparece como cerrado, e independiente, en relación a la red de drenaje y al avenamiento de las aguas de una región. Topográficamente un *poljé* se caracteriza por su planitud, a la que contribuye la acumulación en la superficie de los residuos no solubles de la roca caliza.

La acumulación de esos materiales finos, generalmente de arcillas rojizas, favorece, por un lado, un contacto más estrecho del agua con la roca del sustrato al retener agua suficiente para la disolución y, por otro, en el caso de tener un curso de agua en su superficie, la suficiente estanquidad para que este circule sobre esas formaciones superficiales sin sufrir pérdidas apreciables de su caudal.

El Valle del Marqués se sitúa al NNO del Pico Polvoredo (2007 m), que constituye la culminación del contrafuerte montañoso meridional de la Cordillera Cantábrica en el interfluvio Torío-Curueño, al N de la provincia. Ese sector montañoso está fuertemente deformado por la orogenia varisca, con las calizas carboníferas masivas en posición sub-vertical y buzamiento invertido al N, dominando la depresión por su borde meridional; este bloque está también fallado, como se deduce de los tres niveles, escalonados hacia el O, a los que culminan dichas calizas: Las Enrasadas (1826 m), Pico Ungrío (1685 m) y, en la otra orilla del río Torío, la Peña Valporquero (1597 m).

Este segmento montañoso limita por su borde N con una crestería casi continua (solo interrumpida por fallas transversales que la dislocan) de unos 4 km y que culmina por encima de los 1600 m. Este borde escarpado se extiende desde el extremo O, donde domina abruptamente la hoz de Vegacervera, prolongándose hacia al E, donde el afloramiento de los mismos materiales calizos devónicos envuelve la depresión kárstica y, ascendiendo de cota hacia el S, forma la culminación del relieve en el Pico Polvoredo.

Entre ambas unidades morfo-estructurales se localiza una amplia banda de calizas carboníferas, de facies tableada, que en la misma dirección que las mencionadas se interpone y sirve de soporte a una depresión cerrada, irregular, con numerosos asomos de caliza entre las zonas más deprimidas colmatadas de arcillas de descalcificación como consecuencia de la *karstificación*. Es el denominado Valle del Marqués, que desde el punto de vista geomorfológico es un pequeño *poljé* (Fig. 26). En su ubicación ha influido la organización estructural del macizo, predominantemente calizo, pero en donde ha primado la más elevada disolución de la facies tableada de las calizas, seguramente por la multiplicación de las discontinuidades que implica su estructura, si la comparamos con las más masivas situadas al S, o las más competentes al N.

Tiene forma alargada, con unos 2 km de longitud, por 150 a 200 m de anchura y una superficie aproximada de unas 20 ha. Hacia el OSO la morfo-estructura se prolonga en tres grandes dolinas sucesivas que rompen la continuidad y horizontalidad del *poljé* propiamente dicho. La parte oriental de la depresión esta recorrida por un pequeño curso de aguas de unos 600 m de longitud que discurre por un lecho móvil (de *trazado meandriforme*, con numerosos meandros abandonados) y que penetra en el macizo *kárstico* a través de un sumidero, *pónor*, localizado en el extremo de una falla de dirección transversal a las estructuras que coincide, a su vez, con la entrada de la cueva del Moruquín.

Figura 26. *Poljé* del Valle del Marqués, a principios de los años 80 del siglo pasado, en su parte occidental cerca del *pónor* del Moruquín.

La cueva del Moruquín además de constituir el sumidero natural del *poljé* del valle del Marqués, forma parte del sistema *kárstico* que drena el agua de todo el macizo (Redondo Vega, 1980) y lo hace subterráneamente: desde esta zona, que sería parte de su área de absorción, hasta la salida de las aguas en la parte inferior del macizo cerca del nivel de base del río Torío en la hoz de Vegacervera, en el denominado Pozo del Infierno.

La cueva del Moruquín fue explorada y cartografiada por el GEM a principios de los años 80 del pasado siglo (Torres Vega et al., 1983), junto con otras cavidades de desarrollo vertical del mismo macizo como El Cascabel o La Forca de -87 y -81 m de desnivel respectivamente, que por su cercanía deben formar parte del mismo sistema. El Moruquín alcanzaba un desarrollo de 530 m y un desnivel de -30 m. Tres décadas después de aquellas exploraciones se han descubierto nuevas galerías en niveles inferiores, con un caudaloso curso de aguas (mucho mayor que el exiguo del nivel superior que penetra desde el *pónor*), un meandro abandonado y gran cantidad de sedimento colmatando conductos y salas (Catálogo de Cavidades Leonesas, 2023), indicativo todo ello de la actividad de la cavidad.

27

El *valle ciego* del nacimiento del río Curueño

Los materiales paleozoicos de la zona al S del puerto de Vegarada alternan series con predominio de lutitas, (también areniscas y capas de carbón que forman el roquedo correspondiente a la Cuenca Central Asturiana), entre las que se incluyen capas de caliza de potencia variable, de disposición subvertical (80° al NNO) y dirección OSO-ENE.

La topografía la forman una serie de escalones sobre las series no calcáreas, separados por crestas de las calizas en resalte. Estas crestas han funcionado como umbrales glaciares del hielo que se dirigía desde el circo superior hacia la zona del puerto de Vegarada, es decir, hacia el N. A veces dan escarpes verticales muy marcados en su flanco septentrional, seguramente debido al "desalojo" de bloques producido por el hielo glaciar a partir de la disposición estructural del roquedo. Mientras que, hacia la parte superior del valle, la cresta suele enlazar más suavemente con la topografía de la zona sobre-excavada del umbral, dando como resultado el relieve escalonado y asimétrico característico del perfil longitudinal de los valles glaciares.

En el entorno de esta *cubeta* de *sobre-excavación* glaciar un conjunto de manantiales forman las fuentes del río Curueño, aunque el río epigeo se incorpora a la circulación subterránea, desapareciendo, en las sucesivas crestas de caliza, para volver a aflorar en los manantiales muy cerca del puerto de Vegarada.

El curso fluvial nace al pie del circo de origen glaciar del Pico Faro (2112 m), en el tramo superior del valle que es una artesa casi perfecta y donde son numerosos los *bloques erráticos* dejados por el paso del hielo en las vertientes y umbrales glaciares. El curso fluvial se va sumiendo al atravesar las sucesivas crestas que, aun modeladas y rebajadas por el paso del hielo, forman escalones netos en la topografía siendo los más marcados a 1730 m, 1704 m y 1670 m de cota.

La singular disposición estructural de crestas dispuestas de OSO a ENE, a contrapendiente del escurrimiento, hace que se interpongan como presas naturales que el arroyo atraviesa mediante fracturas de dirección perpendicular a la de las crestas, al tiempo que desvían el agua hacia el interior del karst. La prueba de que la caliza está *karstificada* son las numerosas dolinas que se localizan sobre las crestas, siendo muy evidentes y desarrolladas las que ocupan la cresta superior.

El desvío de las aguas superficiales (que pueden circular sobre materiales no calcáreos) hacia el interior del karst, produce siempre una desorganización de la circulación de las aguas superficiales (Llopis Lladó, 1970), lo que trae consigo la aparición de los *valles ciegos*, al dejar de ser funcional el valle en superficie, o serlo una gran parte del año. De tal forma esto es así, que ni siquiera en los fuertes deshielos el curso de agua es capaz de atravesarlas por completo, constituyéndose en un ejemplo de *valle ciego kárstico* (Fig. 27) cuyo punto más bajo es una dolina de colapso al pie de la cara interior de la cresta, en la cota 1650 m. Las aguas desviadas hacia el karst subterráneo vuelven a aflorar más al N, sobre la cota de 1550 m, en un conjunto de manantiales que constituyen el verdadero nacimiento del río Curueño cuando forman su confluencia en torno a la raya con Asturias.

Figura 27. *Valle ciego* en el nacimiento del río Curueño desde la Portilla de Faro (1964 m).

Torca Marino

La cavidad de Torca Marino se localiza en el Macizo Central de Picos de Europa, en la zona del Tiro del Cura/El Rabico. Ha sido explorada por el GEM (Grupo Espeleológico Matallana) durante los últimos 20 años. La exploración, aún sin concluir, ha dado un desnivel de -943 m. La especial configuración morfoestructural de este sector montañoso de la Cordillera Cantábrica ha favorecido la *karstificación* y por eso las cavidades subterráneas son frecuentes y de grandes dimensiones, sobre todo las que tienen un desarrollo vertical. Así, en estas montañas se encuentran 33 cavidades de las 237 que figuran en la relación de las grandes cavidades mundiales. En su génesis, además de factores estructurales (se localizan casi siempre en cadenas de plegamiento de latitudes medias), influyen los espesores grandes de rocas calcáreas, los fuertes desniveles y unos caracteres de clima frío de alta montaña que potencia la disolución de la caliza.

Las cavidades en las que predomina el desarrollo vertical constan de un conjunto de pozos y simas verticales sucesivas conectadas por rampas, conductos horizontales y galerías, hasta alcanzar los niveles de circulación forzada del agua subterránea. El predominio de los conductos verticales limita los procesos de precipitación química y la génesis de los *espeleotemas*.

Así parece ocurrir en Torca Marino, con un desarrollo vertical ostensible (hasta el momento se han explorado y cartografiado 48 pozos, 4 de más de 100 m de profundidad) con un desnivel total de 943 m. Los pozos se disponen escalonadamente, enlazados por conductos inclinados y rampas, con tendencia a desarrollarse en dirección N (GEM, 2017). No obstante, hay un sector intermedio en torno a -500 m donde se localizan y predominan los conductos horizontales (Sala del Cincuentenario, Gran Mulata, Gran Colada) en los que sí es notorio el proceso de reconstrucción lito-química y como resultado hay una profusión de *espeleotemas* (González-Gutiérrez et al., 2018). Estas se encuentran en perfecto estado de conservación, lo cual constituye una riqueza sobresaliente del Parque Nacional hasta ahora solo conocida por el grupo de espeleólogos que la han explorado. Entre los *espelotemas* de esta zona intermedia de la cavidad hay que hacer mención especial por su rareza a las formaciones *excéntricas*, *helictitas* (Fig. 28), que aquí, sin embargo, son relativamente abundantes (González-Gutiérrez et al., 2018; 2024).

El término *helictita* proviene del griego *helicos* debido a su forma externa en espiral, curvada, a veces ramificada, lo cual indica que pueden desarrollarse en cualquier dirección. Son *espeleotemas*, generalmente de escala centimétrica aunque en algunas ocasiones excepcionales pueden desarrollarse varios metros de longitud. Llama la atención su disposición en cualquier dirección en aparente desafío a la gravedad, y se cree que se forman cuando la presión hidrostática fuerza a la solución de carbonato de calcio a salir de un poro o una grieta, aunque son muchos y variados los factores que intervienen en su génesis.

Están constituidas por carbonato de calcio y forman estructuras cilíndricas, largas y retorcidas, con un capilar central estrecho de aproximadamente 0,20 a 0,35 mm de diámetro. Pueden tener unos micro-canales en los flancos, *canículos*, lo cual les confiere una estructura algo porosa. La *helictita* estándar tiene simetría radial pues los cristales de carbonato cálcico aparecen dispuestos como radios en torno al canal central (González-Gutiérrez et al., 2024), aunque este puede ser recto o presentar ramificaciones.

Figura 28. Excéntricas de Torca Marino a partir de una fisura de la bóveda y sobre estalactitas y macarrones (Fuente: Capi, Grupo Espeleológico Matallana).

Frecuentemente una *helictita* se desarrolla a partir de otras formaciones como estalactitas, o *macarrones* (*soda straw*), a veces hasta desarrollar una verdadera maraña (Fig. 28). Se forma cuando gotas de agua individuales depositan carbonato de calcio alrededor del borde. Las gotas no caen como en la formación de estalactitas sino que se evaporan en su lugar. Se cree que la dirección de crecimiento está determinada por la orientación fortuita de los ejes de cristal de la calcita transportada en el agua.

29

Cueva de Coribos

La cavidad de Coribos se localiza al NE del pueblo de Llamazares y fue explorada y topografiada a principios de los años 70 del pasado siglo por el Grupo Espeleológico Matallana (Torres Vega et al., 1983). Previamente la Diputación de León había cerrado su acceso con una reja con objeto de preservar sus ricas *formaciones* del expolio. En la actualidad tiene un fácil acceso desde el pueblo y está abierta al público una parte de la misma.

La cavidad tiene un desarrollo consistente en dos galerías paralelas de dirección N-S, de unos 150 m de longitud cada una, las cuales se unen en las proximidades de la entrada por otra de unos 50 m y de dirección perpendicular a la mencionada. Dos pequeñas galerías secundarias de escaso desarrollo y una sima de 46 m completan la red de conductos actualmente accesible, en total de unos 700 m (Torres Vega et al., 1983). Las galerías principales siguen líneas de debilidad del macizo calcáreo que cortan perpendicularmente las directrices estructurales E-O, dibujando en planta una trama toscamente ortogonal.

La galería situada al E, es algo más amplia en sección que la occidental y en general presenta sección en ojiva ya que solo puntualmente los bloques caídos de la bóveda no han afectado a la forma oval del conducto originario por el que el agua circuló a presión y cuyo desfondamiento, al pasar a condiciones de circulación vadosa, dio lugar en esos tramos a secciones típicas de *ojo de cerradura*. El piso de la galería E está formado por clastos y bloques caídos de la bóveda recubiertos por *coladas estalagmíticas*, *microgours* y formaciones *coraloides*. Estos *espeleotemas* se extienden por las paredes de las galerías hasta un nivel concreto nítidamente visible, por encima del cual se pasa, sin solución de continuidad, a la bóveda caracterizada por la ausencia total de este tipo de formaciones pero que sí contiene huellas evidentes una intensa corrosión química de la roca en la que se abre la cavidad.

La galería situada al O es en sección más estrecha y con predominio de bóvedas estructurales planas tipo *laminador*, sobre todo en la parte más interna de la cavidad. Al contrario que en la galería E solo de forma localizada, tiene la sección en ojiva. En cuanto a los *espeleotemas* presentes además de *coraloides*, tiene varios *gours* funcionales construidos sobre pisos y *coladas estalagmíticas*, alguno de los cuales ocupa la totalidad del conducto (Fig. 29).

Se utilizan diferentes nombres (*coralloids, subaequeous speleothems, cave popcorns*) para designar las formaciones *coraloides* que recubren las paredes de la cavidad y que le imprimen carácter singular. Se trata de formaciones que acompañan a estados avanzados desde el punto de vista evolutivo de las cuevas. Morfológicamente se extienden en grupos, a modo de paneles irregulares que recuerdan la disposición gregaria de algunos corales marinos (de ahí su nombre). Su sección individual refleja su constitución a base de capas concéntricas de calcita micro-cristalina; externamente tienen forma de *pomo de puerta*. Su origen puede darse bajo condicione subaéreas (precipitación de delgadas concreciones a partir de agua procedente directamente de la roca que las soporta, salpicaduras de goteos de agua, fenómenos de condensación…). En la precipitación del carbonato cálcico en régimen subaéreo juega un papel importante la evaporación que suele estar ligada a la presencia de corrientes de aire en el interior de las galerías; esas corrientes de aire incluso pueden forzar la aparición de *coraloides direccionales* que cristalizan sólo uno de los lados de las estalagmitas/estalactitas o del soporte que las contenga.

Cuando su origen es subacuático, la precipitación se produce en el seno del agua, como parece ser el caso de la cueva de Coribos de acuerdo al nivel homogéneo que comentamos partir del cual aparecen en las paredes de las galerías. La horizontalidad del mismo indicaría el que alcanzaron en determinado momento aguas estancadas en cuyo seno, bajo determinadas condiciones, se produce sobre-saturación de carbonato disuelto y su precipitación, formándose las concreciones subacuáticas. Al mismo tiempo el aire (relativamente caliente sobre la superficie del agua bajo la que se están formando *coraloides*) al entrar en contacto con la parte superior de las paredes y bóvedas más frías, da lugar a una intensa condensación, la cual es muy agresiva por su riqueza en CO_2 y genera las formas de corrosión en las mismas. El resultado de ambos procesos, formación de *espeleotemas* y corrosión de la roca, son perfectamente visibles en la galería visitable de la cueva.

Al igual que otras cavidades de la zona abiertas en similares litologías calcáreas paleozoicas (cuevas de Tibi Gratias, El Fondillo, El Arenal o Las Lendreras), hay evidencias que parecen hacer depender su evolución morfogenética de la dinámica de encajonamiento de la red fluvial externa, aunque casi siempre esa dependencia sea difícil de establecer. El desfondamiento de antiguos conductos freáticos de la cavidad es trasunto de la profundización del *karst* y da lugar a conductos con secciones en *ojo de cerradura* cuando pasan a constituir la zona vadosa de la cavidad.

Otros elementos singulares de la cavidad, y que también se repiten en todas las mencionadas, es la existencia de arenas, gravas y cantos de rocas alóctonas (areniscas, cuarcitas) cementados por coladas y *espeleotemas* lo que indicaría, al menos en parte, una génesis erosiva y fluvial de esos conductos hipogeos.

Figura 29. Detalle de un piso estalágmítico y, abajo, estalactitas direccionales tapizadas de coraloides, cueva Coribos 1974.

Esos restos alóctonos revelan eventos de fosilización parcial o total de las galerías (a veces ese material alóctono se localiza adosado a la bóveda), con aportes de rocas desde el relieve externo que sería muy diferente al que actualmente vemos. Obturado el conducto su excavación posterior muestra sucesivas fases de sedimentación/erosión que implicarían forzosamente cambios en las condiciones climáticas externas al macizo y, en todo caso, una evolución morfogenética del *karst* muy dilatada en el tiempo.

Por eso creemos que la cueva de Coribos tiene una génesis no muy diferente a otras de esa zona de la Cordillera Cantábrica y, seguramente, influida por el desarrollo del relieve epigeo del entorno. En un estadio inicial las actuales galerías de la cavidad (nos referimos, sobre todo, a la parte superior de estas), hubieron de trabajar como conductos forzados en los que el agua circulaba a presión. Seguramente en ese momento, el *talweg* del valle epigeo no estaría topográficamente muy distanciado de la actual cota a la que está la entrada a la cueva (algo más de 200 m más alto que actualmente); es decir, el paleo-relieve de la zona estaría, en sus grandes directrices y ejes fluviales, más o menos establecido, aunque no presentara ni la anfractuosidad ni el encajonamiento que ahora tiene. Avanzada la espeleogénesis por la profundización de la *karstificación*, la actual cavidad queda de forma progresiva cada vez más distanciada de la zona de circulación freática y los antiguos conductos, muchos de ellos desfondados, dejan de tener circulación de agua transformándose en galerías cuya sección tiende a adquirir una sección ojival mediante la caída de bloques por descompresión desde las bóvedas y las paredes. A partir de infiltraciones de agua en el interior del macizo se instaura un periodo con predominio de una activa dinámica de elaboración de formaciones de diverso tipo y dimensión, son los *espeleotemas*.

Esa dinámica tiene el carácter de *reconstrucción lito-quimica* al tapizar, e incluso obstruir (*coladas*, *gours*) antiguos conductos de circulación del agua. Este hecho, o una entrada inusual de agua desde el macizo, tuvo que favorecer la anegación temporal de algunas galerías lo que ayudó a la génesis de *espeleotemas coraloides* en las áreas parietales que hoy son la seña de identidad de la cueva, así como de formas de corrosión en las bóvedas y en la parte superior galerías por encima del nivel más estable que tuvo el estancamiento de las aguas.

30

Cueva de Valporquero

Se localiza al S y muy próxima a la localidad de Valporquero de Torío. Las galerías y salas del tramo superior de la cavidad están abiertas al público y, desde el siglo pasado, constituye uno de los principales focos de atracción turística de la provincia de León llegando a superar los 70000 visitantes al año.

Desde la embocadura la cueva hasta la resurgencia de La Covona sigue una dirección OSO-ENE (Redondo Vega et al., 2002h, 2002i). La entrada actúa de sumidero o *ponor* del valle que drena el arroyo de Valporquero (arroyo Gocillo), el cual se extiende hacia el O hasta el collado de Formigoso a algo más de 5 km. Este importante aporte de agua, junto con otros procedentes del sistema de absorción difusa de la cavidad, explicaría la dimensión alcanzada por la cavidad. La infiltración difusa procedería de las dolinas situadas a ambos lados de la carretera de acceso a la cueva y, seguramente también, la gran depresión que enmarcan Peña Moneca 1574 m y Pico Cimero 1599 m y que se ubican colindantes por el S.

La dirección mencionada es la de los estratos y contactos de las rocas paleozoicas de la zona y apunta a un acomodo del desarrollo de la espeleogénesis a las juntas y planos de estratificación de la estructura. Esa influencia estructural en la *karstificación* se manifiesta también en el hecho de que el trazado general de la cavidad se sitúa muy cerca, y siguiendo la misma dirección, de uno de los frentes de las unidades cabalgantes de la cordillera por el cual los roquedos devónicos más antiguos se sitúan estructuralmente sobre las calizas carboníferas más recientes. Por otro lado, la posición subvertical de las capas casi siempre explica la relativa estrechez que presenta en general la cavidad en relación con su longitud total. A pesar de que la profusión de *espeleotemas* y su superposición suelen ocultar la estructura, hay conductos, o segmentos de algunas galerías principales, que muestran su ajuste a la disposición de las capas calizas, como ocurre en la denominada Gran Vía donde uno de los flancos de la misma coincide con un plano de estratificación subvertical.

Cuando además esa dirección preferente que ha seguido la disolución kárstica se conjuga con otras discontinuidades estructurales que tronzan el macizo calizo, la disolución ha conseguido ensanchar de manera considerable los conductos y galerías rectilíneas para generar dentro de la cavidad amplias salas como la Gran Rotonda. Por eso, cuando aparecen esa profusión de fracturas y diaclasas en el macizo, con una preponderante dirección perpendicular a las capas NNO-SSE, o bien transversal NO-SE y SO-NE, es cuando se interrumpe la morfología rectilínea y estrecha predominante.

En la cueva de Valporquero se distinguen dos sectores claramente. Por un lado, el piso inferior en donde predominan los procesos erosivos debidos a la permanente asistencia del curso de aguas de la cavidad cuyo régimen se caracteriza por fuertes oscilaciones de su caudal: caudal elevado después de periodos de intensas precipitaciones y, sobre todo, deshielos, cuando llega incluso a funcionar el sifón terminal de la cavidad; o bien, verdaderos estiajes con apenas caudal circulante durante el estío y comienzos del otoño.

El trazado a lo largo de este piso inferior de la cavidad se caracteriza por un perfil longitudinal escalonado, con una sucesión de cascadas, rápidos y remansos mediante los cuales el curso de aguas salva el importante declive hasta la resurgencia cerca, y ligeramente por encima, del nivel de base del río Torío en La Covona (unos 350 m aguas arriba de la Hoz de Vegacervera). La influencia estructural se perfila en un trazado, en general, rectilíneo y angosto de todo el tramo, salvo pequeños ensanchamientos (como las salas de la Gran Cascada o la Sala de Perlas) guiados por la presencia de una mayor densidad de discontinuidades. Todo el tramo inferior es el denominado "curso de aguas" de Valporquero, al que se accede desde la sala de Hadas, o bien por la sima de Perlas; en él, desde hace unos años, se puede realizar espeleología deportiva por pequeños grupos guiados. Más recientemente se ha dado a conocer la existencia de una nueva sala situada topográficamente por encima del curso de aguas, y hacia la mitad del recorrido de éste, que correspondería a una etapa anterior a la excavación del mismo.

Por otro lado, en la parte superior el río subterráneo solo es visible cuando lleva un gran caudal. Su característica principal es la gran profusión de *espelotemas* (coladas, *gours* y *microgours*, pisos estalagmíticos, abanderadas, estalagmitas, estalactitas, *excéntricas*...). Estas formaciones, en general muy bien conservadas, aparecen en las principales salas de la cavidad como la Gran Rotonda, Pequeñas Maravillas, Maravillas, Hadas. Su presencia supone un avanzado proceso de reconstrucción lito-química (Fig.30). También existen otras galerías en donde esos procesos lito-genéticos no han sido tan generalizados e intensos como ocurre en la denominada Gran Vía y que podemos considerar como restos de antiguos niveles del curso fluvial subterráneo. Por ello, en estas galerías, aún es fácil observar los restos de las sucesivas fases de excavación y obturación por sedimentos que ha experimentado la cavidad. La belleza, a veces espectacular, de las formaciones de esta parte de la cueva hace de la cavidad un destino turístico de primer nivel, aunque con objeto de facilitar el acceso al público han sido modificados muchos de sus componentes naturales. Así ocurre con la introducción de la iluminación, las modificaciones de la topografía original mediante nivelaciones del piso para homogeneizarlo, la construcción de elementos artificiales como rampas, pasadizos y escaleras, o la instalación de barandillas de hierro.

El desarrollo del proceso kárstico que ha generado la cueva ha de estar relacionado con la evolución del macizo calcáreo en el que se asienta y que aparece cortado por ambos ríos que manifiestan un intenso encajamiento en él. Ahora bien, es difícil establecer esa relación directa entre la profundización del río epigeo (la excavación del valle del río Torío con la apertura e incisión de la Hoz de Vegacervera), y el subterráneo que es su afluente y que genera la *espeleogénesis* de la cavidad, aparte de suponer que el primero es el nivel de base del segundo (Redondo Vega et al., 2002i; 2002j).

La edad de la cavidad no es hasta ahora conocida con exactitud, aunque creemos que tanto la *karstificación* como la *espeleogénesis* de cavidades subterráneas deberían considerarse mucho más antiguas de lo que hasta ahora se ha estimado. Dado que las formaciones son características de momentos de reconstrucción lito-química de los conductos, suceden en el tiempo, lógicamente, a la formación de éstos, e indican un estadio avanzado de la formación de la cavidad. La secuencia espeleogenética debe comenzar con la génesis de los conductos, a veces con varias fases de circulación forzada/libre, y las correspondientes y sucesivas de colmatación de los conductos, seguidos de su excavación posterior y, por último, la litogénesis. Por eso creemos que esos procesos kársticos subterráneos son mucho más antiguos de lo que puedan indicar las dataciones absolutas de los *espeleotemas* que atañen sólo a uno de los ulteriores procesos.

En la provincia ya conocemos ejemplos que apuntan en esa dirección. Es el caso, por ejemplo, de la exhumación de un *paleo-karst* en Las Médulas al eliminar los mineros romanos los sedimentos rojos cenozoicos que obstruían y fosilizaban los conductos kársticos para extraer oro (Redondo-Vega et al., 2015), y que indica una génesis inicial de la *karstificación* mucho más antigua de lo que hasta ahora se había considerado. En la mayoría de las cavidades de mayor dimensión de la Montaña Central de León, es posible encontrar restos de esa superposición de procesos en la espeleogénesis. Así en Coribos, El Arenal, Tibigratias, se encuentran los restos de sedimentos alóctonos que aparecen suspendidos unas veces cerca, o adosados a la bóveda de conductos y galerías, o bien, fosilizados por formaciones y *espeleotemas*.

En el caso de la cueva de Valporquero también quedan restos de la misma dinámica. Ello lleva a pensar en una dinámica geomorfológica de la cavidad caracterizada por la sucesión de varias fases de relleno y excavación que se alternan con la activación y/o paralización de la reconstrucción lito-química. Esos cambios dinámicos serían un reflejo de los producidos en el aporte de agua al interior de la cueva y, por ello, de las condiciones del clima exterior. Por eso los numerosos cambios (periodos fríos y cálidos del Pleistoceno) han tenido que influir. Aunque no sepamos cuántos de ellos hubo, ni con qué intensidad han sido decisivos en la espeleogénesis de la cueva, sí podemos constatar que durante los periodos fríos, los conductos subterráneos han sufrido diferentes episodios de relleno detrítico (a veces la obturación/fosilización de los conductos es casi total); mientras que esos mismos sedimentos son posteriormente erosionados en los periodos cálidos y húmedos del Pleistoceno, con lo que se favorece entonces la génesis de formas de precipitación química.

Figura 30. Espeleotemas en una de las salas abiertas al público de la Cueva de Valporquero.

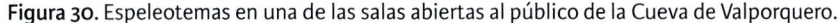

31

Cueva Tibigracias

Esta cavidad se localiza sobre las calizas masivas carboníferas cerca de su contacto con la facies tableada de dichas calizas, en la margen izquierda del río Curueño (Fig. 31) al S de los Caseríos de Valdeteja. Ambos materiales arman de forma sucesiva por el S el bloque del Cueto Aucino (1773 m), que se yergue enérgico en la margen izquierda del río Curueño al inicio de las hoces de Valdeteja, mientras que por el N los materiales silíceos del Paleozoico inferior dominan el valle abierto, en cuya confluencia se ubican los Caseríos de Valdeteja.

Tiene un gran interés desde el punto de vista morfogenético y es conocida por los grupos de espeleología leoneses que realizaron en ella las primeras exploraciones de los años sesenta y setenta del siglo pasado, cuando ya se elaboró su cartografía (Torres Vega et al., 1983). La cueva tiene un desarrollo de poco más de 1 km y sigue a lo largo de su trazado una dirección E-O casi siempre, con algún pequeño tramo perpendicular a esa directriz (lo que coincide con los patrones estructurales de la zona) y un desnivel de unos 40 m entre la surgencia de aguas y el sifón terminal (Redondo Vega, 1981).

El primer tramo, denominado "galería del río", es un estrecho corredor cuyo fondo está ocupado por un curso de aguas, siempre funcional, al que se accede desde un nivel superior, cerca de la entrada de la cueva, formado por un antiguo meandro abandonado (Redondo Vega, 1981). En todo este segmento de la cavidad las huellas de erosión mecánica en las paredes de los conductos son frecuentes. Se trata de marcas de unos 2-3 cm de eje mayor y orientadas de E a O, lo que indica la dirección del flujo que las formó; estas marcas, denominadas *golpes de gubia*, muestran la acción de corrientes de agua muy competentes que arrastran abundante carga sólida de pequeños cantos y gravas (en este caso de carácter alóctono ya que mayoritariamente están formadas por cuarcitas y areniscas paleozoicas), que suelen aparecer alojados en pequeños depósitos en los bordes de los meandros del curso actual.

Además, a lo largo de este tramo funcional de la cavidad, se observan repisas suspendidas a distintos niveles, algunas con restos de esos sedimentos, que indican el proceso de encajamiento del curso de aguas en el macizo calizo, alternando sucesivas fases de erosión e incisión, con otras en las que ha predominado la acumulación de esos sedimentos. Al final de la galería del río se abre otra ascendente que, partiendo de un meandro abandonado del curso de aguas, era un antiguo aporte del sistema subterráneo y que termina en un tramo de galería relicta que enlaza con la principal; esta galería lateral contiene, junto con abundantes clastos y bloques caídos de la bóveda, *espeleotemas* en forma de coladas lo que la diferencia de otras partes de la cavidad.

Figura 31. En el centro de la imagen la entrada a la cueva Tibigracias en la margen izquierda del río Curueño al S de los Caseríos de Valdeteja.

El siguiente tramo hacia el interior de la cavidad cambia totalmente el aspecto de ésta. Es la denominada "sala del caos" de la cueva (en realidad son varias salas unidas), donde el espacio se amplía hasta alcanzar los 400 m^2 de superficie y con alturas de la bóveda de 20 m (Catálogo de Cavidades Leonesas, 2023). Las salas se encuentran cubiertas de abundante material clástico (a veces empastado en abundante arcilla y gravas y arenas alóctonas) procedente de las caídas desde la bóveda, entre los que circula el curso de aguas que sólo ocasionalmente es visible; la amplitud de la "sala del caos" y de su prolongación por la "galería de los bloques" se explica, precisamente, por esos derrumbes desde la bóveda y las zonas parietales de las antiguas galerías.

En el último tramo la cavidad se vuelve cada vez más angosta, bien porque los mismos bloques caídos obturan el conducto principal, bien porque la disposición de las capas que a lo largo de toda la cavidad había sido sub-vertical, es a partir de esta zona subhorizontal, lo que impide el desarrollo longitudinal de los conductos (Redondo Vega, 1981).

La presencia de abundantes sedimentos procedentes de fuera del macizo calcáreo dentro de la cavidad, y su posición (alguno de ellos cementado en las proximidades de la bóveda) a veces escalonada en varios niveles dentro de un mismo conducto, muestran una evolución morfogenética de la cavidad muy larga, similar a la de otras cavidades de la región. Por otro lado, el desfondamiento de esos conductos y la incisión y profundización del cauce subterráneo que actualmente desemboca en el río Curueño unos 50 cm por encima de su nivel medio, se relacionaría con la propia incisión del río Curueño en las hoces de Valdeteja, y son indicadores de cambios continuos en los aportes de aguas del sistema subterráneo y, por ello, de las condiciones ambientales externas al mismo.

32

Cueva Las Lendreras

Se localiza a 1,2 km al SE de Tolibia de Abajo, en el camino que lleva al denominado Prado Casar que es el acceso hacia los tradicionales pastos de Valdemaría. Hacia el O de ese camino se yergue la Peña de La Caldera/Atalaya (1441 m), formada por las calizas tableadas carboníferas, en la que se abre la entrada de la cavidad a unos 50 m por encima del fondo de valle; hacia el E, las mimas calizas aparecen hundidas a 1252 m, lo que implica la presencia de una falla que desnivela ambos bloques y coincide con ese valle no funcional, casi siempre seco, que adquiere caracteres de *valle ciego* kárstico.

La zona está intensamente *karstificada* como indican los numerosos *lapiaces* que dilaceran los asomos calizos, la presencia de pequeñas dolinas, o la existencia del mencionado *valle ciego* siempre sin circulación de aguas pues, incluso durante fuertes deshielos, apenas es funcional ya que drena toda la escorrentía superficial hacia la red subterránea *kárstica*.

La cueva de Las Lendreras tiene un desarrollo de 1340 m y sigue una dirección NE-SO casi siempre (Catálogo de Cavidades Leonesas, 2023), salvo en el nivel superior próximo a la entrada donde esa dirección principal se conjuga con dos pequeños conductos de dirección perpendicular a la indicada (NE-SO). La entrada de la cavidad es amplia y da acceso al piso superior de trazado laberíntico, con grandes salas ocupadas parcialmente por bloques desprendidos de la bóveda y que termina en un pozo de unos 9 m y dos rampas consecutivas, por las que se accede al piso inferior caracterizado por la presencia de un curso de aguas permanente.

El curso de agua se sigue a lo largo de 400 m y contiene abundantes gravas y arenas alóctonas procedentes del exterior del macizo calcáreo (la cavidad está próxima al contacto con los roquedos silíceos del Paleozoico inferior, que abastecen de sedimento al curso subterráneo). Este río subterráneo describe meandros, con niveles y rellanos de sedimentos en sus márgenes, hasta que se oculta en un sifón donde desaparece el flujo por completo. A lo largo de este tramo hay ensanchamientos de la galería principal que contienen *espeleotemas* de gran belleza destacando los *macarrones* (*soda strow*) de gran desarrollo longitudinal y coladas estalagmíticas como la sala de La Pagoda (Fig. 32).

A partir del sifón la cavidad continúa remontando por un antiguo conducto, hoy casi fosilizado, que sigue la misma dirección del curso de aguas, es decir, hacia el SO. Este tramo se diferencia de los anteriores por presentar un avanzado proceso de reconstrucción lito-química que hace de estos 250 m últimos de la cueva un trayecto dificultoso, con continuos estrechamientos debido a la profusión de *espeleotemas* de todo tipo, que llegan casi a impedir el paso, hasta que por una pequeña abertura se sale al exterior, cerca ya de la confluencia del valle de Valdemaría con el río Curueño.

Figura 32. En el nivel inferior de la cavidad existe un activo curso de aguas cuya labor erosiva se combina con una importante reconstrucción lito-química de los conductos subterráneos que llega incluso a obstruirlos casi por completo (a la izquierda), o a cubrir tramos enteros de sus paredes con coladas estalagmíticas, como en La Pagoda (a la derecha).

Las tobas calcáreas
de los sedimentos cenozoicos

Relativamente abundantes en algunos sectores de la montaña, como La Tercia, su utilización frecuente como elemento constructivo para las bóvedas de muchas iglesias y ermitas de la zona, y aún de edificios más alejados de los yacimientos como San Isidoro de León o la Catedral, hicieron desaparecer muchas de esas formaciones de toba hasta el punto de ser hoy relativamente escasas (Huergas de Gordón, San Martín de la Tercia, Millaró).

Mucho menos conocidas son las tobas ligadas a pequeños manantiales de algunos acuíferos que emergen de los sedimentos cenozoicos en la cuenca sedimentaria y que casi siempre son de reducidas dimensiones, como las muestras representadas en la Fig. 33 obtenidas en Pedrún de Torío y Villacontilde.

Los roquedos que forman el área fuente de estos enclaves son rocas detríticas, predominantemente conglomerados miocenos silíceos formados por cantos y bloques de arenisca, cuarcita y cuarzo. Hacia el muro, e intercalados en los conglomerados y arenas, existen estratos más fangosos que contienen niveles carbonatados horizontales, en ocasiones de varios m de espesor pero, casi siempre, muy discontinuos (en el pie de vertiente de Villiguer-Villacontilde tienen una gran continuidad, no así hacia el N en Pedrún donde no son casi observables directamente).

Estos niveles carbonatados, *caliches*, son facies que corresponden a horizontes de acumulación de carbonato, casi siempre masivos, en cuya génesis imperan unas propiedades bioclimáticas muy particulares (indicarían unas condiciones favorables para la precipitación a partir de la saturación de carbonato cálcico de las aguas subsuperficiales y superficiales) de climas contrastados y cálidos, además de topografías con escasa pendiente que favorecieron la alteración de los procesos *edafogéneticos* (suelos calcimorfos) con los que suelen aparecer relacionados.

Su presencia es muy patente, sobre todo a medida que avanzamos hacia el S y nos alejamos de los ápices de los sedimentos terciarios, en donde sí aparecen componentes calcáreos en los conglomerados basales de la cuenca de sedimentación. Su espesor no suele superar los 2 m, ocasionalmente alcanzan los 4 m.

Destacan por su color amarillento claro y, a veces, quedan en resalte por resistir mejor la erosión que los niveles limosos y arenosos del conglomerado que los contiene, formando cornisas en las vertientes, donde las cárcavas dilaceran los sedimentos detríticos terciarios más recientes y menos compactos.

Es a partir del aporte de estos niveles calcáreos donde estaría el origen de los procesos de precipitación química que han dado lugar a las tobas calcáreas en torno a algunos manantiales de la cuenca sedimentaria. Es conocida la precipitación a gran escala del carbonato de calcio que se produce en torno a las surgencias de aguas *kársticas* (Llopis Lladó, 1970). Del mismo modo, la modificación de presión que experimenta el agua al pasar a condiciones subaéreas desde un acuífero, estaría en la base de los cambios que experimentarían los componentes disueltos en el agua y su precipitación.

Figura 33. Fragmento de una toba calcárea extraída de un manadero en la misma localidad de Pedrún de Torío, en 1984, formada mayoritariamente por musgos. A la derecha de un manantial de Villacontilde, 2008, con marcas de hojas y tallos de gramíneas. Muestra donada por Óscar García Bárcena.

Cuando esta se produce, se adhiere a cualquier soporte desde las arenas y limos de los sedimentos por los que ha circulado, a musgos, helechos, hojas, cálamos de gramíneas, dando lugar a una roca nueva que se caracteriza por la inclusión de esos restos biológicos (también de pequeños animales) que, junto con los detríticos, forman la toba.

Cuando está formándose es una masa blanda, limosa, en la que se mezclan todos esos componentes y se deforma fácilmente por su elevado contenido en agua. Pero cuando se deseca, el carbonato de calcio hace de trabazón fraguando sus componentes y transformándola en una roca compacta. Su misma génesis hace que contenga muchos huecos, lo que la hace ligera, pero una vez seca el cemento calcáreo que forma el carbonato precipitado le confiere una gran compacidad y resistencia, de ahí su empleo para determinados elementos constructivos a lo largo de la historia.

34

Dolinas de un *karst* cubierto por sedimentos glaciares y periglaciares recientes

Una de las señas de identidad de los paisajes kársticos es la existencia de *dolinas*, pequeñas depresiones circulares en la superficie, de diferente sección y dimensión, que marcan los puntos donde la disolución de la caliza ha alcanzado una mayor intensidad que en el resto del relieve adyacente. Las dolinas son, desde un punto de vista dinámico, formas de absorción concentrada por las que el agua se infiltra hacia el interior del sistema kárstico desde la superficie. En el fondo de la depresión no suele distinguirse la caliza dado que, generalmente, está relleno de restos de componentes finos de la roca que el agua no ha disuelto, mientras que, en las vertientes, o en el relieve circundante que domina la depresión, la caliza aflora en condicione subaéreas.

Sin embargo, con relativa frecuencia en nuestras montañas se observan *dolinas* sobre sedimentos recientes, glaciares y *periglaciares*, sin que casi nunca las calizas del sustrato sean visibles y además en zonas en las que, en general, predominan los roquedos silíceos. Veremos algún caso de este tipo en las morrenas a ambos lados del valle de Vidangos de Arbas (Fig. 70), en la Sierra de los Grajos donde coadyuvaron a la conservación de los arcos morrénicos al permitir la infiltración de la escorrentía lentamente hacia el interior del macizo (Fig. 24), o las del entorno de los glaciares rocosos de la Sierra de Sentiles y Fuentes de Invierno (Fig. 96).

Otros casos del mismo fenómeno observado es la dolina sobre morrena y umbral calizo de la subida al Puerto de Piedrafita La Mediana, laguna de las Torcas del Valle de Sancenas, donde la disolución después de su ocupación por el hielo ha sido tan intensa y los arrastres tan enérgicos (González-Gutiérrez et al., 2019a), que en el fondo de la torca ya solo quedan los cantos y bloques silíceos más grandes que componían el *till* glaciar. También las dos *dolinas* simétricas del Chanón de Vegapujín, situadas sobre la morrena del máximo que oculta por completo la banda de calizas del Paleozoico inferior, o las que recorren el *till* indiferenciado apoyado en un umbral en la cabecera del valle de Riolago.

Dos de los ejemplos más llamativos de este fenómeno se localizan en el entorno del pico Cornón (2188 m). Por un lado, sobre la cota de 1750 m en la parte N de la Majada de La Regada, la superficie de la morrena de fondo que dejó el glaciar del valle de Lumajo aparece surcada por varias *dolinas* irregulares, (a veces dos o más coalescentes han devenido en pequeñas *uvalas*), que deforman la topografía post-glaciar y que evidencian un proceso de subsidencia del material morrénico (Fig. 34) al adaptarse paulatinamente a la disolución de la banda de calizas subyacente que fosilizó el glaciar con los depósitos. Las mismas dolinas, una vez desarrolladas, sirven de receptáculo para almacenar nieve y aportar más lentamente el agua hacia el sustrato calizo subyacente, potenciando con las aguas de fusión más frías, su disolución.

Figura 34. Borde de una de las dolinas de la Majada de La Regada en donde se aprecian bloques erráticos de areniscas cuarcíticas que componen el material morrénico que oculta la banda de calizas en esa parte del valle.

Por otro lado, en la misma ladera SO del Cornón, a 1950 m de cota, en la cabecera del valle de Sosas, se localiza un pequeño glaciar rocoso cuyo frente se apoya directamente sobre una estrecha capa de calizas paleozoicas, (las mismas que forman el sustrato de las morrenas en la Majada de La Regada), en el cual aparecen una serie de dolinas que deforman con su topografía hundida su cresta frontal. En este caso las dolinas afectan a un glaciar rocoso no a una morrena; podría pensarse que estas depresiones son fruto de la fusión de algún núcleo de hielo tal y como se ha observado en algún caso en los glaciares rocosos de la zona de Salientes o San Isidro (Redondo Vega et al., 2010). Sin embargo, el mismo sustrato calizo y la proximidad de las dolinas de la majada las emparenta mucho más con estas, que con la dinámica puramente *periglaciar* del glaciar rocoso.

En todo caso, los ejemplos citados de dolinas, y otros muchos existentes, tienen como común denominador la presencia en el sustrato, bajo los sedimentos recientes, de un zócalo de rocas calcáreas (calizas del Paleozoico inferior, devónicas, carboníferas…), lo que nos permite ligar su existencia y evolución, la *karstificación* del mismo, aunque la caliza no sea visible casi nunca.

A pesar de su parecido morfológico con las depresiones de un *criokarst*, su ligazón rígida a la existencia de calizas subyacentes las invalida como formas de *criokarst*, es decir, dolinas y depresiones generadas por hundimiento debido a la pérdida de volumen del sedimento reciente al fundirse lentejones de hielo sobre el permafrost (Tricart et Cailleux, 1967), pues estas pueden darse bajo cualquier sustrato rocoso siempre que esté suficientemente fisurado.

35

Lapiaz estructural

Un *lapiaz* es una forma de modelado de las rocas calcáreas debido a la disolución de su componente principal, el carbonato de calcio. Generalmente los podemos observar sobre las superficies de los afloramientos, es decir, en condiciones subaéreas; debido a esa ubicación se les suele considerar como formas de absorción difusa (Llopis Lladó, 1970) por las que el agua penetra hacia el interior de la red *kárstica*. No obstante, por ser resultado de la disolución también las podemos encontrar dentro de los conductos subterráneos y de las cavidades. Por otro lado, como una de las formas de relieve producto de la *karstificación* de las calizas, el *lapiaz* es, de por sí y por definición, una forma estructural. Sin embargo, aquí nos referimos a un tipo de *lapiaz* en el que se observa claramente la relación que existe entre las pautas estructurales, concretamente la fisuración que presenta la roca con su red de diaclasas desplegada, y la disolución de ésta a partir de esa red de diaclasas.

En realidad, la estructura del roquedo calizo siempre es un factor a tener en cuenta en cómo se desarrolla la disolución superficial de la roca y, por ello, de la forma resultante, en este caso del *lapiaz*. Así, por ejemplo, cuando la roca caliza presenta muchas impurezas en su composición, una caliza margosa, o una dolomía, la disolución superficial adquiere una forma típica de alveolos muy irregulares, es un *lapiaz alveolar*. Si la disolución afecta a calizas muy compactas y más puras en su composición, la disolución progresa sobre las superficies al escurrir lentamente el agua, casi siempre siguiendo una pequeña fisura paralela a la línea de máxima pendiente (como las que se aprecian en algunos surcos de la Fig. 35 izquierda y el resultado es la aparición de acanaladuras subparalelas separadas por aristas cortantes, es un *lapiaz de cuchillas*.

En el ejemplo seleccionado (Fig. 35, abajo), la disolución progresa en profundidad aprovechando el trazado de la red de diaclasas que recorre la roca, ensanchando las fracturas y creando esa trama reticular de clara influencia estructural. La colonización de algunas grietas por la vegetación indica ya un proceso avanzado de *karstificación*, ya que la presencia de finos en los que anclan las raíces las plantas coadyuva a la profundización (mecánicamente abriendo más las grietas) y potenciando la disolución al retener más humedad entre la roca y proporcionar una cantidad adicional de CO_2 para la formación del ácido carbónico que disuelve la roca.

Figura 35. Arriba, *lapiaz de cuchillas*, Vegacervera. Abajo, afloramiento de calizas paleozoicas con dos direcciones de diaclasas ortogonales y otra transversal que crean una alta densidad de fisuración por la que progresa la disolución de la roca en profundidad generando un *lapiaz estructural* (Montaña Central, foto de E. Suárez).

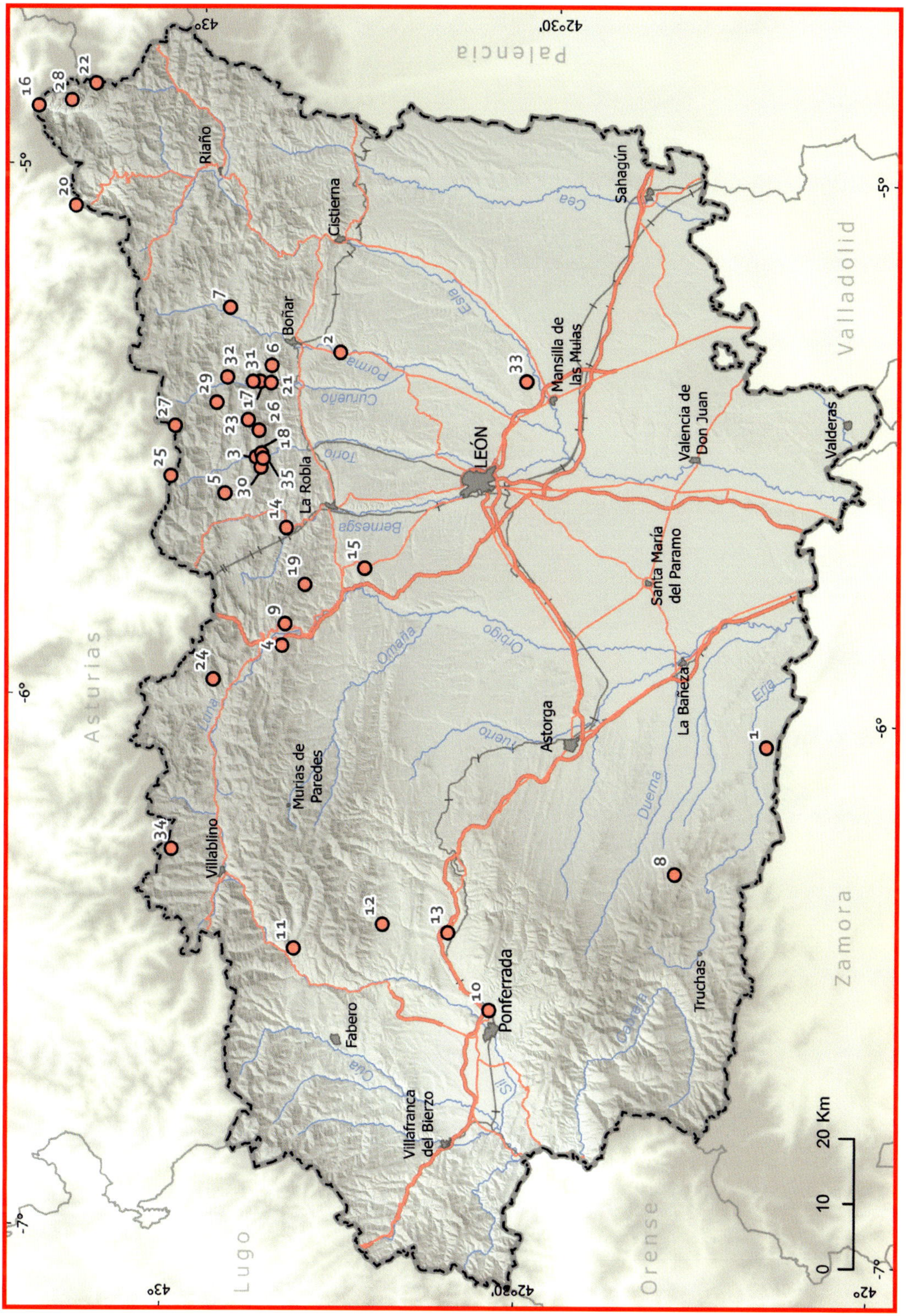

Mapa de localización de los puntos de interés geomorfológico citados en este capítulo.

Las formas de relieve *gobernadas por fuerzas externas*

A partir de las estructuras que generan las fuerzas internas, una serie de procesos impulsados por las fuerzas externas intervienen siempre en la elaboración de las formas de relieve. Cuando los mecanismos morfogenéticos actúan en el modelado sin sufrir modificaciones intrínsecas en función del clima, es decir, actúan siempre de la misma forma con independencia de la zona climática del planeta de que se trate, dan formas de modelado singulares y específicas que tradicionalmente se han estudiado en la geomorfología dinámica (Tricart, 1977).

Entre esos procesos se incluyen todos aquellos que tienen que ver con la adecuación de los materiales para su movilización por los agentes de transporte pero que podemos considerar como componentes y estadios iniciales de la erosión en sentido amplio. Entre ellos figuran los denominados procesos de preparación del material de naturaleza química como la alteración y otros puramente mecánicos como los dependientes de la acción de la gravedad con o sin la intermediación del agua. En esta amplia categoría hemos incluido mecanismos geomorfológicos como la gelifracción (número 40), el hielo de exudación o *pipkrake* (número 38), así como el levantamiento por helada en los suelos de los páramos detríticos (número 39). Se trata de procesos aún funcionales, aunque de manera ocasional o esporádica. No los hemos incluido dentro del grupo de formas periglaciares al no darse en la actualidad esas condiciones ambientales, entre ellas la fundamental que es la presencia de *permafrost*, por más que sea la existencia de hielo, y los cambios de fase de éste, los desencadenantes de estos procesos.

Además de las formas derivadas de esos iniciales procesos de preparación hay otros que funcionan en el modelado de los interfluvios entre los que hemos incluido ejemplos de la acción de la arroyada concentrada (número 36) y los deslizamientos (número 37). En este caso haciendo especial hincapié en una modalidad de éstos ligados a la dinámica paraglaciar (números 41 a 44) pues, aunque estén relacionados y se desencadenen seguramente por las modificaciones en las tensiones de las vertientes que la desaparición del hielo glaciar conlleva, no dejan de ser fenómenos de ladera muy localizados que, además, por superponerse a las propiamente de origen glaciar se diferencian claramente de éstas espacial y temporalmente. También se incluyen otras morfoestructuras como los *glacis* (número 63) dependientes del trabajo de flujo de aguas sobre las vertientes durante muy largos periodos de tiempo, así como mecanismos de ladera que tienen que ver con la cementación calcárea de depósitos gravitacionales (número 64).

Por otra parte hemos incluido en este apartado todas aquellas formas de relieve dependientes de la acción de los ríos, o bien la ausencia de un escurrimiento definido de los enclaves endorreicos (número 52). Las acciones fluviales incluyen las formas tanto de ejemplos de lechos de erosión (números 45 y 46), como formas de acumulación principalmente las terrazas de origen fluvial y lechos móviles (números 47 a 51). La dura competencia entre cuencas vertientes colindantes con muy diferente nivel de base se traduce en la provincia de León en una activa competencia en las cabeceras de las redes fluviales, especialmente a lo largo de la divisoria entre el Duero y el Miño-Sil. Como consecuencia son frecuentes los ejemplos de reajustes de las redes fluviales (números 53 a 58) de los que se han estudiado los casos más significativos de capturas fluviales, paleovalles, así como varios ejemplos de cascadas (números 59 a 62) ligadas muchas veces también a esta dinámica.

36

El deslizamiento de Lumeras

En la ladera meridional del Cerro de Villasumil (1340 m), en la cota de 1140 m, existe un deslizamiento que ya era visible en la foto aérea de 1957 aunque entonces no alcanzaba las dimensiones actuales. Cuando un sector de la ladera se desplaza por gravedad hacia la parte inferior de la misma se habla en Geomorfología de deslizamiento. Un deslizamiento puede afectar solo al suelo, y/o a la formación superficial que recubre el sustrato rocoso, y entonces se habla de deslizamiento de tierras (*landslide*); si, por el contrario, el deslizamiento afecta además a la roca del sustrato, se habla de deslizamiento de rocas (*rockslide*).

Una serie de factores favorecen su desencadenamiento: pendientes muy elevadas de las laderas, abundancia de agua en el sustrato debido a precipitación abundante y persistente, estructura del sustrato inclinada y con dirección de buzamiento a favor de la pendiente, o la presencia de determinado tipo de rocas como pizarras y lutitas, entre otros.

En ocasiones se han detectado estos deslizamientos en laderas de valles que han estado ocupados por importantes masas de hielo glaciar, que al desaparecer crean unas condiciones de inestabilidad, debido a la descompresión que experimentan por la pérdida de la masa de hielo y el empuje que este ejercía. Estos movimientos asociados a la deglaciación de los valles de montaña son relativamente frecuentes, sobre todo cuando coinciden con determinados materiales como las lutitas y pizarras paleozoicas en las vertientes de los valles y se denominan *paraglaciares* (Santos-González et al., 2018). Cuando esos factores mencionados convergen sobre una ladera, es posible que se rompa el inestable equilibrio de los materiales que la forman y que una parte se ponga en marcha lentamente, deslizándose por gravedad.

A partir de una o varias grietas iniciales, se produce el despegue de la formación superficial y de parte de la roca infrayacente y desciende ladera abajo como un cuerpo único, mezclándose todos los componentes, hasta que queda inmovilizada contra un obstáculo (a veces la ladera opuesta), o el fondo de valle donde la pendiente es mucho menor, y el flujo del deslizamiento se detiene.

Como consecuencia de esa acción queda un sector superior descarnado, la *cicatriz de despegue*, sin suelo ni vegetación, donde es visible la roca del sustrato y, generalmente, con una elevada pendiente, a veces un escarpe. Más abajo, la masa deslizada se caracteriza por su topografía irregular, casi siempre con una morfología en lengua, y una topografía con áreas deprimidas y otras en resalte, mientras que la parte más distal suele presentar un frente de pendiente abrupta.

Cuando el deslizamiento es de grandes dimensiones, puede llegar a obstruir el escurrimiento del valle y, al represarlo, dar lugar a una laguna, tal como ha ocurrido con los deslizamientos *paraglaciares* (Redondo-Vega et al., 2018, 2024a) que originaron los lagos de la Baña y La Laguna (Fig. 43), o la Laguna del Chao (Fig. 41).

Figura 36. El deslizamiento de Lumeras sobre las pizarras negras silúricas, con la masa deslizada rellenando todo el fondo de valle y desviando el arroyo hacia la margen izquierda.

En el ejemplo seleccionado, la zona se caracteriza por las elevadas pendientes y por un sustrato formado por pizarras negras constituidas por elementos muy finos y con abundante materia orgánica (ampelitas). Estas rocas presentan un buzamiento de 40° a 50° y una dirección de buzamiento hacia el SE, a favor de la pendiente. Por otro lado, el trazado de las capas es subparalelo a la *cicatriz de despegue*, lo que conforman, todos ellos, factores favorables a su desencadenamiento. Además, por encima de la montera del deslizamiento existe un rellano rodeado, hacia el N y O, de laderas muy escarpadas con varias depresiones, que son zonas de acumulación de agua con mal drenaje, lo que también ha podido influir.

En la actualidad la montera del deslizamiento está recorrida por una serie de grietas por encima del borde de la *cicatriz de despegue*; la más neta se extiende de manera continua desde el centro a la parte E del deslizamiento, a lo largo de 130 m; mientras que, hacia el O, las grietas son más cortas, arqueadas, y se disponen escalonadamente ladera arriba desde el borde. Todas ellas son resultado del proceso de re-asentamiento del talud deslizado y una muestra de la inestabilidad de todo el conjunto. El movimiento ha generado una lengua de la masa deslizada que se extiende más de 240 m, adaptándose y rellenando el fondo del angosto valle (Fig. 36), ocupando un desnivel de 180 m desde la *cicatriz de despegue* hasta la parte más distal del deslizamiento.

37

Las cárcavas de Las Cuestas

Se localizan al pie del relieve escalonado denominado Las Cuestas que forma el flanco del valle del río Torío entre el pinar de La Candamia y el barrio de Puente Castro al E de la ciudad de León. Desde un punto de vista geomorfológico estas cárcavas de no son más que una parte del talud que separa dos niveles de *terrazas encajadas* (o el lecho actual de los restos de la terraza media cuando falta la terraza baja) del río Torío en su margen izquierda. Su particularidad es la presencia de una serie de incisiones mayores que siguen la línea de máxima pendiente entre ambos niveles, por lo tanto, perpendiculares al plano del talud, y que denominamos cárcavas. Forman un frente abrupto, recortado por las incisiones de las cárcavas sobre ese frente y que, visto desde la llanura de inundación del río en la margen derecha, destaca por sus planos verticales y el color encendido amarillo/rojizo, sobre todo cuando están mojadas después de un aguacero y les da la luz oblicua del atardecer.

Su verticalidad contrasta netamente con su entorno, con la forma plana del nivel de terraza que aparece a partir de su culminación, y con el fondo de valle plano que forman el lecho mayor o la terraza baja en el que se apoya. Su presencia evidencia, aún más, el perfil transversal marcadamente asimétrico de esta parte del valle, ya próxima a la confluencia con el del Bernesga, pues las cárcavas de Las Cuestas se encuentran muy cerca de la divisoria de aguas del valle por el E (cota 940 m en Las Lomas a sólo 1,1 km), mientras que hacia el O la divisoria con el Bernesga está a la misma cota (Monte San Isidro, 938 m) a 5,1 km de distancia.

La zona tiene dos sectores claramente diferenciados. El más meridional ocupa un tramo del talud de unos 300 m orientado de SSO a NNE y en él se localizan una decena de esas incisiones (Fig. 37), cárcavas, caracterizadas porque su cabecera llega al mismo borde del nivel de la terraza media recortándolo de forma redondeada (a veces tienen doble cabecera geminada, seguramente por la coalescencia de dos cárcavas próximas). Entre una incisión profunda y la siguiente se conserva parte del talud inclinado original y que ahora sirve de trecho para separarlas. La verticalidad de las paredes de las vertientes de las cárcavas, y del propio talud hacia el valle principal, es su característica principal, superando en algunos puntos los 30 m. Son visibles las capas horizontales que conforman su estructura en las que se alternan los niveles de limos y arcillas con capas de distinto espesor de rocas más coherentes y compactas que suelen destacar en resalte formando pequeñas cornisas; mientras que las más blandas restan rebajadas ligeramente del plano de la ladera, suministrando finos a los procesos de erosión. Ocasionalmente el retroceso de las vertientes de algunas cárcavas llega el extremo de generar aristas aisladas donde un nivel competente conserva de la erosión las rocas más blandas infrayacentes como si fueran *dames coiffées*.

El sector más septentrional cambia la dirección del talud hacia el NE y su morfología, ya que se suaviza la pendiente a lo largo de un tramo de unos 350 m. En él las cárcavas están prácticamente ocultas bajo un denso matorral que ha conseguido frenar la erosión, ésta solo es funcional en los restos de las antiguas paredes de cárcavas que permanecen verticales en mitad de la ladera como pequeños resaltes o relieves de resistencia. En general el fondo de las cárcavas está bastante cubierto de vegetación por lo que solo ocurren arrastres de materiales debido a la arroyada de manera esporádica. Con independencia de esto, es la *reptación*, sobre todo la debida a humectación/desecación de los agregados más finos de las litologías, el proceso que va haciendo retroceder las paredes de las cárcavas y hace evolucionar las vertientes; además se producen pequeños desprendimientos por la tendencia a la deformación hacia el vacío de los planos verticales de las paredes. En la base del talud principal que da al río, son visibles algunos deslizamientos rotacionales a partir de bancos de niveles compactos de arcillas, lo cuales contribuyen a hacer muy irregular la topografía de la base de la vertiente e indican la inestabilidad que en general presenta todo el talud.

Figura 37. Las cárcavas de Las Cuestas.

38

Hielo de exudación o *pikrake*

Existe un conjunto de mecanismos que producen el movimiento de las partículas de menor tamaño sobre las laderas y que, aunque se realizan partícula a partícula, la persistencia del fenómeno consigue un desplazamiento efectivo del material en su nivel más superficial. Estos movimientos individualizados de cada partícula requieren que estas estén sueltas, o desagregadas, sobre las formaciones superficiales o los suelos. En Geomofología se incluyen en *reptación*, que recoge procesos diferentes aunque el mecanismo desencadenante sea parecido como, por ejemplo, los pequeños movimientos del material debidos a la dilatación y retracción por el calentamiento y enfriamiento, o por la hidratación/desecación. Pero siempre se produce un cambio de volumen de la partícula que en los sucesivos ciclos, debido a la pendiente, dan lugar a desplazamientos en el sentido de la inclinación de la ladera, pues la partícula no recupera la posición que inicialmente tenía antes del movimiento.

Un caso especial de reptación es aquella en que la movilización de la partícula se debe a la aparición de agujas de hielo en el suelo que son, en su crecimiento, las responsables del movimiento: son los denominados *hielos de exudación* o *pipkrakes*, un mecanismo de levantamiento por helada, frecuente en los ambientes alpinos.

Para formarse se deben dar unas condiciones ambientales muy específicas como suelo con abundante humedad y a una temperatura ligeramente superior a 0º, material desagregado, y temperatura del aire a ras del suelo inferior a 0º. En esas condiciones el agua asciende por capilaridad desarrollando agujas de hielo que, al crecer sobre la superficie, arrastran la partícula o fragmento de roca dejándola soldada a las agujas en su parte superior o más externa. Normalmente esa primera parte del proceso se da durante la noche.

Cuando comienza a subir la temperatura del aire a lo largo de la mañana, las agujas tienden a deformarse en la dirección de la pendiente, llegando incluso a curvarse en forma de cayado (Fig. 38) a lo que ayuda el propio peso del fragmento de roca que sustentan. Al fundirse el hielo la partícula cae con un desplazamiento que será tanto más grande cuanto mayor sea la dimensión de las agujas.

Este efecto helada-deshielo contribuye muy activamente al desplazamiento de material en las laderas a favor de la pendiente, siendo muy eficaz pues tiene mayor competencia que otros tipos de reptación, y no solo moviliza pequeñas partículas, sino fragmentos de rocas de tamaño grava. Aunque es un fenómeno habitual en nuestras zonas montañosas su repercusión no deja de ser muy limitada a unas pocas jornadas al año y solo en aquellos suelos libres de vegetación y con formaciones superficiales muy sueltas. Por eso, son habituales en zonas removidas por la maquinaria, como pistas forestales de montaña o taludes de carretera. El ejemplo que ilustra la Fig. 38 fue tomado en los movimientos de tierra de una urbanización de Puebla de Lillo en enero de 2007, aunque son relativamente frecuentes durante la estación fría en suelos y taludes removidos en la Sierra de Gistredo, Los Ancares y en pistas forestales y cortafuegos de los Montes de León.

Figura 38. Agujas de hielo de exudación de 15 cm en Puebla de Lillo, cota 1160 m, año 2007.

39

Levantamiento por helada en los suelos de los *páramos detríticos*

Este mecanismo, que se desarrolla en medios *periglaciares*, genera la migración ascendente de fragmentos de roca, clastos, o de cantos, a través de la formación superficial o el suelo (Tricart y Cailleux, 1967). No obstante, en periodos de fuertes y persistentes heladas, si el suelo tiene humedad suficiente, puede producirse ocasionalmente en ambientes no específicamente *periglaciares*, como se observa en las zonas desprovistas de vegetación de los *páramos detríticos* leoneses durante el invierno y con ciclos de helada diarios muy marcados (Fig. 39).

Durante la helada todos los componentes de la formación superficial y/o del suelo experimentan presiones y empujes en todas direcciones, tanto en el plano horizontal, como en el vertical (componente predominante). En condiciones *periglaciares* es la capa superior (capa activa) la que experimenta los ciclos diarios de hielo-deshielo y es donde se produce ese levantamiento.

Cuanto mayor es el canto, más rápidamente se mueve hacia arriba, y el hueco que deja alrededor de los cantos es mayor (Fig. 39). Además, cuando el canto o fragmento de roca es plano, o tiene un eje alargado marcado, los empujes disponen el canto perpendicular al nivel que marca el *frente de helada* sub-superficial y lo dejan como si estuviera clavado en el suelo.

Son dos los mecanismos que pueden aparecer implicados en el *levantamiento por helada*. Por un lado, el denominado *frost-pull*, que se produce cuando se expande todo el suelo (tanto los componentes más finos como las gravas y fragmentos mayores), para con el deshielo retraerse y reasentarse el material más fino, mientras que los cantos aún conservan algo de hielo en la base; al fundirse finalmente éste, se rellena de partículas finas de los laterales y como resultado el canto ha experimentado un desplazamiento hacia arriba.

Por otro lado, si los cantos no están muy profundos, y hay agua suficiente que empapa el entorno del canto, ésta se congela más rápidamente que las partículas finas (su conductividad térmica es mayor) y los cantos son empujados hacia arriba (*frost-push*); en el deshielo el canto no vuelve a la posición que tenía previamente, pues los movimientos laterales de las partículas rellenan el hueco que ocupaba el hielo bajo el canto, mientras que la retracción del material más fino genera el hueco alrededor del canto.

Figura 39. Detalle del *levantamiento por helada* de los cantos y gravas del suelo en los *páramos detríticos*, Golpejar de la Sobarriba, marzo de 2005.

40

La gelifracción

Es el proceso mediante el cual una roca se descompone en fragmentos más pequeños como consecuencia del crecimiento y expansión del agua que contiene al congelarse. Dado que mediante esta acción se consigue romper la cohesión y compactación de las rocas más competentes, en Geomorfología se le considera uno de los procesos de preparación del material para su posterior erosión en sentido lato.

Los cambios de fase del agua que empapa la roca, líquido-sólido-líquido, son el motor del proceso, de tal forma que cuantas más veces se repita el mismo, más eficaz será la gelifracción resultante. Por eso es característico de entornos y ambientes fríos, a veces *periglaciares* pero muy atenuados, donde el número de ciclos de hielo-deshielo es elevado a lo largo del año, tal como ocurre con las zonas montañosas de las latitudes medias, donde han jugado un importante papel en la demolición de muchos afloramientos rocosos.

Además de suficiente agua y contrastes térmicos que favorezcan los cambios de fase de ésta, su efectividad como procesos de preparación del material es tanto mayor cuanto mayor sea la densidad de discontinuidades que presente la roca o el afloramiento afectado (red de diaclasas en rocas competentes y/o juntas de estratificación en rocas sedimentarias), ya que estas son la vía de penetración del agua desde la superficie al interior de la roca.

La regularidad de las discontinuidades que presenta la roca afectada por gelifracción influye en la del canchal que se genera, así como en la homogeneidad de los fragmentos generados; si aquélla no es muy grande, su emplazamiento por gravedad sobre la ladera selecciona su ubicación por tamaños, desplazándose los de mayor tamaño a la zona más distal (base del canchal), mientras que los de menor tamaño, se localizan al pie del escarpe rocosos o en la parte intermedia del canchal.

Los fragmentos desprendidos por gelifracción caen por gravedad y se acumulan al pie del escarpe rocoso que poco a poco tiende a retroceder y a ser sepultado por los *gelifractos*, si la acción es muy intensa y se ha contado con el

Figura 40. Arriba, canchal de bloques de cuarcitas paleozoicas en el valle de Salentinos. Abajo, cresta rodeada de bloques desprendidos por gelifracción a partir de las pautas estructurales y líneas de debilidad de un afloramiento rocoso en la Sierra de La Cabrera.

tiempo necesario. Este es el origen de muchos canchales que a veces forman un talud continuo de fragmentos (siempre muy angulosos) desprendidos que, en inestable equilibrio, cubren muchas laderas de las montañas cantábricas.

En esos lugares han conseguido reducir el valor angular de las pendientes de las laderas afectadas y reducir las dimensiones de los escarpes rocosos que eran el área fuente de los fragmentos que forman los canchales; también de muchos *campos de bloques* que se extienden en las cumbreras de los macizos (Pérez Alberti y Rodríguez Guitián, 1993), donde llegan a recubrir por completo las crestas de rocas de cuarcitas y otras rocas competentes (Sierras del Teleno -Fig.103-, Cabrera y Gistredo).

En la actualidad la mayoría de los canchales, cuya génesis ha estado gobernada por el proceso de gelifracción, no son funcionales, tal como evidencia su colonización, primero por musgos y líquenes (Fig. 40) y, más adelante, por la vegetación natural de la zona.

A veces se distingue entre una *macrogelifracción* cuando los fragmentos desprendidos del afloramiento rocoso son de tamaño bloque/canto (habitual en muchas rocas compactas paleozoicas, tanto silíceas como calcáreas, que forman extensos afloramientos rocosos de los macizos montañosos antiguos), de una *microgelifracción*, cuando los restos son de pequeño tamaño, tipo arenas, y que afecta a rocas formadas por fragmentos de pequeño tamaño (caso de algunos afloramientos de rocas endógenas).

El deslizamiento
de la laguna del Chao

A algo más de 5 km al S de Riolago de Babia, a 1755 m de altitud y al pie del espolón NE del Alto de la Cañada (2157 m), se localiza una pequeña laguna de forma rectangular que ocupa uno de los rellanos del valle de origen glaciar (Fig. 41). La impronta de origen glaciar a lo largo de todo el valle es indudable, destacando las bien conservadas morrenas laterales no solo en el valle principal sino, especialmente, en los valles laterales como La Buenza/Veigas al O, Bustagil al E (donde la morrena lateral derecha se extiende a lo largo de más de 1 km); los umbrales de resistencia que frenaron la circulación de la lengua de hielo y ahora forman un escarpe que el arroyo salva mediante una cascada; los bloques erráticos cuarcíticos posados inestablemente sobre pizarras y calizas; los circos de todas las cabeceras de los valles secundarios, o la persistencia de pequeñas lagunas de forma circular que ocupan reducidas *cubetas de sobre-excavación glaciar*, son todos elementos que forman un contexto con abundantes restos producidos bajo la dinámica del glaciarismo cuaternario.

Es en ese entorno en el que se localiza la laguna del Chao, cuya génesis, sin embargo, difiere del de otras lagunas de la zona, ya que se ha formado como consecuencia del represamiento parcial del escurrimiento de las aguas del valle debido a un extenso deslizamiento *paraglaciar* (Redondo-Vega et al., 2018, 2024a; Santos-González et al., 2018, 2021a). El represamiento del agua formó una laguna de aguas someras, característica común de las que tienen ese origen (como ocurre también en el Lago de La Baña, Santos-González et al., 2015) pues las de verdadero origen glaciar suelen ocupar el fondo de *cubetas de sobre-excavación glaciar* aguas arriba de un umbral rocoso o/y están confinadas total o parcialmente por una morrena. En la actualidad la laguna del Chao (Fig. 41) tiene una forma rectangular con 150 m de largo, por 60 m de ancho; la superficie que ocupa es de unas 4,65 ha y presenta un avanzado proceso de entarquinamiento con signos evidentes de colmatación, sobre todo en su externo septentrional, como prueba la existencia de una isla colonizada por abedules en su extremo S. Tiene un canal de egresión que en su extremo N sirve para desaguar el agua que, no obstante, mantiene un nivel bastante estable sin estiajes, lo que indica el afloramiento regular de aguas freáticas en su cuenca.

Los caracteres del deslizamiento y, sobre todo, su localización en la vertiente de una cabecera glaciar, concuerdan con otros que aparecen en las vertientes de circos y de artesas en toda la montaña cantábrica leonesa y que asignamos a una dinámica *paraglaciar* (Santos-González et al., 2018; Redondo-Vega et al., 2024a) que se instala en los valles deglaciados por la tendencia a la deformación mecánica de las rocas hacia el vacío creado en las laderas del valle por la fusión del hielo. Cuando, además, coadyuvan otros factores favorables como discontinuidades de la estructura, contactos entre litologías contrastadas con presencia de lutitas y/o pizarras, fuertes pendientes, abundantes precipitaciones entre otros, el resultado puede ser la puesta en marcha de una masa de roca deslizada que puede llegar a obturar total o parcialmente el valle y represar el escurrimiento generándose la laguna.

La masa deslizada se corresponde con un sustrato formado por pizarras silúricas que están en contacto hacia el S, hacia la parte superior de la ladera, con las areniscas también silúricas del cordal culminante. Hacia el N, las pizarras que constituyen el deslizamiento están en contacto con las compactas cuarcitas ordovícicas. Estas conforman un afloramiento continuo O-E con escarpes de ese material a ambos lados de un estrecho pasillo enmarcado por dos fallas N-S que dislocan el conjunto hacia el N y hunden ese sector de las cuarcitas coincidiendo con la posición que alcanzó la masa deslizada de lutitas. Por otro lado, tanto la irregular superficie del deslizamiento, como la fábrica de los cantos y bloques que la integran, así como su composición casi mono-específica desde el punto de vista litológico, la diferencian de otros tipos de depósitos propiamente de origen glaciar que aparecen en el valle.

Figura 41. Laguna del Chao; en segundo plano, a la derecha, el deslizamiento *paraglaciar* que la originó.

42

Deslizamientos de Laciana

En el valle de Laciana, un conjunto de 7 deslizamientos: Las Condias, Orallo, de las Brañas, Reciello, Robles, Chanada y Villager (Fig. 42), todos ellos en apenas 10 km, constituyen una concentración de este fenómeno geomorfológico casi sin parangón en la Cordillera Cantábrica (García de Celis et al., 1992). Los deslizamientos son un tipo de movimiento en masa, por el que un sector de una ladera se moviliza por gravedad ladera abajo, modificando la morfología de esta como consecuencia del movimiento; pueden responder a varias causas o, más frecuentemente, a la convergencia de varios factores desencadenantes. Todos ellos se asientan sobre un zócalo compuesto de materiales estefanienses en los que se alternan rocas rígidas y duras, como las areniscas y los conglomerados, con capas de escasa coherencia y mucho más blandas, como las pizarras y el carbón. Las rocas están deformadas con buzamientos comprendidos entre 30° y 60° al SSO. Las laderas en las que se emplazan se caracterizan por su elevada pendiente (entre 20 y 30°) y una orientación preferente al S y OSO (García de Celis et al., 1992).

La otra característica común a todos los emplazamientos, tanto los situados en los valles de dirección N-S como en el principal E-O de Laciana, es que estuvieron colmatados totalmente por el hielo del último periodo frío (Jalut et al., 2004, 2010; Santos González, 2011; Santos-González et al., 2013b, 2018, 2022a). El espesor que alcanzó el hielo de casi 200 m en casi todos, supone que muchos de los emplazamientos de los deslizamientos estuvieron sometidos a los empujes y presión de los hielos contra esas laderas.

Desaparecidas esas condiciones la tendencia a la descompresión de las laderas pudo favorecer los despegues de sectores de estas allí donde otros factores favorables convergían (la mayor densidad de discontinuidades del roquedo, contactos litológicos de diferente comportamiento mecánico, presencia de agua infiltrada, elevada pendiente) y desencadenar el deslizamiento.

Aunque la forma y las dimensiones varían según los casos, el escarpe que marca el sector de la ladera a partir del cual se deslizó la masa de roca, se sitúa siempre en la parte alta de la ladera, entre 1450 y 1650 m (García de Celis et al., 1992).

El perímetro de la forma es muy irregular en planta y puede ser una morfología abierta de más de 1 km de ancha, o estrecha y cerrada en forma de herradura. Los flancos del escarpe son asimétricos debido a la adaptación del deslizamiento a la estructura (casi siempre perpendicular a la dirección de buzamiento de las capas).

No se trata de deslizamientos de tierra (*landslides*) tipo *solifluidal* superficial, sino de rocas (*rockslides*) que afectan más o menos profundamente al zócalo de material de edad estefaniense junto con el suelo y/o la formación superficial que lo recubre. El deslizamiento al incluir ambas unidades se compone de la roca del sustrato y del suelo que forman un *todo uno* de masa deslizada. El desplazamiento rara vez desciende más de 200 m desde la *cicatriz de despegue* y se detiene en la base de la ladera donde la pendiente es mucho menor formando un frente, generalmente más amplio que el escarpe, con forma de espátula (García de Celis et al., 1992). Esta dinámica en ocasiones llega a desviar el río hacia la orilla opuesta del valle como ocurre, por ejemplo, en las brañas de San Miguel o en Las Condias.

Varios de ellos muestran signos evidentes de estar aún activos lo que se manifiestan en la aparición de grietas en cizalla y escalonadas como las que afectan al pavimento de la carretera que une las instalaciones del Grupo Calderón con el valle de San Miguel a media ladera. También las de la carretera LE 427 al Pto. de Leitariegos en el deslizamiento de Las Condias, que ha obligado recientemente a obras de consolidación de su firme al volverse a mover toda la ladera; en este caso quizá debido al sobrepeso que supuso la acumulación de escombros procedentes del cielo abierto de la Fonfría en su zona alta, sobre la cicatriz de despegue del deslizamiento.

Figura 42. Deslizamiento localizado al NNO de San Miguel con signos de inestabilidad en la vertiente como prueban las grietas en la carretera a media ladera que lo cruza desde el valle de San Miguel hasta las instalaciones mineras del Grupo Calderón.

Lago de La Baña

El Lago de la Baña se localiza en el valle del Lago, en la Sierra de la Cabrera, al SO de la provincia de León, en el límite con las provincias de Zamora y Orense, a 1400 m de altitud. En su entorno hay rasgos de morfología glaciar de gran valor, con circos muy bien desarrollados, así como umbrales, pequeñas cubetas y depósitos glaciares que se extienden hasta cerca de la localidad de La Baña (Redondo-Vega et al., 2022), a unos 1000 m de altitud.

El Lago de la Baña tiene una superficie de 6,5 ha y, junto con la Laguna de 0,7 ha, situada aguas abajo en el valle, forman el Monumento Natural de la red autonómica de espacios naturales protegidos. Las huellas que los glaciares dejaron en el valle del Lago son contundentes. En primer lugar, destaca el amplio anfiteatro de la cabecera del valle y que no es sino un circo glaciar compuesto de algo más de 2 km de anchura, en el que aparecen varios pequeños rellanos y grandes escalones rocosos, adaptados a la estructura y a la mayor o menor resistencia de los materiales (Santos-González et al., 2015).

En la parte inferior del valle, dos morrenas laterales, ya casi totalmente destruidas por la minería de la pizarra (las canteras y sus vertederos ocupan todo el valle desde el mismo límite del espacio natural, Redondo-Vega et al., 2017), flanqueaban las laderas del valle, revelando un espesor de hielo de unos 200 m a más de 5 km de la cabecera. Por otro lado, son visibles algunos umbrales pulidos, así como depósitos de *till*, generalmente cubiertos de vegetación.

Tal abundancia de restos de origen glaciar son la base sobre la que se ha interpretado el origen del lago en ese sistema morfo-genético. Sin embargo, un análisis más detallado de las formas y la comparación de tres depósitos en el entorno del Lago de la Baña y de la Laguna, nos ha llevado a interpretar la acumulación de materiales que cierra estas masas de agua como procedentes de un gran *deslizamiento en masa* post-glaciar, y no una morrena (Santos-González et al., 2013c, 2015; Redondo-Vega et al., 2017, 2018).

En efecto, en el depósito que represa el lago hay un predomino absoluto de grandes bloques de la misma litología (Fig. 43), cuando en el circo son varios los tipos de roca diferentes los que deberían haber sido arrastrados y depositados por el hielo para formar la morrena. La supuesta morrena es un depósito *clasto-soportado*; la ausencia de matriz en el depósito (que sí aparece en las morrenas y los restos de *till* del valle), y el hecho de que los bloques no muestren evidencias de desgaste por transporte, así como la orientación poco definida de los clastos, lo diferencian tanto de los depósitos glaciares, como de los canchales cercanos. Además, la morfología del depósito y de la ladera de donde presuntamente procedía es la característica de los *deslizamientos en masa*.

Figura 43. Lago de La Baña. En primer término, el deslizamiento que al cerrar el valle formó el lago.

El deslizamiento podría haber estado provocado por la descompresión de las paredes del valle tras la retirada del hielo glaciar, tal y como ha ocurrido en otras montañas de la región donde la obturación del valle por la masa deslizada generó lagunas en los fondos de circos y de artesas de origen glaciar (Santos-González et al., 2018), con lo que sería un paradigmático ejemplo de la dinámica *paraglaciar*.

Ambas masas de agua, el lago y la laguna, a pesar de estar protegidas, han experimentado un descenso sostenido de sus caudales como indican las numerosas marcas de agua (sucesivamente más bajas) que ido dejando el nivel del lago en un gran bloque del deslizamiento situado en su orilla N. A pesar del aporte continuo de agua desde el arroyo que drena el circo, la ausencia de matriz fina en el depósito que cierra el valle y forma el lago ha favorecido la aparición de sumideros por los que el caudal del lago sufre constantes pérdidas (Redondo Vega et al., 2017), hasta llegar a estar prácticamente desecado varias veces en las dos últimas décadas, mientras que la laguna habitualmente está siempre seca.

Aunque se carece de datos de aforo del lago, el desarrollo e incremento de la explotación de la pizarra en su entorno, desde los años setenta del pasado siglo, coinciden en el tiempo con la pérdida sostenida de su caudal; los sumideros que desangran en la actualidad el lago (quizá debidos a las vibraciones producidas en el depósito por las continuas voladuras en las canteras cercanas), o la captación de agua bajo el umbral de la laguna que durante décadas abasteció la cantera de pizarra situada al N, son factores coadyuvantes de la degradación de este Monumento Natural y de su progresiva desecación. Lamentablemente este Monumento Natural es también paradigma del grado de ineficacia en la gestión, y de dejadez, al que ha llegado la protección del medio natural en León por parte de quien debería velar por su conservación.

44

El deslizamiento *paraglaciar* del valle del río Cuiña

Frente al km 21,5 de la carretera LE 4211, entre las localidades de Pereda de Ancares y Tejedo de Ancares, se localiza un deslizamiento de grandes dimensiones (Fig. 44) sobre la vertiente de la margen izquierda del valle del río Cuiña (Valcárcel-Díaz et al., 2022). El deslizamiento ocupa una superficie en torno a 23 ha desde la zona superior de la ladera (cota de 1320 m) hasta el pie de vertiente a (950 m), con un desnivel de 370 m para sólo 765 m de distancia, lo que nos da una pendiente fuerte (25° de media).

El sector superior es, junto con el extremo basal, el de mayor pendiente, ya que coincide en gran medida con la *cicatriz de despegue* del deslizamiento; esta zona está densamente cubierta por vegetación arbórea principalmente. Al sector intermedio se accede por un camino desde el pueblo de Tejedo de Ancares, ya que en los años cincuenta del pasado siglo aún se localizaban en esa zona tierras de cultivo; presenta una menor pendiente y sirve de transición topográfica al enlazar la parte superior, de donde partió la masa deslizada, con el mayor volumen de ésta que se sitúa en la zona inferior.

El sector basal o inferior del deslizamiento, mantiene partes muy inclinadas, densamente cubiertas por un espeso robledal (Fig. 44) y con una morfología característica de espátula al inmovilizarse la masa deslizada sobre el fondo de valle del río Cuiña, de escasa pendiente.

La ladera donde se localiza el deslizamiento arma materiales paleozoicos en tres bandas paralelas de dirección NO-SE, que es perpendicular a la del deslizamiento: las rocas de la zona culminante son pizarras silúricas negras, muy friables; a continuación, completando la parte superior del deslizamiento y formando todo el área de la cicatriz de despegue, aparece una banda regular de cuarcitas blancas muy resistentes y compactas; en tercer lugar, una formación, predominantemente pizarrosa, de edad cámbrica que conforma, tanto la parte central del deslizamiento, como la inferior donde se ubica el grueso de la masa deslizada.

Figura 44. Deslizamiento del valle del Cuiña.

Se ha querido ver en este sitio una antigua explotación de época romana. Las explotaciones auríferas de origen romano son numerosas en la zona, tanto en yacimientos primarios al O de Candín (Redondo Vega, 2006b), como en sedimentos recientes, es el caso de las morrenas re-movilizadas y trabajadas por la minería aurífera y que se localizan en la ladera frente del deslizamiento (Verdies y Las Labradas). En la misma margen del río Cuiña, a la altura del deslizamiento, son frecuentes las mineralizaciones en los diques de cuarzo, o muy habituales los sulfuros de hierro en las pizarras negras. Incluso, las alteritas sobre un zócalo de los mismos materiales, contactos, y algún dique de cuarzo; llegaron a explotarse más al S, en el interfluvio Cúa Ancares, en donde se conservan canales y algún depósito minero de época romana (vertiente occidental del sector Sésamo-Vega de Espinareda).

Sin embargo, ninguno de los elementos que son característicos de las antiguas minas primarias romanas (Redondo-Vega et al., 2023b) aparecen en el entorno del deslizamiento: no existen canales de abastecimiento de agua que desemboquen, ni en la montera de la supuesta mina, ni a media ladera; ni estanques o depósitos para almacenarla. Además, el deslizamiento no coincide con las litologías de la Serie de los Cabos con sus diques de cuarzo que, estas sí, fueron profusamente explotadas tanto al O de Candín (Llanos de Rio Seco), como en el vecino valle del río Burbia (Redondo Vega, 2006b). El eje del valle que ocupa el *talweg* es también el contacto neto entre dos unidades lito-estructurales diferenciadas, situándose más al O las explotadas preferentemente por los mineros romanos.

Por el contrario, la morfología del sitio y su contexto estructural y geomorfológico, lo relacionan más que con un origen no antropogénico con la dinámica *paraglaciar* como otros deslizamientos de nuestras montañas (Santos-González et al., 2018). La presencia de contactos de rocas de diferente comportamiento mecánico en la parte alta de la ladera, con capas muy inclinadas y a favor de la pendiente, su localización en un valle que estuvo totalmente ocupado por el hielo durante el máximo glaciar (el frente se situaría varios km más al S, entre Candín y Sorbeira), son elementos que apoyan esta hipótesis. Además, la falta de una mínima clasificación por tamaños del material deslizado, que de tratarse de una escombrera minera arrastrada por el agua sí aparecería, lo emparentan más con los deslizamientos *paraglaciares*, frecuentes en las laderas pizarrosas de muchos valles cantábricos (García de Celis et al., 1992), producidos una vez desaparecido el hielo glaciar que las sujetaba y daba estabilidad (Santos-González et al., 2018).

45

Río Cúa en Cariseda

El río Cúa nace en las proximidades del Alto de la Pesca (1612 m) que comunica este valle con la cabecera del valle de Suertes. En su curso superior conforma el valle de Fornela en el que, sobre todo aguas arriba de Guímara, son las contundentes huellas de origen glaciar (García de Celis et al., 2015) las que lo caracterizan fisiográficamente. Este curso fluvial es uno de los principales afluentes del río Sil, adonde converge después de recorrer más de 60 km y desembocar previamente en el Burbia a la altura de Villadepalos.

En su trayecto atraviesa los materiales del Paleozoico inferior del occidente de León, caracterizados por su composición eminentemente silícea y la presencia de capas más resistentes a la erosión (en general cuarcitas, también puntualmente algunas calizas) localizadas entre potentes series pizarrosas de comportamiento más deleznable. Tanto su pertenecía a la cuenca de río Sil que influiría en el encajonamiento general que presenta toda su red de afluentes, como el sustrato litológico predominantemente pizarroso que atraviesa, son factores suficientes que explican satisfactoriamente la existencia en el valle de muy entalladas gargantas y *meandros encajados* en los que el río traza curvas cerradas que destacan tanto por su encajamiento en la estructura como por el grado de curvatura de los mismos (Fig. 45).

Aunque todos los afluentes del Sil han desarrollado sectores encajonados en los que se suceden tramos curvos cerrados, en el valle de Fornela éstos alcanzan niveles de paradigma, especialmente en el término municipal de Peranzanes, donde el río Cúa presenta numerosas curvas, en ocasiones muy cerradas, en las que el río gira casi 300º y se encaja profundamente en las pizarras negras de las series silíceas de edad ordovícica. En este contexto se sitúa el "meandro encajado" que forma el sitio geomorfológico (Fig. 45) situado aproximadamente 1 km al SSE de la localidad de Cariseda, y por el cual el río abraza una pequeña colina (Redondo Vega, 2006b). No obstante, en sentido estricto desde el punto de vista geomorfológico, no se trata de un meandro, es decir, una curva dinámica de un cauce característica de un lecho móvil y, por tanto, sometido a una constante modificación de su trazado y de su forma; ni presenta la orilla cóncava de los meandros, con erosión predominante, mientras que en la orilla convexa situada enfrente se acumulan los aluviones.

Su trazado de geometría curva, muy marcada y regular, describe 360º desde que entra por el N su lecho y se ajusta a los roquedos paleozoicos, hasta que sale en dirección S después de describir esa curva con forma de omega a lo largo de más de 700 m durante los cuales el cauce del río es un lecho de erosión y ocupa todo el fondo del valle (Fig. 45).

Esta característica de fondo de valle estrecho, muy encajado, que ocupa el río prácticamente en su totalidad no es exclusiva del río Cúa entre la mencionada localidad de Cariseda y San Pedro de la Abadía, ya que es común en muchos tramos de los ríos principales y afluentes de la Sierra de Ancares. En ellos, aunque el vector de dirección sea de N a S, es decir, hacia el centro de la cubeta de El Bierzo desde sus bordes montañosos, lo hacen siguiendo una sucesión de tramos curvos mediante los cuales inciden y cortan las estructuras paleozoicas sin apenas dejar espacio en el fondo de valle más que para el escurrimiento del río. Esa disposición hace que se pase directamente de la margen fluvial al pie de la vertiente con laderas muy pindias, con lo que se imposibilitan los usos tradicionales y el poblamiento en esos tramos debido a la falta de espacio útil, desplazándose éstos a rellanos a media ladera o a las áreas interfluviales.

La explicación a tal comportamiento de la red fluvial y a ese singular trazado de los ríos se puede referir, por una parte, a que el tramo de curvas más pronunciadas podría corresponder al mantenimiento de un antiguo trazado *meandriforme* del *paleo-Cúa*, cuando el drenaje se dirigía ya hacia el S, es decir, hacia el Sil, aunque aún poco definido y con escasa pendiente longitudinal. El encajamiento posterior mantiene el trazado curvo inicial, hundiéndose enérgicamente en la estructura y generándose la *garganta epigenética* actual que tendría el carácter de una *sobreimposición*. Algo parecido al comportamiento de los ríos Sil y Boeza antes de su confluencia al trazar las *gargantas epigenéticas* situadas aguas arriba de Ponferrada cuando se encajan en los granitos de Montearenas (Redondo Vega et al., 2002e). Sin embargo, en la *sobreimposición* suelen conservarse restos de los aluviones depositados sobre el zócalo en los que el río primitivo trazó los meandros y cuya geometría curva se mantiene, a medida que se levanta el zócalo con su recubrimiento aluvial; y eso no ocurre en las curvas del río Cúa en Cariseda (sí quedan, sin embargo, en el caso de las gargantas del Sil y Boeza mencionadas anteriormente; Fig. 10).

Por otra parte, este fenómeno se puede explicar considerando que el aumento de la curvatura del meandro haya sido progresivo a medida que se ha ido encajando el cauce en el valle. En este caso, la tendencia natural sería un estrangulamiento del meandro, dejando un monte cónico y aislado del cauce que recobra entonces su trazado rectilíneo. En apoyo de esta hipótesis destaca el escaso desarrollo del fondo de valle plano, que podría indicar un rejuvenecimiento del relieve paralelo al encajamiento del río. Algo parecido ocurre en afluentes del río Selmo, subafluentes de río Ancares, o del río de Penoselo, afluente también de éste, antes de la confluencia con el Cúa; en él, una marcada curva de más de 300°, por la que se encaja en los mismos materiales, ha sido cortada por el río y ese tramo curvo de valle encajado queda suspendido en su margen izquierda indicando un posible y antiguo trazado curvo.

Figura 45. Curva en forma de omega del río Cúa desde el E; el río discurre oculto por la vegetación de derecha a izquierda de la imagen.

46

Garganta del río Ancares

Aguas abajo de Sorbeira el valle del río Ancares se estrecha y cambia notoriamente la dirección NO-SE que lleva en el valle principal de Ancares a la N-S, que ya no abandonará hasta su desembocadura en el río Cúa del que es afluente (Redondo Vega, 2006b). Este cambio de dirección se repite también al E, en el valle del río Cúa y, al O, en el del río Burbia.

En el caso de valle del río Ancares, tiene una clara influencia estructural, pues coincide con la convergencia de dos fallas: una de dirección NO-SE que sigue todo el valle principal, con otra OSO-ENE que disloca la estructura desplazando la cresta del afloramiento de cuarcitas 250 m hacia la derecha del plano de falla; estas fracturas individualizan y delimitan el bloque de Amatua (969 m) en cuyo extremo meridional la amplia vega del valle de Ancares desaparece dando paso a la garganta. Así, a partir de ese punto las cuarcitas que afloran desde Sorbeira, siguen en dirección N-S flanqueando la parte alta de la vertiente del valle del río Ancares a lo largo de toda la garganta.

Ese cambio de dirección se traduce en un profundo encajonamiento del río sobre las estructuras paleozoicas, las pizarras ordovícicas, a las que corta de forma transversal, probablemente siguiendo líneas de debilidad en esa dirección. Se genera así un tramo de más de 7 km, entre la confluencia del arroyo de Lumeras, por la margen izquierda, y el de La Bustarga, por la derecha, en el cual el *talweg* aparece flanqueado por vertientes muy inclinadas y escarpes rocosos sin espacio entre el pie de vertiente y el margen fluvial, constituyendo uno de los enclaves más inaccesibles y, por ello, menos transformados por la acción antrópica de todo el territorio provincial.

En una gran parte de ese tramo el cauce es con frecuencia un lecho erosivo (Fig. 46), en el que apenas quedan restos de aluviones pues a la falta de espacio se une la facilidad con la que el río, muy caudaloso sobre todo en los deshielos, los evacúa aguas abajo gracias a la fuerte pendiente. En el lecho se suceden pozos (a veces de varios m de profundidad), rápidos y pequeñas cascadas cuando se atravie-

Figura 46. Embocadura septentrional de la garganta del río Ancares donde el lecho erosivo del río se encaja fuertemente en las pizarras del Paleozoico inferior.

san las areniscas cuarcíticas, pero sin espacio apenas en los márgenes, pasándose de la orilla del río a pie de la vertiente escarpada sin solución de continuidad.

La angostura del fondo de valle que ocupa en su totalidad el río, hizo imposible el aprovechamiento agrario de ese espacio y lo desplazó, así como al poblamiento, a alguna confluencia de valles laterales como en La Bustarga, o a los rellanos situados a media ladera que es donde se ubica el núcleo de Villarbón, pero a 1100 m de cota, mientras que el río pasa a 720 m; así, la Peña Palombeira (1068 m), situada frente a ese núcleo en la margen izquierda, domina también desde 350 m el lecho del río situado en sus pies. De lo anfractuoso del relieve da idea que sean sólo estos dos núcleos citados los únicos asentamientos de todo ese espacio, mientras que, al N, en el valle de Ancares, todo el poblamiento se sitúa en el fondo de valle, donde hay espacio suficiente para ubicar los núcleos y el aprovechamiento agrario principal.

El desnivel que salva el río es de unos 170 m en esos 7 km y el vector de dirección es N-S, siguiendo la pendiente regional hacia el Bierzo-Sil, pero con frecuentes cambios y quiebros para sortear los afloramientos más resistentes (Peñas del Diablo), con vueltas y *meandros encajados* de casi 360º, pero que enseguida recobra su dirección hacia el S.

47

Las terrazas fluviales del río Boeza

El río Boeza nace al pie del pico Catoute (2112 m) y discurre en su tramo superior por un valle, que tiene caracteres de artesa glaciar, hasta la localidad de Colinas de Campo de Martín Moro. Desde Igüeña está relativamente encajonado en las rocas estefanienses hasta Folgoso de la Ribera, punto a partir del cual entra en los sedimentos cenozoicos de la cubeta de Bembibre ampliándose el valle notablemente. Es en su curso bajo, cuando drena la cubeta en sentido NO-SE, donde el río Boeza ha formado unas *terrazas fluviales* cuya superposición dan al relieve una marcada horizontalidad (Fig. 47) y transforman el valle, hasta entonces encajado, en otro mucho más espacioso, de fondo plano, sólo dominado por los taludes que separan los distintos niveles de las terrazas. Esta morfología de relieve plano escalonado contrasta con la verticalidad de unos bordes montañosos enérgicos que la confinan sobre todo al N y al S (Redondo Vega et al., 2002d, 2002e).

Por encima de la superficie por la que circula el río actualmente, se gradúan cuatro niveles de terrazas, bien *escalonadas*, bien *encajadas*, que se disponen de forma asimétrica a ambos flancos del valle y que resaltan sobre la *llanura de inundación*. De esos cuatro niveles de terraza el más antiguo, el nivel superior (T1), es el más desarrollado de todos, solo se conserva en la margen derecha del valle donde tiene una gran continuidad. Desde él se domina el valle principal a partir de la localidad de Folgoso de la Ribera hasta cerca de Bembibre. La terraza comienza aproximadamente en el km 8,5 de la carretera local LE 5312, donde la cota está en torno a los 860 m, y se extiende de manera continua, a lo largo de 5,3 km, hacia el SO hasta el Cuerno de La Gándara 787 m, lo que le da una pendiente media del 1,3%. De anchura variable, pues sus bordes están recortados por las cabeceras de arroyos (sobre todo hacia el O), es en la parte intermedia donde alcanza su mayor amplitud (1,6 km en Las Gándaras). Más hacia el O, este nivel vuelve a aparecer suspendido, sobre la cota de 700 m y en ambas márgenes del tramo inferior del afluente río Noceda al N de la localidad de San Román.

Por debajo de T1 se localiza el segundo nivel (T2), que es el menos desarrollado de todos, o el que menos se ha conservado, pues sólo se aparece sobre el flanco de la margen izquierda del valle del río Boeza donde restan pequeños enclaves aislados al SE de la localidad de Matachana. También algunos rellanos, sobre la cota de 740 m, situados entre Folgoso de la Ribera y La Ribera de Folgoso, podrían atribuirse a este nivel T2.

Entre Folgoso de la Ribera y casi la confluencia con el río Tremor, a lo largo de más de 7 km, se extiende el nivel de la terraza T3 sobre la margen derecha del valle. Se trata de una terraza que presenta una gran continuidad pues está perfectamente delimitada por un escarpe neto que sirve de transición topográfica al nivel de terraza superior T1. Este talud, perfectamente perfilado, está formado por conglomerados neógenos, limos y arcillas, a veces difíciles de distinguir de los que constituyen los niveles de terraza. La terraza T3 también podemos localizarla en la margen izquierda del río, pues es bien visible frente a la localidad de Bembibre entre Viloria y Matachana donde alcanza su máxima anchura y desarrollo.

Por último, el nivel de terraza T4 forma una superficie prácticamente continua en la margen derecha, desde La Ribera de Folgoso a Bembibre y destaca por haber sido tradicionalmente localización preferente del regadío y, por ello, de los usos agrarios más intensivos de los núcleos rurales que soporta. La terraza también enlaza con las del curso bajo del río Noceda y del arroyo de las Vegas. Este nivel es frecuente que en muchos puntos se diferencie mal de la *llanura de inundación* que constituiría la T5, ya que entre ambas superficies hay solo un escalón de 2 a 3 m, casi siempre degradado debido a los aprovechamientos agrarios.

Estas terrazas forman morfoestructuras constituidas por sedimentos recientes de poco espesor que reposan horizontalmente recubriendo totalmente el sustrato que forman otras litologías detríticas más antiguas o bien, sobre rocas del zócalo paleozoico (como ocurre en la raíz de la T1).

El análisis más detallado de las terrazas del Boeza permite observar diferencias fundamentales entre los niveles más antiguos y los más modernos, que implican cambios en la dinámica que las generó y que las asignemos a una u otra tipología. Así, las terrazas T1 y T2 están *escalonadas* respecto a la T3, es decir, son menos potentes y el talud intermedio muestra la roca del sustrato (conglomerados terciarios o zócalo paleozoico), lo que implica el predominio de la excavación sobre la colmatación. Por el contario, las terrazas T3, T4 y T5 están *encajadas*, es decir, en el talud que las separa solamente aparece el material de la propia terraza, lo que implica el predominio de la colmatación frente a la incisión. Tal organización de las terrazas altas y bajas, por lo demás común a otros lugares del Bierzo, nos indica, sin duda, que a lo largo de su construcción el curso fluvial ha visto mermada su capacidad para incidir y erosionar los aluviones previamente sedimentados, seguramente porque cambió su régimen y como consecuencia vio reducido progresivamente su potencial morfogenético (Redondo Vega, et al., 2002d; 2002e). Ello también presupone que una vez establecidos los niveles superiores (T1 a la T2) ya se ha producido gran parte del encajamiento cuaternario de la red fluvial en la zona.

En todo caso, la actual configuración de los valles fluviales de nuestra región en su curso medio y bajo, y el del río Boeza no es excepción, se caracterizan por estar flanqueados de terrazas fluviales. Estas formas de relieve se ubican suspendidas a decenas de m sobre el lecho actual (a veces a más de un centenar de m) y separadas de las equivalentes pero opuestas en la otra vertiente por ensanchados valles, lo que supone la existencia de varias etapas de estabilidad o de colmatación a las que suceden otras más inestables en las que prima la incisión, alternancias que pueden estar relacionadas tanto con cambios climáticos a lo largo de Pleistoceno, o incluso anteriores, como con movimientos tectónicos que afecten a su zócalo (García Fernández, 2006).

Figura 47. Terrazas del río Boeza desde Folgoso de la Ribera.

48

Lecho móvil del arroyo de Santibáñez

El arroyo de Santibañéz es uno de los afluentes del río Bernesga por su margen derecha que drena un sector de los *páramos detríticos* que forman la superficie del *glacis* finineógeno de conglomerados de la zona de Camposagrado. El arroyo nace en torno a la cota 1080 m y se extiende en dirección ESE 8 km hasta confluir en el Bernesga. A lo largo de ese trayecto va cortando una serie de rellanos aislados que, a modo de terrazas escalonadas (4 muy marcados), conforman toda la vertiente del asimétrico valle (sólo presenta niveles de terrazas en su margen derecha) del río Bernesga entre La Robla y León. Se trata de un cauce con un régimen estacional muy marcado que presenta una morfología de *cauce trenzado* (*braided*) especialmente el tramo de 1,4 km a partir de la confluencia con el arroyo de La Tejera. Es similar a otros de la zona como el Riosequín situado al S, o el paradigmático arroyo del Valle de Cuadros situado al N. En ese segmento mencionado el arroyo de Santibáñez circula dividido en varios cauces entrecruzados a los que separan *barras de sedimentos* (Fig. 48) que después de cada crecida pueden cambiar de posición y dimensión, es decir se trata de un *lecho móvil*, de morfología trenzada, aunque en la actualidad debido a diversos factores esta dinámica ha desaparecido prácticamente.

En primer lugar, en la foto aérea de 1956-57 todo el arroyo de Santibáñez (no solo el tramo mencionado donde aún se aprecia esa morfología) presenta un cauce trenzado hasta esa localidad y, sobrepasada ésta, se prolongaba el *lecho móvil* hasta casi 1 km aguas abajo del pueblo más allá del puente del ferrocarril a Asturias. En segundo son visibles sectores del pie de vertiente de valle principal (margen derecha) con cárcavas funcionales y desprendimientos sobre los flancos del lecho móvil y que hoy en día son casi irreconocibles por la repoblación de coníferas y la densificación del brezal; también lo son en algún barranco afluente, de escaso desarrollo pero muy fuerte pendiente en comparación con el principal y que desembocaban en el principal mediante un pequeño cono (Vallín del Gato); lo mismo que se aprecian en la cabecera del arroyo de la Tejera y del propio arroyo de

Santibáñez; todas esas marcas desnudas de vegetación visibles en la foto aérea nos indican que entonces había varios procesos activos capaces de aportar, de manera rápida, gran cantidad de material al cauce principal que los movilizaba tras cada crecida estacional o excepcional, adquiriendo una morfología de *lecho trenzado*, es decir, un lecho caracterizado por su alta sinuosidad pero baja multiplicidad.

Por otro lado, la mayor parte del interfluvio septentrional del valle y de la ladera orientada a mediodía estaban ocupadas por los cultivos de año y vez de cereal, hoy inexistentes salvo puntos muy aislados. Además, las repoblaciones de coníferas, el pinar de Camposagrado de su cabecera, apenas había iniciado entonces su repoblación.

La densificación de la vegetación por el cambio de usos agrarios y el abandono de cultivos tradicionales han influido de manera determinante en la dinámica geomorfológica del *lecho trenzado* del arroyo de Santibáñez. Por un lado, se ha frenado la escorrentía en las zonas de cabecera de su cuenca vertiente, lo que implica menor capacidad de incisión/erosión de sus aguas y menor velocidad de estas. Con ello disminuye la capacidad de movilizar sedimentos, es decir, hay menos material disponible y la abundancia de éste es fundamental para que se desarrollen *cauces*

Figura 48. *Lecho móvil* del arroyo de Santibáñez 2 km aguas arriba del pueblo en avanzado proceso de colonización vegetal; toda la ladera del fondo que ahora ocupa el matorral denso estaba totalmente cultivada a finales de los años cincuenta del pasado siglo. A la derecha antiguas cárcavas en el conglomerado cenozoico que caían directamente al cauce principal.

trenzados. Pero es que, además, también hay menos agua, es decir menos caudal, porque una parte importante del agua que antes generaba escorrentía la retiene y absorbe la cubierta vegetal que ahora es mucho más extensa y densa. Todo ello implica que los habituales *picos de crecida* que estacionalmente se producían y que hacían del cauce trenzado algo móvil y cambiante, hoy han desaparecido debido a los cambios de uso de suelo que han tenido lugar en su cuenca, salvo casos muy excepcionales de periodos de intensas lluvias en los que el suelo ya está saturado.

A pesar de los signos de estabilización que presentan estos arroyos, los antiguos lechos siguen teniendo un uso muy marginal y nunca fueron ocupados por el poblamiento debido a ser zonas muy inestables e inundables. Eso ocurre aguas abajo de Santibáñez que nunca tuvieron un uso agrario y menos para los asentamientos. También es el caso del arroyo de Riosequín aguas abajo del puente de la carretera a Cuadros (LE 4514, km 1) a partir de la cual (Las Pizuelas) el sector conserva la forma de tosco abanico aluvial que se apoya sobre la terraza baja del río principal y donde los antiguos *canales braided* han desaparecido, pero sigue teniendo un uso marginal y constituye un espacio vacío en la trama urbana continua que va de Lorenzana a Santibáñez.

Lecho móvil del río Valseco

Aguas abajo del pueblo de Valseco, y a lo largo de unos 1300 m, el río transforma su modelo de cauce con canal único a otro con múltiples canales, hasta la cola del embalse de Matalavilla (Redondo Vega, 2006c). Esta morfología, hoy solamente presente en ese tramo, ocupaba un sector más amplio hasta el escobio que atravesaba el rio y donde hoy está construida la presa del embalse; este hecho se puede observar con nitidez en la foto área del vuelo americano de 1956-57, sobre todo en un tramo de casi 2 km entre la actual cola del embalse y la vertical del pueblo de Matalavilla. En la foto aérea se observa que el resto del valle, hasta la actual presa, ya tenía un uso agrario tradicional y aunque el lecho del río seguía siendo trenzado, se identifican muchos sectores de antiguos canales (sobre todo en la margen derecha) muy estabilizados y colonizados por la vegetación.

El valle estuvo ocupado por una importante lengua de hielo (Redondo Vega, 2002a, 2002f), que en la zona del escobio citado tenía un espesor de casi 200 m, como indica la *transfluencia* hacia el valle de Salentinos (Santos González, 2011) que dejó las estrías y el pulimento de las pizarras paleozoicas a 1061 m en el collado de la margen izquierda del valle, a la altura de la presa; o el importante depósito *glacio-lacustre* de Matalavilla, situado enfrente del sitio, en la margen derecha del valle y que implica la obstrucción del escurrimiento de las aguas por la lengua de hielo y la sedimentación del mismo en aquel ambiente lagunar (Redondo Vega et al., 2002c). La retirada de las lenguas glaciares hacia cotas más altas, dejó una gran cantidad de sedimentos fluvioglaciares que colmataron el antiguo valle *pre-glaciar*, favoreciendo las condiciones para la instalación de un régimen fluvial de este tipo debido a la escasa pendiente y abundante carga depositada procedente de los sucesivos frentes glaciares.

Estos *lechos móviles trenzados*, se caracterizan por su baja sinuosidad y alta multiplicidad de canales y son típicos de cursos fluviales con escasa pendiente longitudinal y transporte de una gran carga de sedimentos. Por eso, a menudo, se instalan en las zonas del entorno del frente glaciar, como parece ser el caso, de acuerdo a los restos de origen glaciar señalados. El río Valseco, forzado a circular por múltiples canales, sumado a la alta capacidad de infiltración de los sedimentos gruesos acumulados en sus lechos, se secaba habitualmente en los estíos y seguramente de ahí proceda el hidrónimo. Mientras que durante los periodos de lluvias y los intensos deshielos (su cabecera es de las zonas de mayor pluviosidad de la provincia), se reactivaba la circulación trenzada modificando canales y barras fluviales y funcionando como un lecho móvil muy activo (Fig. 49).

Esta dinámica, a día de hoy, está muy amortiguada, al haber sufrido el valle un notable cambio en los usos del suelo con el abandono absoluto de la actividad agraria. El río muestra una mínima capacidad para movilizar sedimentos, de tal modo que solo en eventos muy excepcionales (las crecidas del otoño de 2006, por ejemplo) se produce una re-movilización de los aluviones y una activación, efímera, de la dinámica de los canales.

Figura 49. *Lecho móvil* del río Valseco en la confluencia con el embalse de Matalavilla a la derecha de la imagen con la activación de los canales después de una época de lluvias.

50

Los conos aluviales del valle del río Luna

Aunque no son exclusivos del valle del río Luna pues ya fueron estudiados sus caracteres morfométricos en los valles del Torío y del Curueño (Gómez Villar et al., 2000), es en el valle bajo del río Luna donde adquieren una relevancia especial. En este sector del piedemonte cantábrico compuesto por los conglomerados cenozoicos, los ríos principales, como el río Luna, recorren valles amplios de fondo plano en los cuales desembocan una serie de barrancos que drenan los sucesivos interfluvios de los principales cursos fluviales. En la confluencia de ambas unidades, fondo de valle y barranco, se depositan conos aluviales, algunos de considerables dimensiones.

Los conos se distribuyen de acuerdo a dos variables estrechamente relacionadas entre sí la *litología* y el área deposicional. En relación con la litología se desarrollan en zonas con materiales incoherentes como es el caso de los conglomerados cenozoicos de la zona, fácilmente erosionables y susceptibles de generar grandes cantidades de sedimentos que, debido a la fuerte pendiente, son transportados por los barrancos y depositados en forma de conos.

Por lo que se refiere al área deposicional, los conos se localizan en mayor número y son de mayores dimensiones en aquellos puntos donde se produce un mayor desequilibrio entre la pendiente de los barrancos tributarios y la del cauce principal donde desembocan, de hecho, este factor, junto con la dimensión de la cuenca controlan su desarrollo y, por tanto, su tamaño (Gómez Villar et al., 2002). Así, la mayoría de los barrancos que drenan los interfluvios en el curso bajo del río Luna desembocan en el valle principal sobre la terraza baja de éste (o su llanura de inundación) formando un cono aluvial. La mayoría de las cuencas de estos barrancos son cuencas de elevada densidad de drenaje sobre conglomerados poco coherentes que fácilmente se descomponen en arenas y gravas, con una dinámica localmente muy activa, a lo que hay que sumar los arrastres desde los pequeños deslizamientos, desde las roturaciones para tierras de cultivo, o de las incisiones de minería aurífera romana, que han suministrado grandes cantidades de sedimentos para la formación de los conos.

Figura 50. Cono aluvial de Vallegrande en Mataluenga, arriba, visto desde su flanco N. A pesar de su escasa pendiente destaca netamente sobre el nivel casi plano de la terraza baja del río Luna sobre la que se apoya, ocupada por cultivos. Abajo, detalle de la estructura interna del mismo en el frente de una explotación de áridos abandonada.

La mayoría no son funcionales y solo en periodos de prolongadas precipitaciones pueden restablecer un caudal suficiente como para arrastrar materiales y depositarlos en torno al canal del cono. En la actualidad solo uno de ellos situado 1,6 km al N de Mataluenga es capaz aún de movilizar material después de periodos de fuertes precipitaciones. Es más, la ausencia de una dinámica deposicional hace que estén casi siempre incididos en su canal y que hayan sido lugares de localización del poblamiento que en esa posición se veían a resguardo de las crecidas y desbordamientos habituales del río Luna, antes de su regulación por los embalses situados aguas arriba; tal es el caso de pueblos como Rioseco de Tapia o Espinosa de la Ribera.

En otros casos, como el situado entre los dos núcleos citados, o el que se localiza al N de Secarejo, no han sido asentamiento del poblamiento pero sí de un intenso uso agrario que ha desmantelado parcialmente la morfología original que a veces sólo se percibe en la disposición radial de las fincas a partir del ápice del cono o, en todos los casos incluidos los que soportan un pueblo, porque la carretera comarcal que los cruza de S a N asciende al llegar al cono y vuelve a descender al nivel de la terraza fluvial una vez sobrepasado el mismo.

En todo caso, frente a los usos intensivos de los espacios agrarios del fondo de valle, los conos siempre han tenido un uso muy marginal, localizando en ellos segundas residencias (Valdecorrales), granjas (Cordemoros), vertederos incontrolados, cementerios, colmenares (Vallegrande), incluso han sido objeto de explotación como canteras para la obtención de grava y arena (Vallegrande, Fig. 50).

Las fotos aéreas de los años 40 y 50 del siglo pasado revelan que una superficie importante de la cuenca de estos barrancos eran tierras de cultivo de secano de *año y vez*, lo que facilitaba el aporte de sedimentos hacia los conos. Conos como los situados al N de Mataluenga (a la salida de los valles de Valdecorrales y Vallegrande), o de Espinosa de la Ribera, aparecían con sectores amplios en torno al canal central desprovistos de vegetación y con sedimentos recientes sin cubrir por la vegetación natural, es decir, eran funcionales desde el punto de vista geomorfológico. El abandono de aquellos cultivos, y la colonización vegetal de esas superficies, ha mermado en un porcentaje muy elevado tal aporte, lo que coincide en el tiempo con la estabilidad de los conos.

51

Las arenas *versicolores* en Bobia

En la zona de contacto entre la montaña y la cuenca sedimentaria, o bien en las estribaciones de los materiales más antiguos del zócalo al N de la provincia, aparecen unos afloramientos discontinuos, y a menudo fácilmente distinguibles por la presencia de cárcavas y ausencia de vegetación, de rocas arenosas de colores vivos que han sido tradicionalmente explotadas como áridos y que se extienden a lo largo de 60 km, sobre todo desde el E de Boñar, hasta cerca de Riello.

El interés que tienen estas rocas es su singularidad dentro del contexto morfo-estructural de León ya que se presentan como una especie de surco (Llopis Lladó, 1950) excavado por los arroyos subsecuentes tributarios de los principales ríos y, a la vez, como un eslabón intermedio entre la abundancia y diversidad de los roquedos paleozoicos (y aún más antiguos) del zócalo, situado al N, que conforman la montaña leonesa, y los más monótonos sedimentos terciarios y cuaternarios de la cuenca sedimentaria situados más al S.

Las arenas cretácicas en esta zona (Fig. 51) se disponen estructuralmente discordantes sobre el zócalo de materiales precámbricos y paleozoicos con buzamientos variables comprendidos entre 30° y 60°, y direcciones de buzamiento hacia el S y SE. Su origen fluvial hace que presenten estructuras ligadas a la sedimentación en ese tipo de entornos, lo que incluye niveles y lentejones de gravas (a veces con cantos de cuarzo y también de pizarra precámbrica), estratificaciones cruzadas, surcos y canales, secuencias con grano-crecientes y contactos erosivos.

La presencia de material más fino con las arenas, arcillas y limos, indica una larga evolución temporal, durante la cual han tenido que estar sometidas a la alteración de sus componentes minerales, de acuerdo con unas determinadas condiciones bioclimáticas. Así, las arcillas blancas indicarían una génesis bajo condiciones de alternancia de estación seca/húmeda, mientras que pequeñas variaciones en la composición mineral y su proporción concreta en un determinado momento, explicaría esa diversidad de color ya que, probablemente, estas arenas han experimentado y sido soporte de muchos procesos edafo-genéticos a lo largo de su historia, que han transferido esos minerales al sedimento original, transformándolo en *versicolor*.

En la actualidad solo tiene actividad extractiva la situada al E de Tapia de la Ribera en el valle del río Luna; en las últimas décadas la elevada demanda de áridos para construcción y obra pública, hizo que se abrieran canteras para la extracción de estas arenas en casi todos los afloramientos, canteras hoy abandonadas y que suelen tener su fondo ocupado por lagunas permanentes (Redondo Vega et al., 2018).

Figura 51. Las bermas escalonadas de una de las canteras de las arenas cretácicas en Bobia permiten la observación de uno de sus caracteres más peculiares: su condición *versicolor*, febrero de 2017.

Endorreismo
de los *páramos detríticos*

Cuando las aguas procedentes de la escorrentía quedan encerradas y sin salida, afluyendo todas en su punto más bajo y sin conexión con la red fluvial, se dice que existe *endorreísmo* y las lagunas que así se han formado se denominan *endorreicas* (Redondo-Vega et al., 2018). La mayoría de las lagunas de la zona meridional de León cumplen esas características, como las localizadas en los interfluvios entre los ríos Órbigo y Bernesga, o las de la comarca de Los Payuelos en el interfluvio Esla-Cea. En ese sector son muy numerosas, aunque casi siempre tienen un carácter efímero, o al menos estacional, a pesar de lo cual su interés ambiental está fuera de duda y por ello muchas (la mitad de las 39 catalogadas en León), tienen un rango de protección como humedales y se incluyen en esta categoría.

Dado que su principal aporte de agua son las precipitaciones, a lo largo del año hidrológico sufren una continua transformación comenzando a llenarse en otoño y alcanzando casi siempre su mayor nivel en pleno invierno, situación que se prolonga hasta bien entrada la primavera beneficiándose de las lluvias de esta estación. Solo aquellas que tienen algún pequeño aporte freático, y que presentan una mejor impermeabilización de su vaso por las arcillas, son capaces de subsistir al periodo de 4 o 5 meses de aridez. Con la llegada del estío, la marcada aridez de estas zonas endorreicas del S de León impone su déficit de agua a nivel del suelo y, rápidamente, bajan de nivel hasta transformarse en charcas, lavajos o tollas, secándose en primer lugar las más someras. En pleno verano, las lagunas de mayor entidad presentan una vegetación de juncos de agua, destacando el *Eleocharis palustris* que contrasta netamente con los cultivos de cereal de secano que las rodean por completo; en invierno los restos secos de la vegetación del año anterior también contrastan cromáticamente con los campos de cereal sembrados o el barbecho (Redondo-Vega et al., 2018).

Casi siempre aparecen aisladas, aunque a veces se trata de verdaderos focos de *endorreísmo* en los que las lagunas se disponen de manera geminada (lagunas de Villagán y Vallejos en San Miguel de Montañán). Otras veces el foco endorreico es más amplio y en muy poco espacio se localizan varias lagunas de diverso tamaño, como al O de Valverde Enrique, donde se conservan 7 lagunas en una superficie inferior a 1 km², que forman un verdadero complejo lacustre en el que algunas de sus lagunas (laguna Grande, laguna de Picos, laguna de Linos y laguna Cifuentes) están consideradas como Zonas Húmedas de Interés Especial, así como la laguna Grande de Bercianos del Real Camino (Fig. 52); todas ellas constituyen hábitats idóneos para aves acuáticas y son refugio de aves migratorias.

Son relativamente frecuentes en la parte más meridional del interfluvio Esla-Cea, que es donde este alcanza una mayor extensión: 40 km entre Valencia de Don Juan y Sahagún. Este amplio espacio se caracteriza por la presencia de extensas áreas de escasa pendiente que han quedado muy alejadas de esos dos colectores principales, lo que ha dificultado el avenamiento y la organización adecuada y jerarquizada del drenaje. Si, además, los principales arroyos que drenan gran parte del interfluvio lo hacen de manera paralela al valle principal del Esla (Ferreras Chasco, 1981), la dificultad para que ese drenaje se haya organizado hacia los colectores principales ha sido muy grande.

Además, la escasez de caudal y la estacionalidad marcada de todos los arroyos tributarios, tanto del Esla como del Cea, son factores que coadyuvan a la escasa disección de estas superficies pandas del interfluvio (Redondo-Vega et al., 2018). Hay casos de estas lagunas someras que tienen su origen en fenómenos de captura fluvial y de reajuste del escurrimiento en las cabeceras de los arroyos (González Gutiérrez, 2002b), como ocurre en algunas de las localizadas en la parte septentrional de los interfluvios de los *páramos detríticos* (Lagunas de Fontanos y del Sesteadero).

La evolución morfogenética de los grandes ejes fluviales, con el paso de la acumulación de sedimentos en el piedemonte meridional cantábrico, a la incisión de los valles fluviales y el cambio morfo-climático que de ello se deduce (Redondo Vega et al., 2013), ha generado extensos interfluvios pandos: los *páramos detríticos*. En ellos las condiciones topográficas son muy favorables, con la presencia de pequeñas hondonadas que retienen las aguas de lluvia que es el fundamento del endorreísmo. Al condicionante morfoestructural hay que unir la presencia de litologías arcillosas cerca de la superficie que ayuda a su desarrollo, así como la disposición de éstas en bancos horizontales hacia el techo de los materiales cenozoicos, todo lo cual favorece la persistencia de la acumulación de aguas superficiales al impedir la infiltración de las aguas de las lagunas (Redondo-Vega et al., 2018).

Muchas de las lagunas que existían en el páramo leonés desaparecieron como consecuencia de la puesta en regadío de este espacio agrario en los años sesenta del pasado siglo y de los trabajos de concentración parcelaria llevados a cabo posteriormente. Lo más habitual es que se trate de aguas someras, lo que hace que muchas veces presenten una fuerte estacionalidad, carácter que sin duda ha facilitado su desaparición. Por eso se conservan mejor en aquellos sectores más septentrionales de los interfluvios de los ríos principales, los *páramos detríticos*, ya que, al no haber experimentado su transformación en regadío, ni estar afectados por procesos de concentración parcelaria, mantienen mejor las condiciones naturales. Es el caso de muchas lagunas ahora ocultas por las masivas repoblaciones de pinos (Vegaquemada, Camposagrado y Corcos). Por último, en algunas ocasiones, han persistido porque el hombre las represó artificialmente para utilizarlas como embalse para usos agrarios de su entorno más inmediato. Así ocurre en las lagunas de Chozas de Arriba y de Villadangos del Páramo (Redondo Vega et al., 2018).

Figura 52. Sector central de la Laguna Grande de Bercianos del Real Camino que ocupa una de las *depresiones endorreicas* de los *páramos detríticos* del S de la provincia.

53

La superficie de Brañuelas

Los procesos morfogenéticos casi siempre se caracterizan por precisar de largos periodos de tiempo durante los cuales se "construyen" los relieves. La persistencia de la morfogénesis como proceso general implica que sobre una misma morfoestrctura puedan actuar sucesivamente procesos y dinámicas que se desarrollan de acuerdo a unas condiciones bioclimáticas específicas pero que a lo largo del tiempo pueden ser cambiantes. Las huellas que van perfilando sobre las morfoestructuras su fisiografía en un momento dado, se superponen a las previas a las que difuminan, conjuntando el palimpsesto que observamos a menudo en la superficie de los relieves. Por eso es difícil rastrear muy atrás en el tiempo y ver cómo estaba configurado entonces el relieve pues, en ocasiones, se trata de *paleo-relieves* labrados durante largos periodos temporales, que han dado lugar a las sucesivas superficies de erosión, en ocasiones yuxtapuestas, aunque todas ellas hayan conseguido desarticular las morfoestructuras del macizo paleozoico generadas por la orogenia varisca y moldear el relieve que observamos.

A pesar del tiempo transcurrido, en la divisoria entre el Bierzo y la Maragatería se conserva una superficie de aplanamiento, *penillanura fundamental* (Solé Sabarís, 1983), que es la manifestación erosiva elaborada durante el Terciario a partir del antiguo macizo hercínico y que constituye hoy día la infraestructura de base que arma el relieve actual. No obstante, según la zona considerada de esa superficie de aplanamiento, la intensidad de los procesos erosivos y/o las deformaciones tectónicas alpinas que la han afectado, el aspecto con el que se nos presenta puede variar. Los movimientos alpinos recientes son los responsables de su individuali-zación hasta constituir un bloque hundido en relación al los flancos N y S que han quedado netamente en resalte por el desarrollo de fallas alpinas, o bien el rejuego de fallas de la tectónica varisca. Su tendencia al hundimiento progresivo facilitó su recubrimiento, parcial, por sedimentos terciarios (las facies rojas miocenas) hasta su arrasamiento, formándose la *superficie finipontiense* (Solé Sabarís, 1983). Más adelante se da un nuevo recubrimiento parcial por los depósitos plio-cuaternarios más recientes. Con el establecimiento de los cursos fluviales actuales, que tienden a encajarse recortando su superficie, llegamos a los tiempos actuales.

Los restos de aquella superficie de erosión antigua denominada *superficie de Brañuelas* (Birot y Solé Sabarís, 1954), labrada sobre las estructuras paleozoicas (Fig. 53), se localizan a ambos lados de la actual divisoria de aguas entre la cuenca del Miño-Sil (río Tremor) y Duero-Órbigo (río Tuerto), extendiéndose de forma continua en un sector entre las localidades de Montealegre-Manzanal del Puerto-Brañuelas-Tabladas. Morfológicamente constituye un relieve alomado, de formas pesadas y macizas (con culminaciones pandas que reflejan su origen en la superficie de erosión) y que pierde altitud progresiva hacia el O, desde los 1300 m a los 1200 m. Sobre ella se elevan una serie relieves residuales que culminan unos 100-200 m por encima como el Cueto San Bartolo (1312 m), el Manzarnoso (1336 m) y la Peña del Águila (1356 m), pero ni la altitud, ni los desniveles, nos hacen pensar en una zona de montaña, a pesar de tratarse casi del núcleo de los Montes de León aunque muy lejos de otros sectores de aquel paleo-relieve terciario levantado ahora por encima de los 2000 m como ocurre con el Teleno, el Vizcodillo, o el Pico Lago.

No tan alejados como los mencionados, aunque formando un mismo origen común, la alineación Gistreo-Suspirón al N y la del Redondal-Veiga-Obio al S, confinan en la actualidad el bloque semi-hundido que conforma los mejores restos de la *superficie de Brañuelas*. Por el O, aparece basculada (Redondo Vega et al., 2002d; García Fernández, 2006) y completamente diseccionada por la incisión y el encajonamiento cuaternario de la red del Sil/Tremor y sus afluentes; esto se puede apreciar nítidamente en el nivel continuo de más de 3 km, a 1120 m, entre Manzanal del Puerto y Montealegre donde, la erosión remontante de la red del Sil de las cabeceras del arroyo de La Silva se encajan profundamente en la antigua *superficie de Brañuelas* recortándola. En cambio, hacia el E, aunque también se dispone basculada, su superficie se hunde paulatinamente bajo los materiales terciarios de la cuenca del Duero, siendo recorrida por cursos fluviales estacionales que configuran la cabecera de río Porcos, afluente del Tuerto (Luengo Ugidos, 1992) en amplios valles inadaptados en relación a los cursos fluviales que actualmente los recorren (Brañuelas) como consecuencia de la pérdida de parte de su antigua cuenca vertiente a favor de los afluentes del río Sil.

Figura 53. En el plano intermedio la superficie de Brañuelas desde el S del pueblo homónimo.

54

La asimetría geomorfológica en la divisoria de aguas Eria-Cabrera

Al llegar al Alto del Carbajal desde la localidad de Truchas siguiendo la carretera local LE 126, se pasa a la cuenca del río Cabrera desde la del río Eria, al constituir ese enclave un punto de la divisoria de aguas principal entre el Duero y el Miño a través de arroyos de cabecera de sus respectivos sub-afluentes. Allí se tiene la impresión de asistir a un cambio neto del paisaje, por más que se conserven muchos caracteres comunes (la base lito-estructural es idéntica a ambos lados de la divisoria), pues los principales componentes del paisaje perceptual, sobre todo la línea y la forma, sufren una transformación drástica, lo cual quizá justifique de sobra la distinción que a menudo se hace entre la Cabrera Alta y la Cabrera Baja para una misma comarca de León. En la base de ese contraste está la muy diferente competencia, y el trabajo geomorfológico desarrollado, por las redes fluviales mencionadas que allí entran en contacto. Éstas se caracterizan por poseer un potencial morfogenético muy distinto que ha llevado a reajustes en sus dimensiones, incluyendo la captura fluvial de parte de la cabecera del río Eria por el río Cabrera.

La incisión del río Cabrera en el tramo comprendido entre Nogar y Santalavilla (que abarca la totalidad del *codo de captura*) sobre las morfo-estructuras, ha creado un fondo de valle angosto, donde el lecho en ocasiones ocupa, casi por completo, un fondo de valle dominado por vertientes muy escarpadas que lo imposibilitaron tradicionalmente para uso agrario. Por eso el poblamiento y los principales aprovechamientos agrarios se localizaron preferentemente a media ladera, en rellanos topográficos, presumiblemente conservados del paleo-relieve anterior al proceso de encajonamiento de la red y a la captura fluvial. Los pueblos de Santalavilla, Llamas de Cabrera, Castrillo de Cabrera, Odollo, Noceda de Cabrera, y Saceda, son magníficos ejemplos de esa localización a media ladera, en los *chanos* (Cabero Diéguez, 1980), algunos muy por encima del *talweg* del río principal. Pero también ocurre en los valles secundarios donde barrios de Silván, Sigüeya y Lomba se ubican a media ladera por la estrechez del fondo del valle del río Silván, lo mismo que Benuza y Sotillo de Cabrera en relación al valle del río Benuza.

Figura 54. El valle de Iruela (cabecera del valle del río Eria), frente al encajonamiento del colindante valle del Cabrera, muestra claras señas de *inadaptación* y constituir un *paleo-relieve* por la amplitud de las formas y el pequeño arroyo que lo drena.

La facilidad para profundizar en el relieve que demuestra la red del río Cabrera se explica fácilmente si comparamos sus elevadas pendientes longitudinales con las que presenta su contraparte que es el río Eria. Así en la zona del *codo de captura*, la confluencia del río Caprada con el Cabrera la cota es de 785 m, que baja a 360 m en su nivel de base, que es el Sil en el Puente de Domingo Flórez, en una distancia de algo más de 30 km. Pues bien, la red del río Eria (desembocando sucesivamente en el Órbigo, Esla y Duero), que en la zona de la captura está en Corporales a 1250 m, alcanzaría la misma cota de 360 m entre la actual presa de Bemposta y Fermoselle en Los Arribes, es decir, a casi 200 km de distancia.

Ello implica muy diferentes pendientes longitudinales en ambas cuencas y, por ello, un contrastado potencial morfogenético a la hora de esculpir los relieves. Tal disimetría en ambas cuencas vertientes es de suyo suficiente para desencadenar una intensa competencia por las cabeceras. Como resultado de ello, la red fluvial el río Cabrera ha ido capturando progresivamente, partes de cuenca y segmentos fluviales de su oponente, incrementando con ello su potencial (mayor cuenca vertiente, mayor caudal circulante), en detrimento de la cuenca de cabecera del río Eria que ve reducidas ambos en la misma proporción.

Ese comportamiento de las redes contiguas trasciende a la morfología de ambos valles imponiendo una marcada asimetría. En el valle del río Cabrera predominan las formas escarpadas aunque conserve aún espacios de menor pendiente en forma de rellanos a media ladera, los *chanos*, o en las culminaciones de muchos de sus cordales. El encajamiento de la red ha sido tan intenso que las vertientes de sus valles, tanto del principal como de los afluentes, son siempre de elevada pendiente (especialmente el tercio inferior de las mismas) y muy desarrolladas en relación con el fondo de valle, casi siempre angosto y estrecho, fruto de la profundización de los ríos en el macizo.

Por el contrario, en el valle del Eria predominan las formas redondeadas, pesadas y macizas; presenta desde su cabecera valles amplios de fondo casi plano, con vertientes de menor pendiente que enlazan suavemente con las culminaciones también pandas (Fig. 54). Los valles son drenados por arroyos de muy escaso caudal (o de carácter estacional) de muy pequeña entidad en relación al valle que recorren, lo que nos indica que estamos ante ejemplos de *inadaptación* como consecuencia de la pérdida de parte de su cuenca vertiente por efecto de la captura fluvial. Como contrapartida, el poblamiento y los principales usos agrarios del valle, se concentran en esa unidad de fondo de valle donde tienen suficiente espacio.

Es probable que las formas de relieve mencionadas para el valle del Eria, y aún algunos rasgos suspendidos sobre el actual encajonamiento del Cabrera, guarden mucha relación con el *paleo-relieve* que tuvo que tener esta parte del antiguo macizo antes de iniciarse los procesos de reajustes de las redes fluviales de disímil potencialidad morfogenética.

55

Captura fluvial del río Luna

Una *captura fluvial* es un proceso por el que un río de elevada capacidad de incisión (que normalmente guía el caudal circulante y su pendiente longitudinal) capta e incorpora a su red fluvial una parte de la cuenca vertiente de otra red vecina cuya capacidad es mucho menor. Como consecuencia del proceso, permanecen sobre el terreno una serie de evidencias geomorfológicas que lo indican como son: el encajonamiento del río de mayor capacidad, el *codo de captura* o tramo curvo donde se produjo la captura, el *valle muerto* del curso capturado y la inadaptación del curso que no ha sido capturado al valle fluvial por el que escurre. Es un fenómeno frecuente en redes colindantes con diferente pendiente longitudinal y, por ello, distinta capacidad para erosionar en los relieves. En León se han detectado en varios puntos de la divisoria de aguas de los afluentes de la red del Sil-Miño y los que vierten hacia la Meseta del Duero (Redondo Vega y Cortizo Álvarez, 1984).

Al O de la localidad de Piedrafita de Babia y antes de llegar a la zona del Puente de las Palomas, se localiza la divisoria actual de aguas Miño-Duero. Allí, el río Sil pasa encajonado más de 100 m sobre la antigua superficie erosiva fluvial del río Luna, el paleo-Luna. Se trata de una zona de elevada competencia entre corrientes fluviales de dos cuencas contiguas, pero de disímil capacidad para hender el relieve (García de Celis, 1997). La desigual pendiente longitudinal de ambas cuencas se deduce al comparar la distancia a la que se alcanza una misma cota en ambas. Así, la cota de 1250 m de la actual divisoria baja en el valle del Sil a 975 m en Villablino en 11 km. Sin embargo, para alcanzar esa misma cota, el río Luna necesita recorrer casi 43 km hasta La Magdalena. Semejante pendiente confiere a la red del Miño-Sil una enorme capacidad para hacer retroceder sus cabeceras incorporando sectores de cuencas vertientes adyacentes que, a su vez, incrementan la energía disponible al aumentar los caudales circulantes. Es decir, el río que captura, el Sil, dispone cada vez de mayor capacidad para abrir su cauce, mientras al capturado (río Luna) le ocurre lo contrario.

Figura 55. Rio Sil en el codo de captura aguas arriba del Puente de Las Palomas.

Como consecuencia de esos reajustes recientes de la red fluvial, en torno a las divisorias cuando se produce este fenómeno quedan elementos geomorfológicos testigos del mismo. Por ejemplo, el denominado *codo de captura*. Se trata de un tramo curvo, y muy encajado, en el cual el río principal cambia bruscamente de dirección respecto a la que tuvo el paleo-cauce. En este caso el paleo-Luna circularía de ONO hacia el ESE, mientras que a partir del *codo de captura* el Sil toma la dirección contraria hacia el ONO y este rasgo indica la zona donde se produjo la captura (García de Celis, 1997). Al papel decisivo que ha jugado en la captura el desnivel hacia la cuenca del Sil, ha contribuido también la presencia de fracturas del roquedo que arma el *codo de captura*, pues el agua cuando tiene que atravesar rocas competentes que se interponen, siempre busca el paso más favorable, es decir, las discontinuidades estructurales. Los planos de las fallas son muy visibles en el tramo intermedio. Las calizas de facies tableadas carboníferas aparecen fracturadas por fallas perpendiculares a la dirección de las capas NO-SE.

Otro elemento característico es el *valle muerto*, sector del antiguo valle fluvial que, como consecuencia de la captura, queda desasistido de la circulación fluvial y, por ello, se trata de un valle marcadamente inadaptado desde el punto de vista geomorfológico: amplio perfil transversal y dimensión, pero sin río, o con apenas un arroyo de muy reducidas dimensiones y capacidad. Es el caso del valle del río Luna en Piedrafita de Babia y que mantiene casi hasta la localidad de Huergas de Babia.

Vestigios de la *paleo-superficie* fluvial previa a la captura quedan, como consecuencia de ésta, suspendidos sobre el actual encajamiento del río pero que aún muestran una pendiente hacia el antiguo cauce. Así ocurre con varios rellanos entre 1300-1250 m en torno a la actual divisoria y al *codo de captura*. Incluso se pueden rastrear esos antiguos niveles fluviales netamente dentro del actual valle de Laciana (ermita de Nuestra Señora de Carrasconte) y que podríamos considerar restos de aquella paleo-superficie fluvial que vertía hacia Babia. La consecuencia de esto es una marcada asimetría morfológica entre ambas cuencas vertientes, o valles fluviales, a uno y otro lado de la captura fluvial y, por tanto, la acusada diferenciación morfológica entre las comarcas de Laciana y Babia.

Dado que este fenómeno se repite a lo largo de toda la divisoria principal de aguas entre las mencionadas cuencas fluviales, por su posición más alejada respecto del nivel de base de Sil podemos pensar que la captura del río Luna en el Puente de las Palomas (Fig. 55) no es más que el último episodio de un fenómeno de capturas generalizado y consecutivo que el río Sil (o sus afluentes como el río Cabrera, el río Nodelllos, río del Campo) ha ido realizando desde su confluencia con el Miño, hasta llegar casi a su cabecera. El río Sil iría sumando, e incorporando sucesivamente a su cuenca, primero El Bierzo, después la cuenca intra-montañosa de Páramo del Sil y, por último, el valle de Laciana, capturando y descabezando la cuenca alta del río Luna.

56

El puerto de La Magdalena

A unos 1400 m de altitud, y sirviendo de divisoria entre las cuencas del Duero a través del Omaña y del Miño mediante el Sil y su afluente el río Bayo, se encuentra el Puerto de la Magdalena, cuyo entorno tiene una configuración topográfica alargada, de SE a NO, de unos 1500 m de largo (entre la culminación de la subida desde el valle de Murias de Paredes y la confluencia del arroyo del Fasgarón que drena todo el sector en dirección NO) por 450 m de ancho por término medio. Su morfología aplanada de terrenos de suaves pendientes, contrasta vivamente con las vertientes montañosas que lo confinan en todas direcciones, estas sí realmente inclinadas. La escasa pendiente hace que una parte de su superficie presente un avenamiento poco definido, en especial su sector más a mediodía, donde incluso conserva un área endorreica que cubre una pequeña laguna de carácter estacional (Redondo Vega, 2007; Redondo Vega et al., 2006, 2007a).

El perfil longitudinal del río Bayo aguas arriba de Vivero, es mucho más tendido que el que tiene a partir de recibir por su margen derecha al arroyo del Fasgarón que se caracteriza por su encajamiento en los materiales que atraviesa. Además de cambiar la pendiente longitudinal también lo hace la dirección principal del escurrimiento, de tal forma que el río Bayo pasa a circular de O-E antes de la confluencia, a hacerlo hacia el NNE hasta la localidad de Los Bayos y, a partir de ahí, hacia el NO hasta su desembocadura en el Sil en Rioscuro.

Los cambios de pendiente y dirección mencionados se relacionan con el proceso de erosión remontante del río Bayo, consecuencia del más bajo nivel de base de la cuenca del río Sil de la que es tributario y de su mayor poder erosivo. Estaríamos ante un ejemplo más de competencia fluvial entre dos cuencas fluviales contiguas de muy diferente capacidad para encajarse en el relieve, es decir, ante una captura fluvial (Martín Galindo, 1949). Según esa interpretación, el puerto de la Magdalena sería una especie de resto del paleo-valle por el que debió circular el río Bayo y que constituiría una de las cabeceras del paleo-Omaña (García de Celis, 1997). Esta captura fluvial hay que relacionarla con otros testigos próximos como la captura por parte del río Sil de la cabecera del valle del río Luna (Puente de las Palomas). En el caso que estamos comentando la captura fluvial se puede apreciar al N del puerto, a partir de la confluencia de los arroyos del Puerto y del Fasgarón, donde este último sufre un brusco cambio de pendiente hasta su desembocadura en el río Bayo, existiendo un fuerte contraste entre el perfil suave del puerto y el encajamiento del arroyo sobre el que quedan suspendidas restos aplanados del borde de la superficie del puerto.

Figura 56. Detalle de las *ritmitas glacio-lacustres* cerca de la ermita de La Magdalena.

En todo caso, se trata de un proceso muy anterior al último que influyó en la configuración actual del relieve de la zona ya que, a lo largo del Pleistoceno, extensas y potentes lenguas de hielo se canalizaron por los valles de Vivero, Fasgarón y Omaña (García de Celis y Martínez Fernández, 2002). Así, la lengua glaciar que nacía al pie del Nevadín (2077 m) y se extendía por el valle de Vivero era de tal espesor, que desbordó a través de la superficie del puerto en dirección SE, produciéndose una *transfluencia glaciar* hacia el valle de Omaña y remodelando todo ese sector.

Una vez desencadenado el retroceso del glaciar, este queda confinado ya en el valle de Vivero unido al ramal que descendía por el valle de Fasgarón hacia el N. Tal disposición de las lenguas glaciares liberó de hielo la superficie del Puerto de la Magdalena pero, al mismo tiempo, impidió el avenamiento de las aguas de todo ese entorno en dirección N, generándose un lago en el margen del glaciar que ocupó toda la zona y en el que se formó un depósito *glacio-lacustre* (Redondo Vega et al., 2007a). Los restos que actualmente se observan de él se localizan tanto en el entorno de la ermita de la Magdalena, como cerca de las naves ganaderas que hay en el área central del puerto, así como en el cauce del arroyo del Puerto.

Se desconoce la potencia exacta del sedimento acumulado en el lago pero, por los desniveles de los vestigios que quedan dispersos tuvo que superar los 10 m. En la parte inferior del depósito están presentes capas basales limosas que reposan bajo lechos de arenas y limos y, por encima, capas limo-arcillosas con *dropstones* (Redondo Vega, 2006). Sobre éstos hay niveles de *ritmitas* limo-arenosas con estructuras de deformación (Fig. 56) y que se sitúan ya a techo del conjunto que termina con arenas y limos alternando en niveles más masivos y compactos (Redondo Vega et al., 2007a). Posteriormente, los arroyos del Puerto y del Fasgarón, y algunos regatos que en ellos desembocan, han excavado estos depósitos *glacio-lacustres* que ocupaban toda la llanura fragmentándolos, con lo que en la actualidad aparecen a diferentes cotas a ambos lados del valle.

La captura fluvial del río Tremor

Es un ejemplo poco conocido de reajuste de la red fluvial en la divisoria de aguas Miño-Duero por la competencia desigual que se desencadena entre los cursos fluviales de la cuenca vertiente a la red del Sil, con una gran capacidad de incisión en los relieves, frente a los que vierten aguas a la del Duero, de inferior poder de incisión al salvar menores desniveles y tener menor pendiente longitudinal.

Esa competencia se establece a medio camino entre las localidades de Espina de Tremor al O y Murias de Ponjos al E, en el extremo septentrional de los Montes de León. Como consecuencia, se ha producido la captura fluvial de los afluentes del río Tremor que han incorporado parte de la cuenca vertiente de la cabecera del río Valdesamario (Redondo Vega y Cortizo Álvarez, 1984).

La otra consecuencia es la marcada asimetría morfológica entre ambas vertientes, la del Bierzo y la de cuenca del Duero, de la que es responsable el fenómeno de la captura fluvial mencionado. Esa asimetría es siempre muy fácil de percibir en toda la divisoria Bierzo-Meseta a lo largo de los Montes de León, como en la bajada del Puerto de Manzanal (sector Montealegre-Manzanal del Puerto), o en la cabecera occidental del valle de Brañuelas donde éste aparece truncado por el encajonamiento del río Tremor.

Pero es en los entallados valles de los arroyos afluentes del río Tremor, a partir de Espina de Tremor, donde se hace más ostensible precisamente por lo reciente del fenómeno de captura. Se trata de un conjunto de valles de perfil trasversal en *uve*, de laderas muy inclinadas y pindias, por los que circulan los ríos en dirección SO (Redondo Vega y Cortizo Álvarez, 1984), hacia el colector principal que es el río Tremor. Por encima de esos angostos valles persisten una serie de colladas a una cota de 1200 m que se extienden de E a O formando las divisorias de los cursos actuales. Esas formas de relieve tan enérgicas se contraponen con las que hay hacia el E de la divisoria principal donde el relieve se compone de suaves vertientes y fondos de valle amplios y planos.

Figura 57. Vista del *valle muerto* de la captura fluvial al O de Murias de Ponjos.

Las diferencias son morfológicas más que de tipo estructural, pues en ambos lados se repiten los mismos materiales y con la misma disposición espacial. Lo que varía es la pendiente de los valles: el río Nodellos (afluente del Tremor) desciende 300 m de cota en 6 km, mientras el río Valdesamario ha de recorrer más de 15 km para descender los mismos metros de desnivel. Hacia el O, la elevada pendiente longitudinal de la red del río Tremor se debe al proceso de hundimiento de la *cubeta* del Bierzo y/o a la elevación de sus bordes montañosos, de ahí la competencia que se establece en las cabeceras con la red afluente del Duero y que las capturas fluviales sean un proceso generalizado.

En este caso cinco pequeños arroyos de cabecera del río Nodellos (afluente del Tremor) cambian bruscamente de dirección de N-S (que sería la antigua dirección que llevarían hacia la Meseta antes de la captura) a dirigirse hacia el O estructurando una red fluvial acodada, describiendo en cada uno de ellos un *codo de captura*. Al otro lado de la divisoria se extiende a lo largo de unos 3 km un *valle muerto* que, en su último tramo, cerca ya de Muria de Ponjos, muestra claros signos de *inadaptación*: un valle amplio, de fondo plano y sin circulación fluvial (Fig. 57). Y esa anomalía debida a la disminución de su cuenca fluvial por la captura, solo se enmienda en parte cuando este valle inadaptado se une al del río de la Sierra y forma el río Valdesamario aguas abajo de Murias de Ponjos.

El *paleo-valle* de Val de Enxertos

En el extremo SE de León, en el límite con la provincia de Orense, se extiende a lo largo de algo más de 8 km el valle de Val de Enxertos, que drena el arroyo homónimo directamente al río Sil en Cancela. Este valle, de dirección ONO-ESE, se caracteriza por su amplitud, incluso en su sector más alto, en relación con el arroyo exiguo que lo recorre, por su cabecera en "fondo de saco" y por aparecer topográficamente suspendido cuando se observa desde la collada de acceso a Las Médulas por La Barosa, al otro lado del colector principal de la región, el río Sil.

El valle está excavado en las pizarras silúricas que también forman su confín septentrional con el valle del río Selmo. La divisoria desciende, suave y sostenidamente desde la cota del extremo O de Filgueiras (969 m), hasta los 546 m en la confluencia con el Sil. Toda esa vertiente hacia Val de Enxertos, aparece diseccionada por un conjunto de pequeños arroyos estacionales que le confieren una forma recortada.

Por el S parece dominado por un enhestado escarpe de calizas del Paleozoico inferior que recorre todo el valle (Fig. 58); las cotas son más elevadas que en su cierre septentrional como A Tara (1107 m) y Penouco Grande (1032 m); pero, sobre todo, son más irregulares, pues las culminaciones aparecen delimitadas por fallas transversales que dislocan en altibajos la superficie del *chano* culminante que se presenta con un gran bloque compacto.

El afloramiento de este relieve calcáreo, conocido como Sierra de la Encina de la Lastra, se amplía notablemente en dirección SE y da lugar a la hoz de Covas cuando lo atraviesa el río Sil en el límite de las dos provincias. Las calizas que lo forman están intensamente *karstificadas*, siendo numerosas las formas de absorción concentrada, *dolinas*, en las culminaciones de la sierra, así como el desarrollo de cavidades subterráneas, tanto a un lado como a otro del valle del Sil (Redondo-Vega et al., 2015). El drenaje subterráneo es predominante, lo que se traduce casi en la inexistencia de arroyos superficiales que drenen la vertiente y marca una diferencia con la vertiente opuesta del valle, excavada en las pizarras. El resultado es una asimetría entre las dos laderas del valle, no solo lito-estructural sino también morfológica.

Además, su culminación es diferente ya que entre ambas divisoras hay un salto de unos 150 a 200 m, lo que hace suponer que el valle de Val de Enxertos no solo se adapta a los afloramientos y lito-estructuras paleozoicas conocidas, sino que es posible que lo haga también a una fractura que ha desnivelado la superficie inicial de esta zona del macizo paleozoico.

Val de Enxertos forma parte de extremo oriental de la Sierra del Caurel drenada hacia el Sil por el río Selmo y su existencia está ligada a la dinámica que han seguido estos dos cursos fluviales. Así, el valle del río Selmo es uno de los mejores ejemplos de encajamiento fluvial en un macizo antiguo de toda la red del Sil (Redondo Vega et al., 1997). El río, en su proceso de encajarse en el antiguo macizo, sigue las pautas que marca el río Lor, que drena por el O, mediante su encajamiento *epigenético* en la Sierra del Caurel, entendida esta como un sector de una antigua superficie de erosión basculada hacia el N (Birot y Solé Sabaris, 1954).

La explicación de la evolución morfogenética reciente del valle del río Selmo no es posible sin atender al comportamiento de la *cubeta* del Bierzo y los cambios en el trazado que la primitiva red del río Sil tenía en la zona; ello implica no solo a la *cubeta* del Bierzo sino a la situada aguas abajo (la de Valdeorras), según se desprende de multitud de indicios sedimentarios recientes que, a ambos lados del valle actual, aparecen suspendidos a decenas de m sobre el fondo de valle actual.

Figura 58. Las crestas de calizas devónicas de la Sierra de la Encina de La Lastra dominando por el S la cabecera del *paleo-valle*.

Así, es posible que el actual encajonamiento del río Sil en la hoz de Covas tenga que ver con la persistencia durante algún tiempo de la tendencia al hundimiento en el nivel de base del Bierzo, es decir, la *cubeta* de Valdeorras, mientras aquél ha permanecido relativamente estable; ello explicaría que el río Sil, entre ambas cubetas, haya modificado netamente su trazado, favorecido por rejuegos puntuales de los bloques del zócalo hasta adquirir su posición actual.

El rejuego de bloques que cierran el Bierzo por el S tuvo que desviar la red fluvial hacia el O, con lo que el río Sil talló y excavó el *escobio* de Covas y abandonó el trazado primitivo que se constituye, de forma progresiva, en un *paleo-valle* inadaptado al escurrimiento actual y desconectado del mismo (sector Carucedo-Biobra-Rubiana). Esta corta garganta tiene, además, un claro carácter *epigenético* y sus flancos culminantes son retazos de la superficie de 800 m perfectamente conservados, aunque dislocados, sobre las duras calizas de paleozoicas (Redondo Vega et al., 1997).

La incisión del valle del río Sil, a su vez, se traduce en el valle de río Selmo en una serie de reajustes de su propia red fluvial que tienen como resultado el encajonamiento del río en el macizo, al tiempo que se abandona parte del antiguo trazado en dirección ESE, es decir hacia el Sil, dando lugar al *paleo-valle* de Val de Enxertos, un buen ejemplo de *valle inadaptado* al verse recortada gran parte de su cuenca vertiente y por ello de su caudal.

59

Cascada de El Gualtón

Esta cascada se localiza en un arroyo que nace en la vertiente N del cerro Becerril (1872 m), que forma el segmento meridional de los Montes de León cerca de su unión con la alineación de los Montes Aquilanos. El relieve constituye parte del sector del zócalo paleozoico que limita las cubetas del Bierzo y de Bembibre por el S mediante un escarpe de falla muy marcado de dirección NE-SO, entre las localidades de Castropodame y Salas de los Barrios (García Fernández, 2006). Ese sector del zócalo se dispone ligeramente basculado hacia el NNO, hacia el Bierzo Bajo, y está drenado por el río Meruelo, afluente del Boeza, en uno de cuyos arroyos de cabecera se sitúa la cascada.

Las cascadas no son más que saltos de agua de un curso fluvial que se adapta a un fuerte desnivel del terreno porque no dispone de suficiente capacidad para incidir en el roquedo sobre el que discurre, o no ha tenido el tiempo suficiente porque su nivel de base progresa más rápidamente, o el desnivel, casi siempre de origen tectónico, es relativamente reciente, como parece ser el caso.

En el caso de El Gualtón (Redondo-Vega et al., 2024b), se cumplen todas las condiciones para que se haya generado. Por un lado, las fuertes pendientes que salva el arroyo de la cascada, característica común a todos los arroyos de cabecera que descienden desde las montañas circundantes (sobre todo desde el borde S) a las cubetas tectónicas; en este caso, el arroyo que forma la cascada nace a 1640 m en el Campo de las Arcas y hasta la confluencia con el siguiente arroyo de cabecera salva un desnivel de 575 m, lo que le confiere una pendiente longitudinal hasta la confluencia del 24,2 % (13,6°); esta fuerte pendiente, en su último tramo a partir de la cascada, es aún mayor: con un desnivel de 80 m en solo 260 m de recorrido, lo que da una pendiente de 30,7 % (17°).

Figura 59. Cascada de El Gualtón en primavera.

60

La captura fluvial del río Llamas y la cascada de La Gualta

Constituyen un ejemplo de modificación del trazado de la red hidrográfica debido a los movimientos tectónicos alpinos, que levantaron los bloques del Teleno y Montes Aquilanos y hundieron la cubeta del Bierzo. Uno de los reajustes de la red se produjo con la captura de la antigua cabecera del Río Codes (afluente del Ería) por el río Llamas (afluente del Duerna). La zona se localiza al O del pueblo de Tabuyo del Monte en el entorno de la Sierra del Pinar, que es el segmento que prolonga el *horst* del Teleno hacia el SE.

La captura fluvial realizada por el río Llamas forma parte del conjunto de reajustes que la red hidrográfica del sector occidental de la provincia de León ha sufrido por los movimientos tectónicos alpinos, en concreto con las pulsaciones tectónicas del Cenozoico. Los movimientos tectónicos afectaron al antiguo macizo paleozoico, fragmentándolo en sucesivos bloques mediante el rejuego de antiguas fallas tardi-hercínicas, de dirección O-E, y la creación de un nuevo sistema de frac-turación alpino de dirección S-N.

Junto a esta tectónica de fractura, se produce un basculamiento generalizado de todo el sector hacia al O, que supuso una reorganización de la red hidrográfica antigua mediante capturas y modificaciones del trazado de los cursos. El nuevo relieve se estructura en *horsts* (Montes Aquilanos-Sierra del Teleno) y fosas tectó-nicas (valle del Duerna), controlados por las fallas variscas y compartimentados en dovelas por fallas transversales S-N. Este último sistema ha sido aprovechado por la erosión remontante de la red hidrográfica para reajustar su trazado a la nueva organización morfoestructural.

Ejemplo de esta dinámica de reajuste de las redes fluviales es la realizada por el río Llamas, que capturó la cabecera del río Codes (Luengo Ugidos, 1992) aprovechando la falla S-N que desnivela los bloques que forman la alineación prin-cipal de la sierra (Luengo Ugidos, 1992). El resultado es la presencia de un amplio valle en cuna, en la cabecera del río Llamas, de dirección ONO-ESE, enmarcado por los pliegues que forman la alineación desde El Teleno (2182 m) hasta el Sanguinal

Figura 60. En el centro de la imagen superior, El Teleno (2182 m), a su izquierda el *paleo-valle* cabecera del río Llamas y en primer plano su encajamiento a partir del *codo de captura*. En la imagen de abajo, la cascada de La Gualta.

(1720 m), donde las crestas de cuarcita que aparecen en resalte casi siempre son, en realidad, pliegues muy apretados de plano subvertical; al S, lo enmarca y separa del valle del Eria, otra crestería, con Peña Canales (1733 m) y Valteleno (1698 m), que dibuja otro pliegue anticlinal con la misma dirección mencionada.

Este amplio valle tiene todo su fondo removido por la minería aurífera romana. El antiguo valle aparece desfondado y con una topografía que no se corresponde a la tenía de forma natural (Redondo-Vega et al., 2024b). También la transformación antrópica minera es muy patente en su extremo septentrional (cabecera del arroyo de Xandella está profundamente disecada con cárcavas de medio centenar de metros), en los valles afluentes que parten desde Peña Canales, o el extremo SE del valle, donde su fondo está rebajado una veintena de metros (arroyo de las Mayadicas).

Aguas abajo de la captura el valle se convierte en un lecho profundamente encajado a partir de las Peñas de la Gualta (1432 m), describiendo varias curvas cerradas cuando atraviesa los afloramientos cuarcíticos en esa vertiente de la sierra, hasta alcanzar la fosa del valle del Duerna, donde la dirección del río es ya OSO-ENE.

El proceso de encajamiento no ha finalizado aún, ya que el curso fluvial, aunque aprovecha el escalón generado por la falla, tiene que salvar un desnivel de unos 25 m en las cuarcitas paleozoicas, lo que le obliga a discurrir por la denominada cascada de La Gualta (Redondo-Vega et al., 2024b). En realidad, la cascada es un doble salto: el superior de unos 10 m y el inferior de 12 m, con un rápido intermedio (Fig. 60); el salto se ajusta a la falla S-N mencionada que, junto con la situada inmediatamente al O y que corta perpendicularmente la crestería de cuarcitas, delimitan un bloque pinzado al que se ajusta el paso o salida de aguas del antiguo *paleo-valle* en cuna hacia el río Duerna.

Esta captura se ha producido entre cursos pertenecientes a la misma cuenca de Duero (Eria y Duerna); no obstante, también hay capturas de mayor entidad que afectan a la divisoria de aguas entre la cuenca del Sil (Miño) y la del Duero, produciéndose una progresiva pérdida de cuenca vertiente de esta última en detrimento de aquella.

Cascada de Nocedo

La cascada de Nocedo (Redondo-Vega et al., 2024b) está situada a unos 500 m al S del pueblo de Nocedo de Curueño, muy próxima a la carretera que recorre todo el valle y desde la que se accede, por una senda habilitada, hasta una plataforma metálica situada a su pie que permite su observación directa (Fig. 61). Su origen está en el desajuste en la capacidad erosiva de un curso de aguas secundario afluente y el río principal en el que desemboca. Este hecho ha sido observado en otros muchos cauces fluviales de la provincia (Redondo-Vega et al., 2024b). En casi todos los casos ocurre que el río principal tiene un mayor poder de incisión en el relieve y/o que la competencia del afluente es escasa, lo que lleva a un desajuste topográfico en la posición de sus lechos y que el curso fluvial secundario salve, mediante cascadas, las diferencias de nivel que el río principal genera.

En el caso de la cascada de Nocedo el afluente secundario es el arroyo de Valdecésar que drena y desagua toda la vertiente meridional de Peña Valdorria (1926 m) y al hacerlo se adapta toscamente a un conjunto de fallas conjugadas que dislocan la crestería al S del núcleo de Valdorria y que forman parte del flanco N del sinclinal de Montuerto (González Gutiérrez, 2001, 2002b). Una vez sobrepasada esa cresta, el arroyo cambia de dirección hacia el NE (la contraria al escurrimiento regional) ajustándose más fielmente a las direcciones estructurales y así lo hace hasta cerca de su desembocadura. Para ello corta las cuarcitas ordovícicas (muy resistentes a la incisión) siguiendo líneas de debilidad presentes en esos materiales. De tal modo que el tramo inferior del arroyo de Valdecésar sigue la dirección del eje del sinclinal Montuerto, aunque seguramente también aproveche alguna fractura de las cuarcitas en esa misma dirección, como indica el salto de más de 50 m a ambos lados del valle en similares roquedos: las cuarcitas culminan en el bloque meridional de Peña Morquera a 1415 m, mientras que el bloque N de la Peña San Froilán lo hacen a 1467 m.

Por su parte el río Curueño, se ha comportado como el colector principal que es, perforando perpendicularmente toda la estructura del sinclinal de Montuerto desde aguas abajo de la localidad de Nocedo siguiendo la dirección N-S del escurrimiento regional, aunque con dos pequeños tramos acodados aguas arriba y abajo de la confluencia con el arroyo de Valdecésar. Dotado de mayor competencia, su encajamiento en la estructura ha avanzado mucho más rápidamente que el arroyo de Valdecésar de menor capacidad de incisión por la fuerte oposición a la erosión que presentan las cuarcitas que atraviesa. La dureza del sustrato lo evidencia que, siendo la cascada el salto principal del arroyo, aguas abajo de ésta y, sobre todo, aguas arriba, el arroyo discurre mediante una sucesión de pozos y pequeños saltos y cascadas de escala métrica, que muestran la dureza del sustrato cuarcítico y su dificultad para incidir el lecho a pesar de la elevada pendiente que salva hasta la confluencia con el Curueño.

Como consecuencia de ese desajuste entre ambos *talwegs* a algo más de 100 m de la confluencia, el lecho del arroyo ha quedado suspendido a más de dos decenas de metros sobre el del río principal, de tal modo que la adaptación de este arroyo afluente al más rápido nivel de base excavado por el Curueño se realiza mediante un salto que es la cascada de Nocedo (Redondo-Vega et al., 2024b). Asimismo, la dinámica natural del arroyo afluente a conseguir su perfil de equilibrio desde la confluencia le impulsa a retroceder hacia su cabecera, por eso, la posición actual de la cascada se sitúa retranqueada respecto a la que tuvo sub-actualmente y que se encuentra como un hueco no funcional en las cuarcitas y en una posición más avanzada hacia la confluencia.

Figura 61. Cascada de Nocedo.

62

Pozo de los Fiumos en el valle del río Bayo

El río Bayo nace de la confluencia de dos arroyos, uno procedente del puerto de la Magdalena, y el otro del valle de Vivero, donde tiene las fuentes al pie del Nevadín (2077 m). En el tramo comprendido entre los pueblos de Los Bayos y el Villar de Santiago tiene dos partes claramente diferenciadas: en los primeros 2,5 km el perfil transversal es relativamente amplio, toscamente con forma de artesa y con una pendiente longitudinal no muy elevada a pesar de estar en un área montañosa y ser afluente del río Sil. A partir de la cota de 1220 m el perfil tranversal del valle por el que discurre el río Bayo cambia: de un valle relativamente amplio, incluso con depósitos de *terrazas fluviales* en los ensanchamientos, se pasa, casi de manera brusca, a un perfil en "uve" carácterístico de los valles fluviales fuertemente encajonados en el relieve.

En el primer caso, aguas abajo de Los Bayos, la pendiente longitudinal que salva es del 2%, mientras que a partir del Villar de Santiago, y hasta su confluencia en el Sil, es de algo más del 4%, con un fondo de valle tan angosto que en muchos sectores sólo queda espacio para el cauce.

La cabecera del valle del río Bayo estuvo ocupada por una importante lengua glaciar que dejó restos de *till* glaciar a lo largo del valle de Vivero (Santos González, 2011). También su presencia se relaciona con los sedimentos *glacio-lacustres* del puerto de la Magdalena y de las pequeñas morrenas que allí se conservan (Redondo Vega et al., 2006; Redondo Vega, et al., 2007a). Por ello, es factible pensar que ese perfil amplio del sector superior del valle debe su morfología al trabajo de los hielos cuaternarios, mientras que el cambio de perfil que se produce 1 km aguas arriba del Villar de Santiago indicaría, aproximadamente, hasta donde llegó la influencia directa del hielo glaciar.

A pesar de lo indicado en líneas generales sobre la morfología del valle del río Bayo, en ese tramo superior, coincidiendo con su estrechamiento, se ha generado un escarpe que el curso atraviesa mediante pequeñas cascadas (Fig. 62) que denominan los lugareños el Pozo de los Fiumos (Redondo Vega, 2006c,

2007; Redondo-Vega et al., 2024b), debido al vapor en suspensión que se produce cuando el río lleva mucho caudal y las condiciones ambientales son favorables.

El estrechamiento coincide con un afloramiento de cuarcitas precámbricas que aparecen entreveradas en las lutitas predominantes de esos materiales antiguos y que, dispuestas transversalmente a la dirección del eje del río, forman un obstáculo, un umbral de resistencia que el río salva mediante las cascadas que forman aguas abajo de estos dos rellanos a ambos lados, a 1310 m en la margen izquierda y a 1330 m en la derecha.

Figura 62. El Pozo de los Fiumos del río Bayo.

El *glacis* de Escuredo

En la cabecera del interfluvio Órbigo-Tuerto, entre las localidades de Escuredo, al E, y Villarmeriel, al O, se conservan una serie de culminaciones pandas que forman rampas con una pendiente muy débil hacia el SE. Por el N esas rampas forman un magnífico ejemplo de piedemonte y se prolongan suavemente por las vertientes meridionales, mucho más escarpadas, de una alineación montañosa que desciende de altitud de O a E desde Pozo Fierro (1525 m), el Teso Ozoso (1459 m) y la Hoja (1285 m). Este relieve conserva amplias superficies pandas también en torno a su culminación; la alineación separa la zona del valle de Valdesamario situado más al N.

Una de esas rampas interfluviales es la que enlaza la carretera LE 451 en Escuredo a una cota de 1150 m (Fig. 63) y El Argomal (1032 m), que domina ya el valle del Órbigo, siendo la distancia entre ambos puntos de 7 km, lo que nos da una pendiente muy pequeña del 1,7%. Mientras que hacia el N esas superficies enlazan sin solución de continuidad con el relieve que domina el piedemonte, pero con una pendiente del 4,3% (el desnivel entre la mencionada carretera y el relieve culminante de Hoja es de 55 m para 1275 m de distancia).

La posición de estas superficies débilmente inclinadas hacia el SE, como el piedemonte del relieve mencionado con el que forman una misma unidad, nos permite calificarlas como *glacis*. Ahora bien, aunque morfológicamente hay una continuidad y uniformidad topográfica, esta no existe si observamos las rocas que lo componen. Por un lado, en el entorno de la carretera LE451, es fácil observar el zócalo antiguo compuesto por roquedos diversos cámbricos y ordovícicos (cuarcitas, areniscas con intercalaciones de lutitas, cuarcitas masivas, areniscas ferruginosas, pizarras negras...); todas estas rocas están fuertemente deformadas, presentándose en la zona con una orientación sensiblemente ONO-ESE, con las capas en ocasiones casi verticales, y recorridas por numerosas fallas transversales que las dislocan; en conjunto, este zócalo antiguo se diferencia netamente de otros materiales mucho más modernos situados sobre ellos y discordantes.

Otra de las características de este zócalo es que las rocas que lo componen, con independencia del grado de dureza que tengan, están niveladas por la erosión que iguala, en una superficie bastante regular, las estructuras paleozoicas de tal modo que, cuando estas aparecen recubiertas por los sedimentos más modernos, se manifiesta claramente la *discordancia angular* entre el zócalo y la cobertera.

Sobre esa superficie nivelada por la erosión (probablemente durante un periodo de tiempo muy dilatado y bajo condiciones morfo-climáticas diversas), se han ido depositando sedimentos más recientes procedentes de la denudación de los relieves situados al N. El nivel superior lo constituyen los conglomerados de piedemonte, (probablemente lo más parecido que tenemos a una *raña* en la provincia), formados por cantos y gravas silíceas, con abundante matriz fina, casi siempre de aspecto rojizo y que supone la última fase evolutiva del relieve previa al proceso de encajonamiento de la red fluvial actual.

Figura 63. Superficie del *glacis* de Escuredo vista desde el E, destaca su planitud característica.

Por otro lado, la superficie está muy recortada por la incisión de una red de arroyos que dirigen el escurrimiento en la misma dirección del *glacis*. Dos son los arroyos principales (más su nutrida red de afluentes) que disecan la superficie del *glacis*: el arroyo Real y el arroyo Riofrío; casi todas las cabeceras de esta red encajada llevan una dirección conforme a las estructuras del zócalo, mientras que, cuando se adentran en la cobertera del zócalo, cambia netamente hacia el S, siguiendo el nivel de base del río Órbigo.

El resultado es un *glacis* culminante que está fuertemente disecado y recortado, reduciéndose su superficie original hasta constituir interfluvios estrechos y alargados en la dirección mencionada entre valles angostos encajados unos 40-60 m en el *glacis*.

El contacto entre el zócalo paleozoico y su cobertera en la superficie del *glacis* es progresivo, sin discontinuidad topográfica, lo cual hace que al glacis se le pueda caracterizar como *glacis mixto* ya que es a la vez de erosión (zócalo paleozoico) y de acumulación (*raña*). Por otro lado, el contacto entre ambos glacis está enrasado, pero su borde es irregular y festoneado, lo que hace suponer que esta morfo-estructura está en fase de desmantelamiento, como prueban los restos del zócalo subyacente que afloran rodeados en todas direcciones por sedimentos recientes al S de Escuredo y de San Feliz de las Lavanderas.

64

Gonfolitas de las laderas calcáreas

Las *gonfolitas* son depósitos de material calcáreo arrastrado sobre las laderas, que se depositan en su zona basal. Una vez inmovilizados experimentan un proceso de endurecimiento debido a la cementación que conlleva la precipitación del bicarbonato de calcio disuelto, que empapa el conjunto y procede de las rocas calcáreas del entorno.

Se presentan como un sedimento encostrado formado por fragmentos de diverso tamaño y *clasto-soportado*, al carecer de una matriz franca que los envuelva. Normalmente no son extensos, pues la erosión posterior los suele desmantelar, por lo que aparecen de forma aislada e irregular en posición basal, en las laderas calcáreas (Fig. 64), unos metros por encima del *talweg* actual de los valles.

Fueron estudiadas hace décadas en los Picos de Europa, donde alcanzaron gran desarrollo llegando a los fondos de valle (Frochoso Sánchez y Castañón Álvarez, 1986); su relación espacial con formas y depósitos glaciares las conformaron como un elemento singular cuya interpretación genética coadyuvó a la explicación geomorfológica de ese macizo montañoso.

En la Montaña Central leonesa no alcanzan nunca el tamaño que muestran en los Picos de Europa, seguramente porque aquí tampoco el área fuente alcanza sus dimensiones, pero sí que nos indican procesos antiguos que interactúan con la incisión reciente del valle del río Torío. Así, las *gonfolitas* se disponen superpuestas en tres tongadas visibles que indicarían tres fases o momentos del proceso de acumulación.

Por otro lado, el contacto irregular y erosivo del techo de un nivel con el muro de la siguiente capa, indica unas condiciones erosivas entre dos episodios de sedimentación y, lógicamente, la modificación de las condiciones ambientales en el momento de cambiar la dinámica del proceso. Además, la presencia de cantos perfectamente rodados y alóctonos de cuarcita similares a los que arrastra el río hoy en día, muestra una interacción entre los procesos de ladera, torrenciales y asistidos por gravedad, que vacían de material las laderas del macizo calizo, al tiempo que la incisión del río principal los va evacuando fuera del mismo.

En todo caso, ese nivel degradado y de rocas alóctonas dentro de las *gonfolitas*, y situado unos 8-10 m sobre el fondo de valle actual, indica la antigüedad del proceso que ha encostrado los depósitos de las laderas calcáreas, y que ya existía antes de la actual incisión del río principal.

Figura 64. Se aprecian varios niveles superpuestos de *gonfolitas* y entre el intermedio y el inferior, a la derecha de la imagen, se localizan restos de un nivel irregular de aluvión con grandes bloques y cantos rodados alóctonos de cuarcita que tuvo que depositar el río Torío cuando su *talweg* se situaba donde hoy está la carretera.

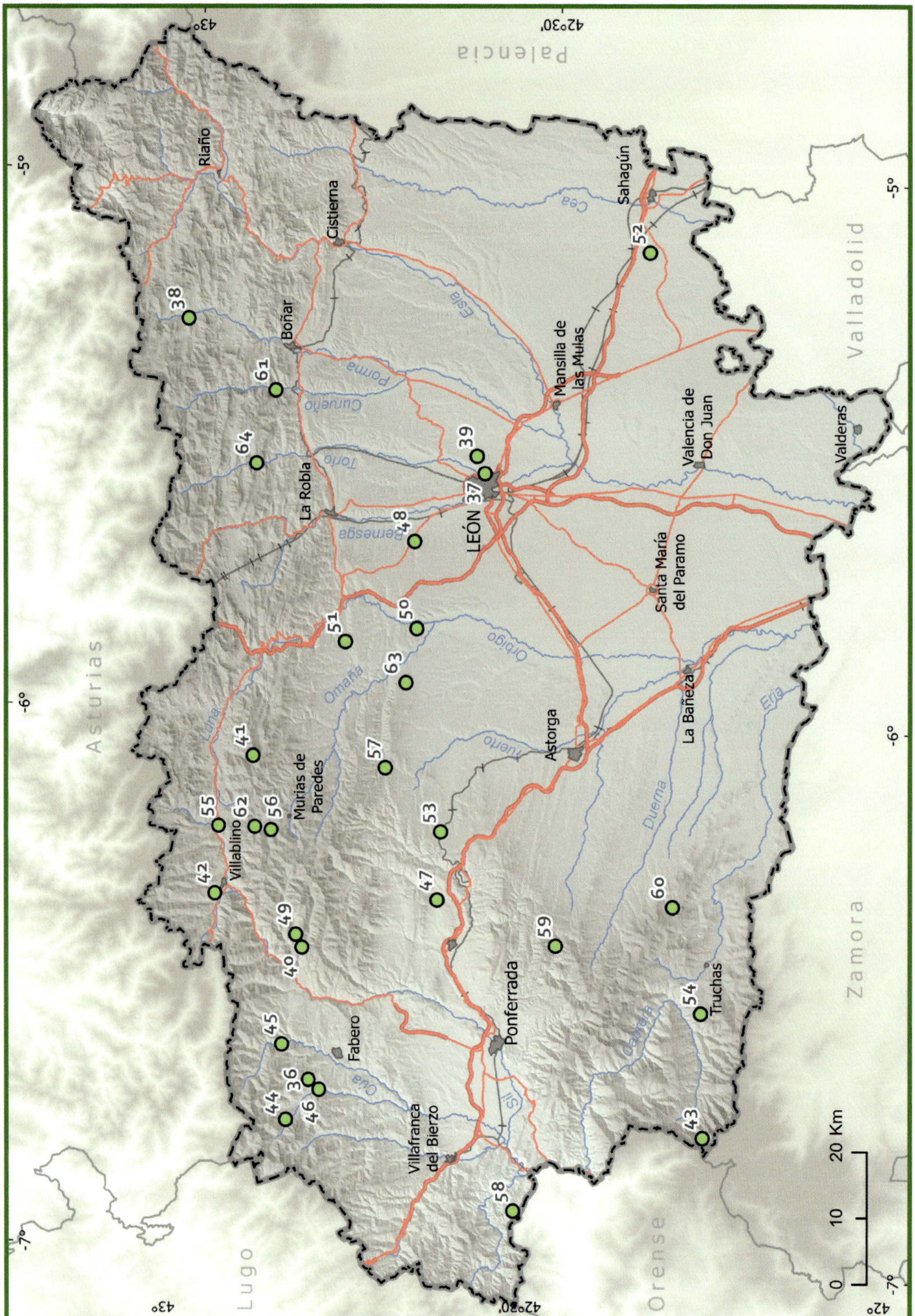

Mapa de localización de los puntos de interés geomorfológico citados en este capítulo.

Las formas de relieve dirigidas por el clima

Al analizar las formas del relieve de un espacio las trazas principales de éstas, lo que forma el entramado y soporte de los relieves están casi siempre dirigidos por la estructura. Los aspectos climáticos en la geomorfología se dejan sentir en el modelado de disección de los relieves o en las formas de acumulación (Tricart, 1981), por eso un mismo relieve estructural, un karst por ejemplo, evolucionará de muy diferente manera según los caracteres del clima al que esté sometido, y el resultado final, las formas de relieve elaboradas por disolución de la caliza, son muy diferentes bajo condiciones tropicales, en clima mediterráneo o en uno de alta montaña. Por tanto el clima, que siempre está presente, influye lógicamente en la elaboración de las formas del relieve hasta el punto de que podríamos habla de verdaderos catálogos de formas climáticas de acuerdo a un determinado sistema morfoclimático.

En nuestro entorno esa influencia del clima se constata en las huellas dejadas por los últimos cambios climáticos en nuestros relieves y que se concretan en una serie de procesos que se ponen en marcha cuando una parte importante del agua que utilizan los sistemas morfogenéticos se transforma en hielo como consecuencia del enfriamiento del clima. Todas las formas de relieve dependientes de procesos gobernados por el frío las hemos ordenado en dos grandes grupos que se refieren al origen glaciar por un lado, o bien periglaciar. Dado que el último de los periodos fríos se dio por concluido a mediados del S. XIX y que ello supuso el cese de los procesos ligados a la presencia del hielo, podemos considerar a estas formas de relieves como herencias morfoclimáticas, es decir, formas heredadas de unas condiciones de clima que ya no se dan en la actualidad, pero que demuestran la existencia de paleoclimas muy diferentes a los actuales en nuestro entorno próximo, según deducimos por esas formas de relieve entonces elaboradas.

Las montañas de León son muy ricas en restos dejados los glaciares pleisto- cenos que hemos tratado de ordenar en aquellas formas de erosión más singulares como los últimos restos que persisten de hielo de origen glaciar (número 65), los circos (números 66 a 68) y formas erosivas de detalle (números 81 a 84); los valles de origen glaciar que conservan restos muy evidentes de glaciarismo (números 69 a 77), los sedimentos arrastrados por el hielo (85 a 91), o las formas de acumulación arrastradas por las aguas de fusión del hielo (números 92 a 94). Completan los numerosos restos de glaciarismo que se conservan en la provincia algún ejemplo de lagunas y turberas de importante significado paleoambiental (números 78 a 80).

Por otro lado, se han agrupado otro conjunto de formas de relieve llamadas periglaciares que a menudo forman el cortejo espaciotemporal de las anteriores. En este caso están ligadas a la presencia de suelo permanentemente helado, *per- mafrost*, o bien al proceso general de deglaciación (números 95 a 104) entre los que destacan la presencia de numerosos glaciares rocosos constituidos superfi- cialmente por grandes bloques de cuarcita, a procesos sub-actuales (números 105 a 109) muchos de ellos ligados a la congelación estacional del agua del selo, o a aquellos dependientes de la dinámica nival (números 110 a 113).

65

Jou del Trans-Llambrión

Este sitio se ubica en el extremo NE de la provincia de León, cerca del límite con Cantabria y Asturias, en la cara NNE del Llambrión (2642 m), el pico más alto de la provincia. El lugar lo cierra por el S un agudo cordal que va desde el Llambrión, por Tiro Tirso (2.639 m) hasta la Torre Blanca (2617 m), y por el N la prolongación del cordal del Llambrión hacia el Tiro Callejo (2579 m). Se localiza en el macizo central de Picos de Europa, montañas que han despertado gran interés por parte de geomorfólogos españoles debido a la notoriedad de los procesos geomorfológicos derivados del frío, destacando los trabajos de: Frochoso Sánchez (1980); Frochoso Sánchez y Castañón Álvarez (1998); Serrano Cañadas y González Trueba (2002); Serrano y González Trueba (2005); González Trueba (2007, 2022); González Trueba y Serrano Cañadas (2008, 2010); Ruiz Fernández y Poblete Piedrabuena (2011); Ruiz Fernández y Serrano (2011); Serrano et al. (2011, 2012); Ruiz Fernández (2013); Nieuwendam et al., (2016); Ruiz-Fernández et al. (2016, 2017) entre otros.

Con el nombre de Jou del Trans-Llambrión (Fig. 65) designamos a una depresión *glacio-kárstica* que debe su origen a la doble acción del hielo y la disolución de las calizas. Allí, la dinámica glaciar pleistocena se ajustó al relieve pre-existente en el que la *karstificación* había labrado ya unas profundas depresiones cerradas, llamadas *jous* en la zona, lo cual facilitó la acumulación de hielo glaciar. La distribución aparentemente anárquica de estas depresiones *glacio-kársticas* por todo el macizo montañoso esconde en realidad una adaptación bastante fiel a patrones estructurales. Así, estas depresiones kársticas tienen una ubicación concreta que suele seguir pautas estructurales del roquedo paleozoico como son contactos de facies diferenciadas, fracturas, cruces de diaclasas, zonas de mayor densidad de éstas, y todas aquellas discontinuidades que al trocear el macizo favorecieron la intensa disolución que lo caracteriza.

El relieve pre-glaciar, muy quebrado y accidentado, favoreció una fácil ocupación por los hielos pleistocenos. La topografía del interior del macizo, compuesta por una sucesión de *jous* tabicada por enhiestas cresterías, creó unas condiciones inmejorables para la retención de la nieve y su posterior transformación en hielo glaciar. Además, la elevada altitud también coadyuvó a ello, pues los cordales que separan las depresiones donde se abren los *jous* sobrepasan siempre holgadamente los 2400 m. Esa misma topografía irregular, con la sucesión de cordales y *jous*, seguramente entorpeció el movimiento del hielo desde el interior del macizo hacia sus márgenes y solamente cuando los *jous* estuvieran repletos de hielo, ese movimiento fue posible.

Mencionadas ya la influencia estructural y el papel de la disolución de la caliza en la génesis de esta depresión *glacio-kárstica*, es evidente que sus rasgos morfológicos actuales se deben en gran parte a la acción del hielo glaciar, como atestiguan las formas dependientes de su labor erosiva y de acumulación. Por ejemplo, por la Collada Blanca que confina y cierra el *jou* por el E, se produjo una *transfluencia* del glaciar del Llambrión hacia Hoyos Sengros, de la cual quedan restos de *till* dispersos en la vertiente orientada al E de la misma. También las dos morrenas que se alojan en la collada indican dos posiciones de la lengua del glaciar del Llambrión confinada ya en ese momento en los límites de su *jou*; estos depósitos glaciares muestran una situación en la que la *transfluencia* entre ambos *jous* a través de la collada ya no existía, o lo que es lo mismo, pertenecen a una fase de estabilización de los hielos post-máximo, en la cual lenguas principales se encuentran ya individualizadas y confinadas en sus respectivos *jous*.

Por otro lado, en la vertiente O del *jou* y a la misma cota que la collada, existe una cavidad kárstica semi-obstruida por sedimentos morrénicos; éstos, junto con las morrenas mencionadas anteriormente, sirven de referencia por si se quiere reconstruir el espesor del glaciar, al menos en la posición de su lengua aislada en el Jou del Trans-Llambrión.

Desde un punto de vista topográfico, el *jou* del Trans-Llambrión tiene un perfil longitudinal escalonado, desde el pie de la pared N de la Torre del Llambrión hasta cerca de la Collada Blanca. Son perceptibles tres escalones muy marcados que, a modo de gradas, se ajustan a umbrales de origen glaciar. Por eso tienen la habitual morfología asimétrica de los umbrales tallados por un glaciar, con la parte superior más suavemente inclinada y pulida por el paso del hielo; mientras que, hacia abajo, el umbral es mucho más escarpado e irregular debido a los bloques que el hielo ha conseguido desalojar a partir de líneas y planos de debilidad.

Durante la Pequeña Edad del Hielo en el macizo del Llambrión sucedería un momento de avance menor de los hielos de edad *tardiglaciar* (Serrano Cañadas y González Trueba, 2002). En esa fase se atenúa la regresión que experimentó el hielo desde la última glaciación pleistocena hasta la actualidad y la dinámica glaciar se revitaliza. Aunque la glaciación histórica es una pulsación de baja intensidad comparada con las anteriores, sí dejó algunas huellas. Es el caso de dos pequeños arcos morrénicos depositados y que cierran el extremo N del *jou*. También, aparece un conjunto morrénico muy irregular con morrenas frontales y fronto-laterales escalonadas, la más alta de las cuales se encuentra por encima del helero actual. Otra de ellas se presenta adosada a uno de los umbrales glaciares, justo bajo el nevero superior y aislando el pequeño circo en el que se ubica este. A unos 2400 m y apoyado en la base del escarpe septentrional de la Torre Blanca se ubica el helero del Llambrión en el que aún es posible observar hielo glaciar.

El helero en la actualidad solo es una placa adosada a la pared rocosa vertical que lo domina, en gran parte sepultada por derrubios gravitatorios y con muestras evidentes de pérdida de su masa y extensión superficial en los últimos años (Fig. 65). Junto con los que se localizan en el Torre Cerredo y en La Palanca, forman los últimos restos de hielo glaciar del macizo central de Picos de Europa.

Figura 65. El *Jou* del Trans-Llambrión desde la collada de Hoyos Sengros. Octubre 2024, (foto Javier Santos).

66

Circo glaciar del Pico Cuiña

El circo y el valle glaciar del Cuiña son unos de los mejores ejemplos de morfología glaciar de toda la Cordillera Cantábrica por lo que se refiere a las formas erosivas mayores (circos, umbrales, artesas). Su interés se ve reforzado por su buena accesibilidad y su fácil observación desde la carretera que sube al puerto de Ancares o la senda que asciende desde este a la cima del Pico Cuiña (1992 m). Además, desde el punto de vista científico, la abundante innivación de la zona, a pesar de no sobrepasar la cota culminante los 2000 m y de que en los últimos años se observa una tendencia marcada a una menor precipitación en forma de nieve (Pérez Alberti et al., 1998), genera una dinámica nival puntual en el entorno del nevero al pie del pico principal, aspecto muy singular en el entorno de las montañas del NO peninsular.

El glaciarismo de la sierra ha sido estudiado por geomorfólogos españoles desde hace tres décadas, los cuales siempre han destacado su intensidad evidenciada por la magnitud de las formas erosivas y sedimentarias que dejó en el paisaje (Pérez-Alberti et al., 1992; Alberti y Rodríguez Guitián, 1993; Pérez Alberti y Valcárcel Díaz, 1996; Pérez Alberti et al., 1993; Valcárcel Díaz, 1998, 2001; Valcárcel Díaz y Pérez Alberti, 2002a, 2002b, 2002c; Valcárcel Díaz et al., 2005a; García de Celis, 2016b; Valcárcel-Díaz y Pérez-Alberti, 2021). Ello a pesar de la escasa entidad altitudinal de la Sierra en comparación con otras montañas cantábricas. Una de esas formas paradigmáticas es el circo glaciar al que se adapta el valle del río Cuiña en su cabecera (Fig. 66). Se trata de un amplio circo de paredes escarpadas (sobre todo las de su flanco oriental), de algo más de 1,5 km de anchura. Las rocas del sustrato en las que está labrado son las series del Paleozoico inferior, cámbricas y ordovícicas, formadas con materiales como cuarcitas, pizarras y areniscas, aunque en este sector en los afloramientos predominan los tramos cuarcíticos.

Desde la culminación del relieve, el circo está excavado en dirección al NE, casi en ángulo recto al de la estructura es, por tanto, perpendicular a la dirección de las capas y coincide con una de las directrices de fracturación de este bloque montañoso a las que se ajusta prácticamente el ámbito de su circo glaciar de cabecera. Así parece suceder en los primeros 2 km del valle, desde la falda del Pico Cuiña hasta que este cambia de dirección al SE, hacia Tejedo de Ancares, dirección que ya no abandona en todo el valle de Ancares a lo largo de 12 km. Este bloque montañoso presenta numerosas fallas y fracturas que lo compartimentan. Además esta falla directriz en la cabecera se conjuga con otras constituyendo un verdadero entramado de disposición ortogonal. Así, por ejemplo, la que cruza transversalmente (NO-SE) de un lado a otro del circo y que atraviesa la base del umbral principal a 1450 m de altitud, hace que se eleve el borde del circo hacia el SSO y que el borde ONO quede por debajo de la cota del oriental dando como resultado una morfología apreciablemente asimétrica a los flancos del circo (Redondo Vega, 2006b).

Entre los factores que favorecen la intensa excavación glaciar de este circo están por un lado los de tipo estructural como el cambio alternante de rocas cuarcíticas muy competentes con las pizarras mucho más friables y menos resistentes a la erosión, así como la red de fracturación del macizo que multiplica y amplifica las discontinuidades mecánicas con la proliferación de diaclasas que también favorecen la erosión del hielo. Por otro lado, también de carácter estructural podemos considerar la influencia que en la transformación del roquedo original de la zona haya podido tener el metamorfismo de contacto gracias a la casi inmediata presencia de la intrusión granítica de los Ancares (los granitos están a sólo 1 km al O del borde occidental del circo). Todo ello sin olvidar la posición de este cordal que es divisoria de aguas cantábrica y, por ello, siempre recibe abundantes precipitaciones, muchas en forma de nieve a pesar de su no muy elevada altitud.

Morfológicamente el circo se caracteriza por la verticalidad que le confiere los umbrales rocosos subverticales que escalonan su vertiente desde la base del circo, allí donde comienza la artesa del valle glaciar aproximadamente a 1240 m de cota, hasta la culminación del relieve en Pico Cuiña, lo que nos da un desnivel de 752 m para una distancia de 1,7 km y una muy elevada pendiente de 44%. No obstante, los escarpes rocosos de los umbrales adquieren la forma de cerrojos transversales a la dirección del valle que constituyen siempre el afloramiento de los roquedos más resistentes. Son pues umbrales de resistencia que se alternan con rellanos (a 1340, 1420, 1630 y 1810 m respectivamente) de mucha menor pendiente, incluso con algún pequeño sector a contrapendiente por sobre-excavación, lo que al final da lugar a una pendiente longitudinal escalonada, típica de la acción glaciar en estas cabeceras.

El más cercano de los umbrales a la cumbre se extiende entre los 1800 y los 1750 m y, aunque de reducidas dimensiones uno de los rellanos a los que da paso está parcialmente cubierto por una pequeña morrena alta que alberga una laguna en la cubeta de sobre-excavación glaciar que generó el glaciar (Redondo-Vega et al., 2024a); por encima de ésta, en el mismo entorno, se suele localizar el nevero de alta persistencia temporal que aún presenta cierta actividad geomorfológica pues, bajo el mismo, se desarrolla una dinámica nival aún funcional consistente en el desalojo de bloques y cantos de pizarras y cuarcitas del sustrato rocoso, el pulimento del mismo, la incisión de estrías generadas por el desplazamiento del nevero, todo lo cual constituye un rasgo de singularidad en las montañas del NO (Carrera Gómez et al., 2006; Valcárcel Díaz et al., 2005a, 2005b; Valcárcel Díaz y Carrera Gómez, 2010; Carrera Gómez y Valcárcel Díaz, 2018).

Aproximadamente entre 1450 y 1640 m se localiza el umbral que ocupa el tramo intermedio del circo que es el más amplio de todos, ya que de lado a lado del circo se extiende más de 800 m y, sobre todo, el más enérgico, pues su tramo central conforma una pared prácticamente vertical en la que solamente unas cortas repisas escalonadas de carácter estructural rompen la verticalidad (Fig. 66). Por último, entre los 1300-1400 m se localiza el más bajo de los umbrales principales, este mucho más tendido pues aunque presenta un cerrojo vertical hacia los 1360 m, este es más estrecho al localizarse casi en el fondo del valle donde los flacos de mismo están más próximos.

Figura 66. El circo glaciar del Pico Cuiña (1992 m)..

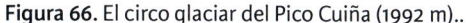

67

Las formas glaciares
de los Hoyos de Vargas

En el NE de la provincia, un elevado cordal montañoso se inicia en el pico Tres Provincias (2499 m) y en dirección SO desciende paulatinamente de altitud a largo de unos 13 km hasta el Pico Murcia (2351 m) y La Rasa (2087 m). Este conjunto montañoso forma en su mayor parte el cembrio que limita con la provincia de Palencia y confina por el E la Tierra de la Reina leonesa.

Su elevada altitud y su orientación norteña han favorecido su ocupación por el hielo y la excavación de magníficas formas de erosión en los 5 circos consecutivos de los Altos de Aguasalio (2122 m), o la amplitud y extensión de los glaciares rocosos relictos que ocupan la cumbre de La Rasa. Sin embargo, donde quizá son más rotundas y completas las huellas que dejó el hielo glaciar es en su extremo septentrional, a los pies del Pico de las Lomas (2457 m).

En ese punto se ha formado un circo glaciar cerrado, orientado al NO, a expensas de las facies más friables de lutitas carboníferas, mientras que, en resalte, y formando las crestas cimeras en casi todo su contorno, afloran verticales las areniscas de la misma serie litológica. Además, una banda de conglomerados cuarcíticos, también carboníferos, cruza todo el conjunto de E a O y constituye, junto con un asomo de arenisca, un umbral rocoso que separa en dos niveles el fondo del circo glaciar y forman dos zonas sobre-excavadas por el hielo: son los Hoyos de Vargas.

En el nivel superior una laguna ocupa totalmente el fondo pasándose, sin solución de continuidad, a inclinados canchales aún funcionales y abundantemente alimentados por las crestas culminantes. Hacia el NO, el nivel superior está cerrado por un umbral de resistencia sobre el que se depositó una morrena y en el que un inciso canal de egresión desagua hacia el nivel inferior mediante una pequeña cascada de unos 10 m, alimentando la laguna que ocupa el nivel inferior (Redondo-Vega et al., 2024a).

El nivel inferior también es otro sector sobre-excavado por el hielo y ocupado por otra laguna, aunque en este caso no aparece visible el umbral rocoso que lo cierra hacia el NO. Sí es aún perceptible el sinuoso arco morrénico que limita el nivel inferior (Fig. 67); este cierre morrénico, aunque con altibajos, se sigue de N a S a lo largo de más de 200 m e indica que la laguna actual solo ocupa la parte más profunda de una mucho más extensa que encerraba la morrena (de hecho la laguna inferior tiene un perímetro más irregular y su parte N, más somera, suele desecarse al final del año hidrológico).

El desnivel entre ambas lagunas es de solo 20 m (Santos-González et al., 2022b) pero sus respectivos cierres morrénicos indican dos momentos claramente diferenciados de la posición estabilizada del frente del glaciar en su marcada dinámica de retroceso, cuando el hielo ya apenas sobrepasaba los márgenes del circo.

Figura 67. Laguna inferior de los Hoyos de Vargas represada por una morrena apoyada en un umbral resistente de cuarcitas.

68

Pozo Cheiroso
y lagunas de Fasgueu

En el cordal montañoso de dirección N-S que, cerca del límite con el valle asturiano de Cerredo, separa las cabeceras del río Valdeprado de los arroyos de cabecera afluentes del río Cúa, se localizan una serie de circos glaciares que generaron importantes depósitos de *till* y morrenas a la salida del valle principal (Santos González, 2011; Santos-González et al., 2013a, 2013d). En algunos de estos circos aún persisten lagunas de ese origen que ocupan las zonas más profundas que excavaron los hielos cuaternarios. El armazón estructural del cordal montañoso consiste series de pizarras, cuarcitas y areniscas cámbrico-ordovícicas entre las que se intercalan pizarras negras ordovícicas; el conjunto aparece dispuesto en capas subverticales de dirección NO-SE.

En el extremo septentrional del cordal se localizan las Lagunas de Fasgueu (Redondo-Vega et al., 2018, 2024a). Estas dos lagunas se sitúan escalonadas en el fondo de un angosto circo de origen glaciar orientado al NE, sobre las series del Paleozoico inferior mencionadas. La superior, en una cota de 1775 m, es de dimensiones más reducidas (0,10 ha de superficie, por 50 m de largo y 26 m de ancho); esta laguna experimenta fuertes oscilaciones de caudal según la época del año y está rodeada de una amplia orla sin la densa vegetación del entorno (aunque muestra signos evidentes de estar siendo colonizada por esta, lo cual es un indicio evidente de su progresiva desecación).

Un escarpe de una decena de metros labrado sobre las pizarras negras ordovícicas sirve de transición a estos materiales en los que el glaciar sobre-excavó la pequeña cubeta que ocupa la laguna inferior. Se sitúa a una cota de 1765 m y con unas dimensiones algo mayores que la superior: 0,28 ha de superficie, 64 m de largo y 40 m de ancho; esta laguna inferior de Fasgueo sufre oscilaciones de caudal pero no signos de desecación como en el otro caso. Sobrepasado el afloramiento de pizarras negras, la presencia de nuevo de capas cuarcíticas da lugar a un marcado escarpe de algo más de 100 m de desnivel en el perfil longitudinal del valle, conformando el típico perfil escalonado de las cabeceras de los valles que estuvieron ocupados por el hielo.

En el extremo meridional del cordal se localiza otro circo de origen glaciar excavado sobre las series de materiales paleozoicos que aquí aparecen cortados por fallas perpendiculares a las direcciones citadas. En el caso del circo situado bajo el Miro de Valdeprado (1985 m), estas fallas arman los flancos del circo y hunden su sector central que es donde se asienta el Pozo Cheiroso (Fig. 68). La laguna se sitúa a una cota de 1790 m, tiene una longitud de 100 m por 70 de ancho y una superficie de 0,90 ha que se reduce en 1/3 en situaciones de estiaje; su forma es rectangular al ajustarse a las pautas estructurales mencionadas.

Esta laguna se generó por una lengua de hielo al sobre-excavar por detrás de un umbral glaciar resistente de cuarcitas que sigue la dirección de las capas; el umbral forma un escalón muy marcado en el perfil longitudinal del valle y está parcialmente oculto por restos de *till* arrastrados por el hielo. En su extremo NE un angosto *canal de egresión* sirve para evacuar el agua de la laguna cuando estas alcanzan su máximo nivel generalmente en situaciones de grandes de deshielos.

Figura 68. El Pozo Cheiroso durante el estío con marcas de estiaje en las orillas.

69

La cuenca intra-montañosa de Tolibia-Lugueros

El valle del río Curueño se amplía notablemente una vez traspasadas las Hoces de Valdeteja camino de su cabecera, formando una pequeña cuenca intra-montañosa donde se asientan los pueblos de Tolibia de Abajo y Lugueros (cota en torno a 1180 m). Este territorio rodeado de montañas desataca por su planitud, sobre todo por el contraste de los enérgicos relieves que lo dominan, especialmente por el S. Desde un punto de vista geomorfológico su génesis debe siempre un papel preponderante a la acción de la *erosión diferencial*, ya que coincide con el afloramiento de materiales más fáciles de erosionar (lutitas, pizarras) que los circundantes, donde casi siempre destacan en el relieve las calizas devónicas y, sobre todo, carboníferas, así como las crestas de cuarzo-arenitas del Paleozoico inferior.

Estas características se repiten con casi todos los ríos cantábricos del N de León que han conseguido excavar cuencas similares, en localizaciones y a cotas parecidas (cuencas de Babia-San Emiliano, Casares-Rodiezmo, Cármenes, Puebla de Lillo, Valdeburón-Riaño), aunque su amplitud y desarrollo difieran en función de factores morfo-estructurales locales concretos, y de la capacidad mayor o menor de su red fluvial para realizar el vaciado. No obstante, casi siempre el papel de la erosión diferencial se ve favorecido por la configuración de un tipo de relieve de *macizo paleozoico fallado* donde los rejuegos de bloques han creado corredores estrechos rehundidos, no fosas tectónicas en sentido estricto, entre bloques enhiestos levantados por la tectónica alpina reciente a modo de *horsts* (González Gutiérrez, 2001, 2002b; García Fernández, 2006), lo que implicaría el juego concomitante de la erosión diferencial y la tectónica.

Además, debido a su elevada altitud y cercanía a la divisoria con Asturias, han quedado bajo la influencia de procesos de modelado debidos al hielo que llegó a ocuparlas totalmente, o a estabilizarse durante su máximo avance en sus proximidades. En el caso de la cuenca intra-montañosa de Tolibia-Lugueros, el entorno de la localidad de Lugueros estuvo ocupado por una lengua de hielo procedente de la raya con Asturias: desde el cordal de Pico Huevo (2153 m) al O, y por el E desde el valle de Riopinos-Pico Agujas (2144 m). Ese glaciar, de más de 12 km de longitud, construyó un conjunto de depósitos cuya ubicación y significado geomorfológico son de sobresaliente interés para entender el paleo-ambiente de las montañas de León (González Gutiérrez, 2002a, 2002b; Redondo Vega et al., 2002j; Santos-González et al., 2013b, 2021a; González-Gutiérrez et al., 2017a).

La cuenca intra-montañosa reúne una serie de evidencias notables dejadas por el hielo glaciar entre las que destaca el conjunto morrénico que forman la sucesión de arcos asentados en diferentes sectores del fondo de la misma. El arco más interno de ellos se localiza en el centro de la cuenca y se presenta con la forma de dos segmentos de direcciones contrarias al ser escindido el arco primitivo por el río Curueño. Los dos tramos se apoyan sobre umbrales glaciares, configurando dos lomas individualizadas (Canto de la Cerra, cota 1249 m y Canto Penio, 1259 m) en el centro del valle. De los dos está mejor conservado el del flanco derecho del valle (Fig. 69); este comienza en el mismo núcleo de Lugueros y forma una loma que domina entre 80 y 90 m el *talweg* actual del río Curueño y entre 50 y 60 m sobre el terrazgo (La Penilla) que media entre esta morrena y morrena occidental externa. Por su parte el arco más externo lo forman dos morrenas laterales: una se sitúa en la margen derecha del valle, cerrando parte de la salida del valle del río Labias, al pie de la ladera meridional de Cabrantollas (del que le separa un pequeño valle drenado por un arroyo), en el paraje denominado Canto Figudero; mientras que la correspondiente al otro lado del valle, se posa sobre la parte más baja de la ladera de la Sierra de la Cruz en la margen izquierda de la cuenca y cierra el valle de Tolibia de Arriba, en el paraje Las Llanas. Ambos cordones sólo están adosados a la ladera por uno de sus extremos, apareciendo visualmente como lomas exentas (Redondo Vega et al., 2014) que se adentran hacia el centro de la cuenca intra-montañosa.

La posición en el relieve que ocupan las dos series de arcos, permite reconstruir la dinámica de las últimas fases de la ocupación de la cuenca intra-montañosa por el hielo. Los sedimentos conservados en forma de morrena nos indican la existencia de una lengua glaciar que se extendió a gran parte del valle del Curueño desde los cursos que configuran su cabecera en el límite con Asturias hasta las Hoces de Valdeteja. En el momento de mayor extensión, el hielo glaciar ocupó gran parte de la cuenca, extendiéndose en forma de espátula lateralmente hacia el O por el valle de río Labias y hacia el E por el valle del arroyo de las Tolibias; durante el máximo glaciar llegó a adentrarse en las mencionadas hoces hasta la Vega de San Pedro donde aún se encuentran restos glaciares (Redondo Vega et al., 2014). Cuando la lengua glaciar retrocedió en una fase posterior, ésta dejó los cordones morrénicos internos próximos al núcleo de Lugueros durante un momento de estabilización del glaciar. En esa zona se localizaría en ese momento el frente (ya bastante alejado de la embocadura de las hoces) de una lengua ya menos extensa y potente, como indica la diferencia de cota altitudinal entre las morrenas depositadas en ese momento y las laterales externas del máximo avance que se sitúan 50 m por encima.

Aunque hay escasos cortes donde observar la composición de estos depósitos morrénicos, en la margen derecha del valle se puede ver un sedimento tipo *diamicton* formado por bloques, cantos y gravas empastados en una matriz arcillo-arenosa de color beige claro y donde predominan la arenisca, las calizas y las pizarras (limitada presencia de los de cuarcita). Son relativamente abundantes *planchas* glaciares (en areniscas) y otros cantos y bloques con la superficie pulida, con estrías, arañazos y marcas de arranque y choque típicas del transporte por el hielo.

La magnitud que alcanzó el hielo glaciar, al ocupar toda la parte más deprimida de la cuenca intra-montañosa, llegó a obturar la escorrentía impidiendo el paso de las aguas *yuxta-glaciares*. Se crean así aguas que, al quedar retenidas contra los márgenes del glaciar o de las morrenas laterales, favorecieron la sedimentación de material fino, estructurado en láminas de color alternante oscuro y claro según la época del año en que quedaron inmovilizadas. Son las *ritmitas glacio-lacustres* (Redondo Vega et al., 2006), características de ese tipo de ambientes de los márgenes glaciares. En este caso el depósito se conservó apoyado en el flanco interno de la morrena lateral (González Gutiérrez, 2002a, 2002b) en las proximidades de Tolibia de Arriba, cerca del denominado, significativamente, Pozo de los Barros; en ese punto el agua procedente del arroyo de las Tolibias quedó retenida contra la morrena, generando un depósito de hasta 85 cm de potencia visible en el que se alternan los limos y las arcillas (Redondo Vega et al., 2006). Lamentablemente la construcción de una segunda residencia (la excavación para la obra confirmó su existencia, como tantas veces ocurre con los restos glaciares ocultos) lo destruyó en su mayor parte dejando sepultados los restos del mismo.

También en la parte derecha del valle, al ESE de Tolibia de Abajo, se localizan tres resaltes topográficos (Canto del Castillo, 1259 m; Turzo, 1289 m) que destacan sobre un pequeño paleo-valle no funcional de drenaje poco definido y que habitualmente está encharcado; estos relieves dominan el fondo del paleo-valle unos 40 m y soportan sobre sus vertientes y culminaciones varios *bloques erráticos* de cuarcita de escala métrica, abandonados al retirarse el hielo glaciar.

Además de los numerosos restos de origen glaciar comentados, llaman la atención en la zona otras formas de acumulación sub-actuales, como son los canchales gravitacionales que se acumulan al pie de los escarpes rocosos de caliza del Bodón (1957 m) en la margen derecha del valle cerca de la embocadura N de las Hoces de Valdeteja. Forman un *talud de derrubios* por la coalescencia de varios *conos de derrubios*; este canchal se extiende más de 400 m de O a E y es aún semi-funcional, desde un punto de vista dinámico, como indican la caída habitual de cantos y bloques desde su área fuente y la escasa colonización vegetal que presentan muchos de ellos.

Sin solución de continuidad con el canchal, casi colindante aunque desplazado hacia el N sobre el fondo de la cuenca intra-montañosa, se localiza otra forma de acumulación singular de esta montaña. Es el *cono aluvial* de Lugueros (Gómez Villar et al., 2000). Este cono se ubica a la salida al fondo de valle principal de un barranco de fuerte pendiente que se alimenta de dos torrentes convergentes unos 60 m por encima de la cota del ápice del cono. Probablemente su asiento en el fondo del valle principal llevo al río Labias a desviarse hacia el NNE (dirección contraria a la del escurrimiento regional) para sortear la base del cono a lo largo de casi 170 m para volver a retomar la dirección al SE hasta su confluencia en el río Curueño.

En la superficie el cono aluvial presenta signos evidentes de estabilización restando, como signo de funcionalidad, sólo en un canal en su margen derecha, cerca del ápice del mismo, pero que no alcanza la base o la zona más dista del cono. El resto de su superficie presenta ya áreas relativamente extensas, estabilizadas por vegetación arbustiva densa (piornal y escobonal) combinadas con otras, seguramente funcionales hace menos tiempo, cubiertas de vegetación herbácea (Gómez Villar et al., 2000).

Figura 69. La cuenca intra-montañosa de Tolibia-Valdelugueros estuvo ocupada por los hielos pleistocenos, como atestigua la morrena lateral derecha en el centro de la imagen.

70

El valle de Viadangos de Arbas

Desde un punto de vista geográfico es un valle de alta montaña situado al S del Puerto de Pajares, en la divisoria con Asturias. Tiene solo 6,5 km de longitud entre la cabecera situada en la vertiente meridional del Cueto Negro (1856 m) y la confluencia, situada a una cota de 1250 m del valle que asciende hacia la collada con la localidad de Casares de Arbas. Aunque en toda la Cordillera Cantábrica son relativamente frecuentes los restos de la dinámica glaciar pleistocena, el valle de Viadangos de Arbas destaca por concentrar, a pesar de sus reducidas dimensiones, un número muy elevado de esas huellas dejadas por el hielo glaciar, (Redondo Vega et al., 2011; Redondo Vega y Santos González, 2011).

El perfil de artesa (paradigmático) del tramo alto del valle al pie del cordal del Cueto Negro, los umbrales glaciares pulidos por el paso del hielo situados aguas arriba del pueblo de Viadangos de Arbas, los restos aislados de *till* glaciar o las morrenas laterales externas e internas, son componentes notables del glaciarismo soportado en la zona. Todos ellos son elementos habituales de otros valles cantábricos sometidos al glaciarismo cuaternario, aunque la especial configuración morfoestructural del valle, con la sucesión de diferentes y variadas litologías, ha favorecido la aparición de otros elementos de origen glaciar menos frecuentes pero que enriquecen y aumentan esa diversidad.

Es el caso de la formación de *lagunas intramorrénicas* y *yuxtaglaciares* (Redondo-Vega et al., 2024a) en el tramo medio de la margen derecha del valle (Redondo Vega y Santos González, 2011). Su conservación debe mucho al drenaje kárstico subterráneo restablecido al desaparecer el hielo glaciar y que afecta a los tramos de calizas paleozoicas que cruzan el valle en su tramo medio, sobre las que el hielo depositó morrenas. Restablecido el drenaje kárstico, la disolución de la caliza subyacente a la morrena hace que los sedimentos de esta aparezcan rehundidos progresivamente y su superficie surcada de depresiones circulares de escala métrica que traducen en superficie la dolina subyacente.

O el abandono de bloques erráticos de cuarcita (Fig. 70), algunos de gran tamaño, ubicados a distintas cotas, e indistintamente sobre lutitas o sobre calizas carboníferas, lo que ha facilitado la interpretación de la dinámica de la lengua glaciar que ocupó el valle.

También los son los collados de *difluencia* por los que el hielo rebasó a los valles vecinos (Redondo Vega y Santos González, 2011) durante su máximo avance pues, además de generar formas glaciares en el valle de referencia influyó en las de los valles colindantes. Así, en la cabecera, a través de la Collada Gistreo, una *difluencia* sobrealimentó de hielo el corto valle que desciende hacia Casares de Arbas desde la vertiente septentrional de las Tres Marías. Como consecuencia de ello, el hielo de esta lengua dejó las espectaculares morrenas que dominan el referido núcleo, morrenas que sin el aporte de hielo extra desde la cabecera del valle de Viadangos no se hubieran podido depositar con la dimensión que tienen, máxime con una zona de acumulación de hielo de tan reducida dimensión.

Todos esos restos han permitido reconstruir la dinámica que el hielo glaciar experimentó en el valle. Durante el máximo avance el frente del glaciar se localizaría algo más al S de la pequeña hoz por la que se accede al valle desde el principal de La Tercia, como prueban los enormes bloques erráticos de cuarcita semienterrados cerca de un recinto del gasoducto allí situado. Además, el espesor del hielo en el valle de Viadangos de Arbas era tal que rebasaba el cordal que lo delimita por el S, dejando numerosos bloques erráticos en toda la ladera y fondo de valle cerca de la carretera que sube hacia Casares de Arbas. En total la lengua tenía hasta su frente 6,8 km de desarrollo, un espesor de 180 m en su cabecera y de casi 100 m en la zona del núcleo citado.

Después de esa fase de máximo avance le suceden varias de retroceso del hielo. En ese momento han cesado las *difluencias* del hielo hacia la parte S de glaciar (aunque se mantiene aún la próxima a la cabecera del valle) y la retirada de hielo deja numerosos bloques erráticos de cuarcita testigos de su presencia. Tuvo que producirse una fase de cierta estabilidad post-máximo en la cual el frente glaciar estaría situado aguas arriba del pueblo. En ese lugar tuvo que estar el tiempo suficiente como para sedimentar las morrenas laterales a ambos lados del valle. La del flanco derecho del valle es la que cierra la mencionada *laguna yuxtaglaciar*; la laguna, solo con agua durante deshielos, ocupa una superficie de 3,5 ha y su drenaje es subterráneo a través de un sumidero situado en su extremo SE; hacia el valle de Viadangos de Arbas la morrena se desdobla en otra más irregular y entre ambas se localiza una pequeña *laguna intramorrénica* también de carácter estacional. Por su parte, en el flanco izquierdo del valle (Santos-González et al, 2013b) se sitúa a una cota similar en torno a 1480/1500 m la morrena lateral izquierda cuyo frente también aparece desdoblado en dos lomas (externa e interna) justo al N del pueblo, lo que indicaría una génesis común para las morrenas a ambos lados del valle.

Posteriormente, el hielo tuvo que retirarse muy rápidamente hacia la cabecera del valle, pues no tuvo el tiempo suficiente para dejar sedimentos. Ello explicaría la escasez de restos de *till* glaciar entre las morrenas mencionadas del tramo intermedio y las pequeñas acumulaciones situadas ya a una cota muy elevada y que indican el confinamiento del hielo en el circo de cabecera y la ausencia del hielo en el resto del valle.

Figura 70. Morrena lateral izquierda del máximo glaciar y bloque errático de cuarcita.

71

El glaciarismo de Babia Alta

En la parte alta de la comarca de Babia se desarrolló un importante glaciarismo durante los periodos fríos cuaternarios (Jalut et al., 2004, 2010; Santos-González et al., 2022b). La zona coincide a grandes rasgos con la cabecera de los ríos Luna y Sil y se caracteriza por ser un valle de amplias perspectivas con un fondo de remarcada planitud, que concentra todo el poblamiento y que está enmarcado por los elevados cordales montañosos del Alto de la Cañada de 2154 m al S y los bloques de Peña Orniz de 2191 m y Picos Albos al N. Estos enhiestos relieves tan elevados y tan próximos al fondo de valle, vieron transformadas sus cabeceras pre-glaciares fluvio-torrenciales en circos glaciares que acumularon hielo suficiente para dejar huellas, erosivas y de acumulación, en casi todos los valles afluentes al principal. Además, la zona del entorno del Puerto de Somiedo, de relieve menos accidentado pero elevada altitud, sirvió de asiento a un importante *icefield* que desbordaba hacia el S por ambas cabeceras fluviales mencionadas.

El valle de La Riera de Babia tiene una doble cabecera. Al O forma un continuo cordal que va del pico La Crespa de 2057 m hasta Peña Redonda de 2137 m, formando hacia el E un circo compuesto que domina el fondo de valle plano donde nace el arroyo de la Fuenfría. La otra cabecera, menos extensa, culmina a 2180 m en el Montihuero y está orientada al S. Ambas constituyeron la zona de acumulación de una pequeña lengua de hielo que descendió hasta las inmediaciones del citado núcleo de población. De su presencia han quedado bien conservados restos de acumulación glaciar, como la extensa morrena lateral derecha que comienza en la cota de 1670 m y se extiende, de NO a SE hasta los 1510 m, a lo largo de unos 1100 m. Al otro lado del valle la morrena equivalente conservada se extiende sobre la cota de 1570 m a lo largo de unos 350 m en dirección SE. Ambas formas glaciares corresponderían a la fase de máximo con un espesor de la lengua de hielo de algo más de 100 m. Los restos más bajos dejados por la lengua de hielo de La Riera son cuatro cordones morrénicos, situados a 1400 m de cota, en la zona de los Abesedos al S del núcleo citado.

Hacia el O del valle de La Riera hay importantes restos dejados por el hielo glaciar. (García de Celis y Martínez Fernández, 2002). Los ejemplos de morrenas, por su buen estado de conservación, son de los más sobresalientes de toda la cordillera como se observa desde la localidad de Las Murias hasta la de Lago de Babia. Allí, confinando el valle por el O, se puede observar tres morrenas laterales escalonadas que, en el caso de la más interna de ellas, se prolonga más de 1 km. Al otro lado del valle, hacia el E, son cuatro las morrenas laterales sucesivamente dispuestas por la vertiente. Algunos de estas formas morrénicas adquieren en su extremo a más baja cota, cerca del núcleo de Las Murias, una disposición arqueada fronto-lateral característica que las emparenta con sucesivos periodos de estabilización del hielo, dentro de la dinámica de retroceso que sigue a su máxima extensión y avance. En todo caso, forman un complejo morrénico de tal entidad que permite deducir una lengua de hielo con un espesor de más de 150 m.

Sin embargo, la procedencia de tal cantidad de hielo para depositar esas morrenas no se aviene con la existencia un área de acumulación del hielo en la cabecera de ese valle como ocurría con los circos del valle de La Riera. Al contrario, en este caso la cabecera no es más que un collado, a 1450 m, precedido de un lago de *sobre-excavación* glaciar (Redondo-Vega et al., 2018), el lago de Babia, que da nombre al pueblo situado más abajo. El collado y las laderas que preceden topográficamente al lago están sembradas de *bloques erráticos* de cuarcitas posados sobre las lutitas, lo que indudablemente implica su transporte por el hielo al no existir esos materiales en los flancos del valle, pero sí al otro lado del collado, es decir, en el valle alto del río Sil.

Tales depósitos solo son explicables mediante el trasvase de hielo en dirección al pueblo de Lago de Babia, a través del collado mediante una *difluencia glaciar* desde el campo de hielo que ocupó toda la superficie al S del puerto de Somiedo. O bien pudo tratarse de una *difluencia* de hielo solo a partir de la lengua de hielo que fluía por el valle del Sil. En todo caso, ambas posibilidades explicarían la aparente "anomalía" de formas elaboradas por la dinámica glaciar sin existir esa área de acumulación en la cabecera del valle.

Las grandes dimensiones que alcanzó la ocupación del hielo en la zona, y el espesor que este tuvo se explican también por la presencia de otros elementos ligados al glaciarismo. Es el caso de las *lagunas yuxtaglaciares* de La Mata que están situadas en la zona culminante del interfluvio que forman el valle del arroyo del Campo de la Vega al O, y el del arroyo del Puerto al E, próximos al núcleo de La Vega de los Viejos (Jalut et al., 2004, 2010). Se conservan cinco lagunas muy someras, sólo estacionalmente con agua procedente de la precipitación directa y de los deshielos y que, como es habitual en casi todas las de origen glaciar, presentan un avanzado estado de entarquinamiento y por eso un doble interés. Por un lado, su importancia paleo-climática viene del hecho de haber servido de base a análisis polínicos y de sedimentos que dataron su edad en 32000 años *B.P.* (Jalut et al., 2004, 2010), lo que hace pensar en una fase de máximo glaciar más antigua de lo que habitualmente se consideraba para esa zona de la Cordillera. Por otro, su interés geomorfológico, pues la posición en la culminación del relieve mencionado, que destaca 220 m sobre el *talweg* del arroyo del Puerto y en torno a 200 m sobre el de Campo de la Vega, nos indica de por sí la magnitud de las dos lenguas de hielo que, al impedir la escorrentía hacia las vertientes (por la formación de pequeñas morrenas laterales que cierran sectores del relieve previamente sobre-excavados), dio lugar a las *lagunas yuxtaglaciares*. Y eso teniendo en cuenta que su formación sucede a la fase de máximo avance de los hielos, cuando un campo de hielo (*ice-field*) ocupó todo ese sector de la montaña cantábrica, desde la zona del Puerto de Somiedo hasta las cabeceras de las comarcas de Babia y Laciana.

La presencia de hielo glaciar en todo ese entorno se concreta, por ejemplo, con los abundantes *cantos estriados* glaciares en el entorno de las lagunas, las morrenas fruto de la desintegración del hielo glaciar en la zona del Puente de las Palomas (también con numerosos cantos estriados), los umbrales de caliza pulidos de ese mismo sitio o en el flanco N de la carretera CL626 km 25 (Fig. 71), o los arcos morrénicos frontales que dejó uno de los frentes principales de la masa de hielo hacia el S en el Campo de La Mora (Santos González, 2011; Santos-González et al., 2013b, 2018, 2021a), hoy parcialmente desmantelados por las explotaciones de carbón a cielo abierto.

También en el valle de Torre de Babia existió una lengua de hielo de unos 9 km de longitud (García de Celis, 1997; García de Celis y Martínez Fernández, 2002; Santos-González et al., 2021) que se nutría del hielo acumulado en varios circos glaciares compuestos que forman el cíngulo montañoso de más 7 km que va de Montihuero a la Peña del Congosto (2088 m). Esa zona de acumulación cubre una extensa superficie de 6,5 km², la mayor parte de ella por encima de 1750 m, lo que favoreció la formación una potente lengua de hielo que durante el máximo avance de los hielos tuvo que llegar al fondo del valle principal en las proximidades de Huergas de Babia, aunque no hayan quedado restos visibles de ello. Sí se encuen-tran, sin embargo, entre este núcleo y el de Torre de Babia, un sistema de arcos morrénicos frontales fácilmente reconocibles si descontamos las modificaciones puntuales producidas por los aprovechamientos agrarios y la disección de su parte central por el río de Torre que los ha eliminado. Los tres lugares donde aparecen los restos de los arcos frontales están espaciados de manera equidistante corres-pondiendo a tres momentos de estabilización del frente del glaciar en su dinámica de retroceso.

El grupo más externo consta, a su vez, de tres arcos frontales en la margen izquierda del valle y sólo dos en la derecha, aunque estos tienen mayor continui-dad y se prolongan hacia los flancos por sendas morrenas laterales. La más alta y externa de estas morrenas se apoya sobre el pequeño collado por el que asciende la carretera LE 3406, km 1,800, hacia el pueblo de Torre de Babia desde el valle principal. Aguas arriba se localiza un "arco" intermedio compuesto por un *lomo morrénico* muy visible en la margen derecha ya que lo atraviesa la mencionada ca-rretera. Por último, el "arco" interior está ya a las afueras del pueblo y lo forman dos colinas aisladas que apenas destacan sobre el fondo de los prados. No obstante, el de la margen izquierda del valle, de mayor dimensión, sirve de soporte a la iglesia del pueblo y es más fácilmente reconocible, pues en uno de sus flancos es visible el *till* glaciar que lo forma.

Figura 71. Morrenas de desintegración del hielo al E del Puente de las Palomas en 2001 a la izquierda y detalle, a la derecha, de un asomo de calizas carboníferas pulido y estriado en el talud de la carretera al E de Piedrafita de Babia, en 2006.

72

Valle alto del río Boeza-Campo de Santiago

La cabecera del río Boeza constituye un valle glaciar localizado al S del cordal que domina el pico Catoute (2112 m) y La Cernella (2117 m) que tiene una importancia especial por su posición meridional respecto a la divisoria principal de la cordillera, así como por su gran desarrollo, con una lengua que superó los 12 km de longitud. En ella destaca especialmente el Campo de Santiago, donde el glaciar transformó el valle en una espectacular artesa de 2 km de longitud y unos 300-400 m de anchura, a 1500 m de altitud. Por otra parte, aguas arriba de la localidad de Colinas del Campo de Martín Moro existe un depósito, atribuido en principio a la dinámica *glacio-lacustre*, de gran espesor, muy singular por ser uno de los pocos restos de este tipo localizados en la Cordillera Cantábrica (Redondo Vega et al., 2000, 2002c, 2006; Redondo Vega, 2007).

El curso alto del río Boeza lo forman la confluencia de los ríos Susano y Del Campo aguas arriba de la localidad mencionada. Ambos cursos fluviales nacen en cabeceras donde la impronta dejada por el hielo glaciar se superpone a un sustrato de macizo montañoso de escasa variedad lito-estructural. El paisaje, cuando no lo recubre una densa vegetación, muestra numerosos afloramientos de las cuarcitas del Paleozoico inferior y, unas veces aún exhibe el pulimento dejado por el paso del hielo, otras, lo que dominan son los escarpes pindios a cuyo pie se extienden extensos canchales a medio colonizar por la vegetación. El valle alto del Boeza, conserva numerosos restos glaciares (Redondo Vega, 2002a, 2002f) que, junto con la repetida presencia de las cuarcitas, imprimen carácter a sus formas de relieve dándole una acusada identidad al paisaje aunque con diferencias según consideremos una u otra cabecera.

Así, en la cabecera del valle del río Susano predominan las formas erosivas, destacando la presencia de dos circos glaciares esculpidos en las cuarcitas cuyos afloramientos de roca desnuda, o recubiertos del tegumento que aportan los canchales, caracterizan el terreno. El circo más septentrional tiene forma de "c" abierta al ENE. A partir de él un conjunto de rellanos precedidos de escarpes que culminan un cerrojo, se escalonan en el perfil longitudinal de esta cabecera, adquiriendo la típica morfología escalonada labrada por el paso del hielo. Los rellanos más marcados están a 1980 m (este cubierto parcialmente por un extenso canchal aún con muestras de actividad), a 1880 m donde las dos lagunas de La Rebeza que ocupan la sobre-excavación generada por detrás del umbral, a 1780 m y, por último, a 1720 m. Por debajo de esa cota, todo el valle se angosta aunque conserva casi siempre el perfil transversal en artesa, así como varias pequeñas morrenas. Ya en la confluencia con el Del Campo, el paso del hielo ha dejado un magnífico umbral pulido de cuarcitas, en la margen izquierda del valle (Redondo Vega et al., 2002a) dominado por los restos de una morrena lateral.

La cabecera del río Del Campo, al contrario, cuenta con un amplio valle de unos 2 km de longitud y cerca de 400 m de anchura formado por el relleno de sedimentos fluvioglaciares que constituye el elemento más singular de todo este espacio. Es el Campo de Santiago (Fig. 72), donde se ha labrado una amplia *artesa glaciar* que constituye una de estas morfologías glaciares mejor desarrolladas y conservadas de la Cordillera Cantábrica. Su fondo plano y extenso, de escasa pendiente, lo drena el río Del Campo, aunque éste no tiene un cauce definido, pues se forman múltiples cauces entrelazados (a menudo con la morfología de canales trenzados, *braided*) en épocas de deshielos y aumentos subsiguientes de sus caudales. Aunque cerca de los cordales culminantes de La Rebeza hay dos circos muy netos, en realidad todo el cordal que delimita el Campo de Santiago por el S, y él mismo, constituyeron la zona más importante de acumulación de hielo del glaciar del Boeza. El espesor fue importante, aunque seguramente no superara los 200 m, pues no hay huellas de su *transfluencia* hacia el valle de Fasgar en la collada que separa ambos. No obstante, sí talló un umbral de cuarcitas (Redondo Vega, 2002f) con el característico perfil longitudinal asimétrico que deja el desalojo de los bloques por el hielo. A partir de ese punto, la amplia artesa da paso a un tramo, hacia el S, con un cambio de perfil transversal muy neto y su transformación en un valle angosto y mucho más abrupto, coincidiendo con el espacio en el que se atraviesan las estructuras paleozoicas de forma perpendicular.

Una singularidad del valle es la presencia de un depósito de difícil interpretación considerado en su momento como *glacio-lacustre* (Fig. 29). Se localiza a 1175 m de altitud, en la margen derecha del río Del Campo en el tramo de 1,5 km en el cual el río cambia la dirección N-S que mantenía desde el Campo Santiago y se dirige hacia el O, de forma conforme a las directrices estructurales paleozoicas, antes de la confluencia con el valle del río Susano (Redondo Vega et al., 2000; Redondo Vega, 2002c, 2002f, 2006c). En este tramo el valle se amplía en su fondo dando cobijo prados, aunque las vertientes siguen siendo de elevada pendiente. La potencia del depósito superaba los 6 m y alcanzaba una extensión de unos 130 m, aunque hoy en día se encuentra sepultado por el material deslizado de un argayo y bajo los derrubios de gravedad caídos de los canchales situados ladera arriba; además, la zona de acceso al antiguo corte, antes despejada, la cubre un bosquete de abedules y alisos. Allí, delimitado por los restos de un *till subglaciar* aguas abajo del depósito (aún se conserva un corte del mismo y es visible por la excavación del río) y los materiales *fluvio-glaciares* aguas arriba, se encontraban sedimentos *glacio-lacustres* con un espesor visible de hasta 2,5 m (Redondo Vega et al., 2006c). En la sección se observaban varios niveles diferenciados que indicaban cambios en la dinámica de sedimentación relacionados con modificaciones en el caudal circulante y en el sedimento aportado. Así, hacia el muro se daba una alternancia de láminas muy finas de arcillas oscuras y limos claros, *ritmitas*, con pequeños lechos masivos limo-arcillosos que a veces incluían la presencia de *dropstones*.

Sobre esos sedimentos finamente laminados, se situaban otros predominantemente arenosos con alternancia de niveles de arenas grises claras con limo-arcillas más oscuras y, hacia el techo ya, con arenas gruesas y gravillas en lentejones o en canales; en este nivel intermedio eran fácilmente reconocibles gran variedad de estructuras sin-sedimentarias con laminaciones onduladas, estratificaciones cruzadas y numerosas huellas de *glaci-tectónica*. A todo este conjunto se le superponía un nivel de arenas gruesas masivas y niveles de gravillas que constituían el techo del depósito.

Ahora bien, recientes dataciones llevadas a cabo de ^{14}C en la base del depósito indican una edad de 10000 años lo cual no se aviene con la presencia de hielo en su entorno cercano. Similares dataciones absolutas realizadas en una laguna de origen glaciar del Pico Lago del mismo macizo montañoso (situada a una cota de 1700 m) arrojan una edad para el sedimento *glacio-lacustre* de su fondo de 13200 años y 11800 años para la base de la turba situada a techo del mismo, es decir, mucho antes del momento en el que se genera el *glacio-lacustre* del río del Campo ya no existía hielo ni siquiera en los circos más altos y mejor orientados al N. ¿Fue entonces un deslizamiento antiguo el que cerró el valle formando el lago temporal donde se sedimentaron las *ritmitas*? Seguramente esto fuera posible ya que se trata de laderas de muy fuerte pendiente las que lo dominan por el N (y no olvidemos que uno de estos deslizamientos actuales es el que ahora mismo sepulta el sitio) y que quedaron en condiciones de gran inestabilidad al desaparecer la lengua del glaciar. En este caso estaríamos ante un ejemplo más que podemos atribuir a la dinámica *paraglaciar,* aunque entonces es difícil explicar la intrusión entre las finas laminaciones de las *ritmitas* de cantos y bloques aislados, *dropstones*, algunos estriados y de clara morfología glaciar cuyo origen entonces sería aún más enigmático que el propio depósito.

Figura 72. La artesa glaciar del Campo de Santiago, nacimiento del río Boeza, y detalle del depósito de *ritmitas* del valle del río Del Campo.

73

Valle del arroyo de Aro en Peñalba de Santiago

En los Montes Aquilanos, que es el cordal montañoso que delimita la *cubeta del Bierzo* por su parte meridional, se abren una serie de valles cortos, de dirección SSO-NNE y profundamente entallados en las estructuras de las rocas paleozoicas a las que cortan perpendicularmente. Uno de ellos es el del arroyo de Aro, que discurre entre el cíngulo montañoso que forman las más altas cumbres de los Montes Aquilanos: Cabeza de la Yegua (2142 m), Alto de las Berdiaínas (2116 m) y La Mayada (2020 m) y la localidad de Peñalba de Santiago.

Las rocas que arman el valle son series del Paleozoico inferior dispuestas en sus contactos de ONO a ESE y los estratos están fuertemente deformados en pliegues muy apretados que se traducen en capas casi verticales, a veces invertidas en su dirección de buzamiento. Desde la parte superior se suceden a lo largo del valle, primero las pizarras negras, después la alternancia de pizarras y cuarcitas, otra vez las pizarras negras y, por último, las calizas blancas que singularizan el paisaje y lo confinan en su parte inferior.

El arroyo de Aro que recorre el valle ha cortado las estructuras perpendicularmente gracias a su elevado potencial que le confiere el desnivel que salva desde la cabecera (1100 m en apenas 3 km de recorrido, lo que equivale a una pendiente de 36%). Ello le ha permitido atravesar con relativa facilidad los afloramientos de capas de cuarcita en el tramo intermedio del valle, o las competentes calizas del inferior, donde ha labrado un estrecho escobio.

La labor erosiva de las aguas, al trabajar de manera diferencial, se traduce en la irregular morfología de las laderas, donde los afloramientos de cuarcita y arenisca siempre quedan en resalte entre surcos e incisiones que coinciden con las intercalaciones pizarrosas de la estructura. Además, la vegetación que todo lo cubre, a excepción de las crestas rocosas salientes, regulariza las formas ocultando los afloramientos de pizarra, al tiempo que su falta en las crestas de rocas resistentes las destaca más. Esa es la morfología actual del valle, al menos en el amplio sector intermedio si excluimos las escarpadas vertientes de pizarra que dominan su cabecera y la amplia banda de calizas blancas que forman su parte inferior.

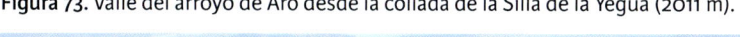

En la actualidad esta dinámica es la más relevante que modela su forma, aunque la morfo-estructura debe sus rasgos básicos, a la acción del escurrimiento del hielo pues no se puede obviar que estamos ante uno de los mejores ejemplos de montañas con *valle en artesa* (Fig. 73) que los hielos cuaternarios excavaron (Redondo-Vega et al., 2022). En efecto, son conocidas desde hace tiempo las formas de origen glaciar en los Montes Aquilanos (Suárez Salgado, 1993, 1994a, 1994b) y llama sobre todo la atención la proximidad que tienen respecto a la *cubeta* del Bierzo, sobre la que aparecen prácticamente suspendidas y a más de 1500 m de desnivel, así como el predominio de las formas erosivas sobre las de acumulación glaciar.

Las formas erosivas, aunque camufladas por la cubierta vegetal, son aún rotundas, limpias, sin enmascarar por los depósitos morrénicos. Se localizan muy pocos enclaves en los que aparecen restos de *till* glaciar, casi siempre removilizados. La escasez o ausencia de esas formas de acumulación, en comparación con las dimensiones de la artesa glaciar que forma el valle, se relaciona con la importante labor erosiva que experimentaron una vez desaparecido el hielo glaciar fruto de las elevadas pendientes de todos los arroyos tributarios del río Sil en la zona (Redondo-Vega et al., 2022). No obstante, sí es posible identificar tres cordones morrénicos a 1120 m, 1250 m y 1550 m respectivamente, todos en la margen derecha del valle y que corresponderían a sucesivas fases de estabilización de la lengua del hielo en su dinámica de retroceso. El perfil transversal en artesa se mantiene prácticamente a lo largo de todo el valle, solo interrumpido por unas hombreras muy poco marcadas; el perfil longitudinal es escalonado con pequeños saltos verticales cuando afloran las rocas resistentes y se generan umbrales de resistencia (a 1320 m, 1420 m; el mejor conservado cierra el circo de cabecera en la cota de 1750 m), que el arroyo de Aro salva mediante cortas cascadas.

Figura 73. Valle del arroyo de Aro desde la collada de la Silla de la Yegua (2011 m).

74

El glaciarismo del Alto Esla

La cabecera del río Esla la conforman un conjunto de amplios valles con unas pendientes longitudinales relativamente bajas y que se manifiestan en los dos surcos principales del valle de Riosol y de Maraña, orientados de O-E. Su escasa pendiente y altitud (entre 1150 y 1300 m) contrasta con las elevadas cotas, tanto de la divisoria principal con Asturias en Peña Ten (2142 m), al N, como las que la cierran por el S (cumbres del Mampodre, 2192 m).

El glaciarismo del Alto Esla ya aparece citado hace décadas en estudios generales de toda la Cordillera Cantábrica (Castañón Álvarez, 1989; Frochoso Sánchez y Castañón Álvarez, 1998, entre otros), o más específicos sobre el glaciarismo de la zona, que se centraron en el Macizo de Mampodre (Arenillas Parra y Alonso Otero, 1981, entre otros).

La cabecera del río Esla que conforma los valles principales mencionados fueron asiento de una importante ocupación por el hielo glaciar durante el Pleistoceno (Alonso Herrero, 2002), ya que la lengua principal se extendía, desde las divisorias de los puertos de Tarna y Las Señales, a lo largo de algo más de 15 km, hasta un sector comprendido entre Lario y Liegos, en donde se conservan los restos a más baja altitud de la última glaciación del valle (Redondo-Vega et al., 2014).

La configuración morfológica de estos dos valles fue sin duda propicia a la acumulación de hielo ya que la amplitud que presentan se debe a la excavación preglaciar pero favorecida por la propia configuración estructural de estas montañas. Así, las complejas estructuras paleozoicas de la zona se caracterizan por la presencia de un extenso y amplio afloramiento en el que predominan materiales más blandos. Se trata de lutitas enmarcados al N y al S por facies más resistentes, tanto calcáreas carboníferas, como silíceas (areniscas y cuarcitas del Paleozoico inferior). Su evolución morfo-genética dispuso unas superficies muy amplias y extensas a elevada altitud que favorecieron la acumulación de hielo y su conservación. Podemos suponer, por los restos de origen glaciar que aún se conservan, que el valle estuvo colmatado por completo por el hielo durante el último máximo glaciar, tal y como ocurrió en otras zonas de la vertiente leonesa de la cordillera como Babia y Laciana (Santos-González et al., 2022).

Figura 74. Bloque/plancha de arenisca, a la derecha, con abundantes estrías glaciares y aristas embotadas alojado sobre las calizas tableadas carboníferas próximo a la cumbre de Peña del Castiello (1352 m). Abajo, uno de los circos glaciares del cordal de Peña Ten (2141 m), donde se aprecian dos de los umbrales escalonados de su fondo, a 1870 m y a 1959 m, este último ocupado por un nevero a principios de verano.

Así, en la cabecera del valle de Riosol, la presencia de *bloques erráticos* de cuarcita sobre las lutitas del collado Cagüezo indica una *transfluencia* de hielo desde la cabecera de Riosol hacia el valle de Maraña; o los *bloques erráticos* y cantos glaciares situados algo más al E, emplazados sobre los pequeños asomos de caliza en el entorno de la Peña el Panazal (1416 m), que muestran un espesor de hielo de unos 140 m de la lengua que descendía desde los puertos mencionados hacia el E.

Por el S, los elevados cordales calcáreos de Mampodre generaron lenguas de hielo desde varios circos orientados al N, que llegaron hasta el fondo del valle principal de Maraña; se conservan morrenas laterales correspondientes a fases de estabilización del hielo, en su dinámica de retroceso, una vez que el hielo quedó individualizado en lenguas independientes y confinado en distintos valles alimentados por los circos en su cabecera. El más importante de estos valles, aunque no el único, conserva en su lado derecho una morrena lateral que desciende desde los 1520 a 1240 m de altitud, a lo largo de casi 2 km; esta morrena se desdobla en varios arcos internos, cada vez a mayor altitud, correspondientes a otras tantas situaciones de estabilización de la lengua de hielo progresivamente menos potente y extensa.

Por el borde N del Alto Esla, también son varios los valles que conservan restos glaciares que prueban su total ocupación por el hielo durante el último máximo glaciar. Es el caso del valle de Polvoredo, o de la lengua de hielo que descendía desde la vertiente meridional del cordal de Peña Ten para unirse con la lengua que procedía de Riosol, unos 2 km al NO de la localidad de La Uña; evidencias del paso del hielo por esta zona son los diversos asomos calcáreos con su superficie roma, la inclusión de cantos silíceos entre las calizas que los forman (algunos de arenisca con estrías glaciares, Fig. 102) o el corte de *till* glaciar de la margen derecha del valle principal al lado de la carretera CL 635. De la magnitud del espesor de hielo que tuvo el valle, a pesar de la amplitud del mismo, da cuenta el hecho de la presencia de cantos de cuarcita y arenisca incrustados en los *lapiaces* de Peña Castiello (1352 m) a más de 110 m sobre el *talweg* del arroyo actual.

El valle de Burbia

El valle del río Burbia en Ancares tiene importantes restos de origen glaciar y periglaciar (Pérez Alberti et al., 1993; Pérez Alberti y Rodríguez Guitián, 1993). Al igual que el resto de valles de la comarca, dos tramos diferenciados (Redondo Vega, 2006b): el superior sigue la dirección NO-SE, que es la de las directrices estructurales paleozoicas y, a partir de un determinado punto, cambia a una dirección N-S, encajándose profundamente en las estructuras, estrechándose su fondo de valle, y tallando angostos escobios y cortos desfiladeros hasta alcanzar la cubeta del Bierzo y al principal colector de ésta, el río Sil.

En el tramo superior, la morfología es muy diferente: tramo mucho más amplio, el fondo relativamente plano (con escasa pendiente si se considera que está ya en la alta montaña colindante con la divisoria principal de la cordillera) y vertientes muy inclinadas, casi abruptas, al menos en el tercio inferior de éstas. Es decir, un perfil transversal de *valle en artesa* (Fig. 75), cuya fisiografía actual se debe en gran medida al trabajo de los hielos cuaternarios que le imprimieron su condición retrabajando las formas fluviales preexistentes perfilando muchos de aquellos caracteres, pero convirtiéndolo en uno de los mejores ejemplos de artesa glaciar de toda la cordillera.

Como indicadores de esa ocupación por el hielo no solo están el potente recubrimiento *fluvioglaciar* que lo colmata y uniformiza, dándole planitud al fondo de la artesa, sino los circos de las cabeceras del valle muy bien conservados. Así, un cordal de relieves montañosos envuelve la cabecera del valle desde Pico Cuiña (1992 m) al N, y al Mostallar (1935 m) y Corno Maldito (1859 m) al NO; éstos, más el contrafuerte que la cierra al OSO, sirven de asiento a una decena de circos glaciares (unos más reducidos, otros más amplios y compuestos) que conforman una cuenca relativamente amplia para la captación y retención del hielo durante los periodos fríos cuaternarios.

La confluencia de dos valles principales en su cabecera conformaba este pequeño glaciar (si se compara con otros de la cordillera) que se extendía unos

9,5 km. El frente estaría situado unos 2 km aguas abajo del núcleo de Burbia, donde se localiza, en la margen derecha del río, un potente depósito de *till* glaciar (Redondo Vega, 2006b) con cantos y bloques de cuarcita y arenisca (algunos de gran tamaño), con escasa matriz areno-limosa (casi clasto-soportado) y que descansa discordante sobre un umbral de pizarras del Paleozoico inferior pulido por el paso del hielo. Aguas abajo de ese resto, no existen evidencias claras, ni de formas erosivas ni, menos aún, de sedimentos glaciares; de haber existido éstos, la fuerte pendiente del río al encajarse en dirección S, seguramente los hubiera arrastrado movilizándolos aguas abajo.

Figura 75. Tramo alto del valle en artesa de Burbia con el Mostallar (1935 m) dominando la divisoria principal de los Ancares con la provincia de Lugo.

El valle bajo de Lumajo

Lumajo es uno de los cinco valles, el más oriental, de dirección N-S que drenan todo el valle de Laciana desde la divisoria con Asturias. En él se encuentra la localidad homónima y se extiende a lo largo de 10,5 km desde el cordal de Peña Blanca 1918 m al N hasta la confluencia con el Sil en Villaseca de Laciana. Su forma alargada y estrecha con una elevada pendiente longitudinal ya que salva más de 800 m entre sus extremos pero que, transversalmente, combina formas casi planas en muchos segmentos del fondo de valle, con vertientes abruptas en su tramo inferior y rellanos de escasa pendiente sobre todo en las zonas de cabecera y cerca de los interfluvios. Esa morfología peculiar queda remarcada además por una muy diversa composición litológica ya la zona axial del valle separa también hacia el E rocas paleozoicas predominantemente calcáreas y más modernas que las que predominan hacia el O, más antiguas y silíceas. Además, el tramo inferior del valle destaca la existencia de rocas también paleozoicas, pero ya estefanienses.

En las fases frías pleistocenas este valle estuvo ocupado totalmente por una masa glaciar de sobresalientes dimensiones. Desde la divisoria cantábrica (sector Cornón, 2188 m/Peña Blanca), un campo de hielo asentado en la amplia altiplanicie preglaciar a más de 1800 m escurría, predominantemente, hacia el S a lo largo de todo el valle de Lumajo hasta el valle del río Sil. Como consecuencia de la ocupación por el hielo, las formas de origen glaciar en el valle son muy netas en el tramo inferior del valle. Se conservan elevados cordones morrénicos escalonados, en posición casi interfluvial que, en el flanco lateral derecho del valle, al impedir la escorrentía, dieron lugar a la laguna de Villaseca (Jalut et al., 2004, 2010; Redondo-Vega et al., 2024a, entre otros).

Esta laguna, suspendida a 170 m sobre el fondo de valle actual, indica al menos ese espesor de hielo en el valle de Lumajo en un momento ya de estabilización del flujo de hielo. Cerrada por dos arcos morrénicos, la Laguna del Castro o de Villaseca con 1,6 ha de superficie es la mayor de todo el Alto Sil (Redondo-Vega et al., 2018). Esta laguna ha sido estudiada en diversos trabajos (Jalut et al., 2004,

2010; Redondo-Vega et al., 2024a, entre otros) y datada en, al menos, 35000 años antes del presente, por lo que el máximo glaciar fue anterior a esa fecha, al igual que las lagunas de La Mata situadas en el siguiente interfluvio hacia el E. Su génesis tendría lugar después del último máximo glaciar una vez que las lenguas de hielo se canalizan por los respectivos valles afluentes del Sil de N a S, cerrando el paso al escurrimiento desde la parte superior de los interfluvios ya deglaciados (Jalut et al., 2010; Redondo-Vega et al., 2018). Se trata pues de una laguna de tipo *yuxtaglaciar*, que presenta un elevado proceso de colmatación por sedimentos, aunque no está totalmente desecada como otras lagunas de esta parte del valle con el mismo origen. Por ejemplo, la ubicada inmediatamente al N de la del Castro, pero a una cota superior de 40 m, o la laguna Gozapeiro situada en la ladera opuesta del valle a unos 2 km al NE y que solo ocasionalmente contiene aguas someras.

Tras la retirada de los glaciares, la escorrentía se adapta a las irregularidades que el hielo ha generado en el relieve preglaciar del valle y en los umbrales rocosos más resistentes aparecen cascadas como la situada 0,5 km aguas abajo del pueblo de Lumajo, en donde el valle gira bruscamente al NE y se precipita para sortear un afloramiento de areniscas paleozoicas.

Un kilómetro y medio más hacia el S destaca la presencia de otra cascada de más de 20 m de desnivel en dos saltos consecutivos (Fig. 76) perfectamente visible desde la carretera de acceso al pueblo durante la estación fría, cuando la densa vegetación de especies caducifolias no la oculta. La cascada se forma al atravesar el río una cresta de calizas devónicas resistentes que constituyeron un umbral de resistencia al paso del hielo. En la margen derecha de la cascada se aprecia aún el pulido de la cresta calcárea producido por el hielo; mientras que, adosados a la superficie de ese umbral, persisten restos del *till subglaciar* con cantos y bloques silíceos (los de arenisca con estrías glaciares) arrastrados por el hielo (Redondo-Vega et al., 2024b).

Las cascadas son la forma que tiene el río Lumajo de adaptarse a los desniveles creados en umbrales de origen glaciar y lo hace mediante dos saltos siguiendo la dirección que toma el río hacia el SO y la falla en esa dirección que disloca el afloramiento de las calizas paleozoicas que forman el sustrato del salto, o una fractura en dirección NE en el caso de la cascada más cercana a Lumajo, pues casi siempre que lo cursos fluviales atraviesan roquedos muy competentes y circulan en un tramo en dirección contraria a la del escurrimiento regional, lo hacen para aprovechar alguna línea de debilidad de la estructura (fractura, falla) que facilite su paso. No obstante, el proceso de encajamiento de la red del Sil en el macizo cantábrico es, sin duda, el principal factor que explica la existencia de las cascadas del valle. Así, entre Lumajo y la desembocadura del río en el Sil, aguas abajo de Villaseca de Laciana, el río recorre 5,5 km y salva un desnivel de casi 300 m, es decir, una pendiente de 5,3% lo que favorece su encajonamiento y la incisión del relieve salvo cuando atraviesa los umbrales donde se adapta mediante las cascadas.

Figura 76. Cascada de Lumajo a finales de primavera.

77

Valle del río del Lago

Este valle es uno de los que drenan la vertiente N de la Sierra de la Cabrera en su sector más oriental al que genéricamente denominamos macizo de Vizcodillo (2121 m). Las aguas de dicho sector oriental de la sierra vierten al río Eria a través de los arroyos de cabecera del río Truchillas, de los cuales el río del Lago es el más importante, con casi 6 km de longitud entre el canal de egresión del lago donde nace, hasta su confluencia con el río Truchillas.

Son los roquedos silíceos del Paleozoico inferior los que constituyen el armazón estructural de este macizo. Las series más competentes de esa edad se disponen en apretados pliegues inclinados de dirección ONO-ESE y afloran en todo el sector culminante, mientras que los valles se suelen ajustar a sectores hundidos por fallas y con predominio de las pizarras. La existencia de estos materiales compactos y resistentes en la zona superior de la alineación montañosa explica varios hechos geomorfológicos, como la conservación de amplias superficies pandas en los sectores dominantes del relieve, a elevada altitud, en torno a la divisoria de aguas, en este caso con el valle del Tera en Zamora.

Si consideramos que la Sierra de Cabrera, al igual que la del Teleno, no son más que bloques levantados, *horsts*, por la tectónica reciente (García Fernández, 2005), este macizo montañoso se configuraría con los restos de paleo-superficies de erosión pre-cuaternarias, los cuales, por su posición culminante, fueron aprovechados como zonas de acumulación por el hielo glaciar (Redondo Vega et al., 2002b, 2022). Por otro lado, la excavación por el hielo de las cabeceras torrenciales previas, al afectar a estos materiales resistentes, ha generado circos glaciares cuyas paredes, a veces subverticales, son magníficos ejemplos de estas formas de erosión.

Por lo que se refiere al valle del Lago, este tiene su cabecera en un circo de paredes muy escarpadas, labrado en las mencionadas rocas que forman el flanco oriental del pico Vizcodillo. En el escarpe son visibles los potentes bancos de cuarcitas blancas plegadas que forman el entramado estructural del sector más elevado del bloque. El circo dispone de una amplia superficie culminante, de algo menos de 2 km², ubicada en varios niveles a modo de rampas, entre los1930 m en la parte más meridional y los 2080 m en la septentrional. Por lo tanto, la superficie culminante lejos de ser uniforme y regular, presenta esos sucesivos escalones, a modo de dilatados y continuos *chanos*, que convergen tanto sobre el circo principal al que dominan, como sobre la cabecera secundaria situada al SE (Redondo Vega et al., 2002b, 2022). Esa morfoestructura, a la vez dependiente de la sobre-elevación tectónica, como de su evolución morfológica, dio lugar a esas extensas superficies muy elevadas capaces de acumular y retener gran cantidad de hielo lo que permitió la sobre-alimentación de los circos glaciares pues, sin su concurso, es difícil entender la magnitud de las morrenas existentes, teniendo en cuenta las dimensiones discretas del circo que alimentó el glaciar que las formó.

El lago Truchillas ocupa el fondo del circo (Fig. 77) y su extensa lámina de agua horizontal contrasta con los flancos sub-verticales del circo que lo confinan por el O y N con un escarpe de 140 m, lo que acentúa la sensación de relieve. Por el E el lago está cerrado por una morrena fronto-lateral (Redondo Vega et al., 2002b, 2022) pero con un desnivel de menos de 50 m. Al S lo confina un pequeño *cono fluvio-glaciar* en cuyo frente se abre un angosto canal de egresión que da nacimiento al río del Lago con las aguas sobrantes y de los deshielos. Con el nombre de Lago de Truchillas fue declarado Monumento Natural, junto con el Lago La Baña en la misma Sierra, y forma parte de la red de espacios naturales de la Comunidad Autónoma.

El valle conserva un sistema morrénico de cierta complejidad, pues aparece escalonado a diferentes cotas y en lados opuestos del valle. No obstante, se han diferenciado tres estadios de desarrollo de la dinámica glaciar (Redondo-Vega et al., 2022; Santos-González et al., 2022c): en la zona superior, y partiendo de los flancos del circo, se localizan dos grandes depósitos morrénicos, la morrena lateral derecha entre 1850-1630 m, que se correspondería con la fronto-lateral izquierda que delimita el lago (ésta presenta en su lado interno, que da al lago, dos niveles escalonados). Valle abajo aparecen dos grandes morrenas adosadas a la vertiente izquierda, una en posición interna, entre 1650-1530 m, y la más externa y baja entre 1620-1420 m (Redondo Vega et al., 2002b, 2022). Desde esta última cota los restos glaciares se prolongan a lo largo del valle hasta la confluencia con el barranco de Piñiello, pero muy difuminados y removidos. En el tramo superior la morrena aparece también removilizada, alternando los restos dispersos en la zona basal de la vertiente de la margen derecha, con sectores en los que el depósito muestra su techo aplanado (como si de una terraza fluvioglaciar se tratara), pero con una pendiente elevada. En el tramo inferior, justo aguas arriba de la confluencia, se conserva un lomo morrénico poco marcado en el fondo del valle cuyo frente se sitúa a 1270 m que seguramente, marcaría la máxima expansión del hielo.

Al contrario de lo que ha ocurrido en los valles afluentes del río Cabrera, donde debido a las fuertes pendientes la intensa erosión post-glaciar ha eliminado la mayoría de los depósitos morrénicos, este valle del río del Lago es, de toda la

Sierra de Cabrera, el que contiene las huellas glaciares más rotundas (Redondo Vega et al., 2002, 2022). El valle recibe por su margen derecha el barranco de Piñiello, que circula por una amplia artesa cuya cabecera configura un amplio anfiteatro que culmina en el Alto de Piñiello (1934 m). El encajamiento del arroyo homónimo deja al descubierto un amplio y extenso depósito de *till* glaciar que ocupa el flanco izquierdo del valle entre 1460-1650 m. Sin embargo, más abajo, y hasta su confluencia con el del Lago, no quedan restos visibles de sedimentos glaciares, aunque el perfil transversal del valle indique claramente el paso del hielo.

Figura 77. Lago Truchillas.

78

Lagunas yuxtaglaciares
del valle de Respina

El arroyo de Respina tiene su cabecera en el circo de origen glaciar labrado en el cordal orientado al E que va de Peña Agujas (2141 m) al Pico Cuerna (2140 m). A partir de ahí drena las aguas de la vertiente S de la Sierra de Sentiles. Toda esa área montañosa tuvo una gran acumulación de hielo durante las glaciaciones pleistocenas como atestiguan, además del circo mencionado, otras evidencias como varios arcos morrénicos y lagunas glaciares existentes en la zona de Requejines, toda la artesa glaciar por la que circula el arroyo, perfectamente conservada aguas arriba y abajo de la explotación de talco, o las lagunas de carácter *yuxtaglaciar* que aparecen ahora suspendidas a media ladera sobre la artesa principal. Otras formas de relieve ligadas a procesos gobernados por el frío son los glaciares rocosos que se formaron una vez desaparecido el hielo glaciar de la zona en la vertiente septentrional del Pico Redondo (2129 m).

La laguna *yuxtaglaciar* de Respina se localiza a unos 3 km de distancia de la cabecera del valle, a media ladera entre el curso principal y la confluencia del pequeño arroyo de Las Viescas que nace en el collado de Valporquero. Allí, una morrena lateral depositada por la lengua de hielo que bajaba por el valle principal cerró e imposibilitó el drenaje de una zona, concretamente el flanco E del aflora-miento de calizas situado en la vertiente meridional de las Agujas de la Cuerna (1913 m). Entre la morrena y la ladera, se formó una depresión cerrada que originó una laguna de origen *yuxtaglaciar* (Redondo-Vega et al., 2024a). Este tipo de lagunas se deben directamente a la dinámica glaciar; su localización, en lugar de en el fondo de los circos o artesas glaciares, suele estar en la parte superior de los antiguos valles glaciados, a veces a centenares de metros de altura sobre los fondos de valle actuales. En estos casos se formaron en el margen de la lengua hielo y son las acumulaciones de *till*, o las morrenas laterales, las que generaron la laguna al impedir, obturándolo, el avenamiento normal del agua por las laderas, (Redondo-Vega et al., 2024a).

En el caso de la de Respina, se trata de una laguna de pequeño tamaño de forma alargada ligeramente curva de 90 m de largo por 25 en su parte más ancha, encerrada por una morrena lateral que duplica su longitud; es de aguas someras que apenas alcanzan 1 m de profundidad máxima cuando contiene agua (Fig. 78); tiene un marcado carácter estacional y sólo tiene agua al final del invierno y en primavera gracias a los deshielos, estando seca durante los estíos y el otoño. Actualmente se encuentra en un avanzado proceso de colmatación y entarquinamiento por sedimentos y cantos y bloques desprendidos de la ladera.

La lengua de hielo que recorrió el valle tuvo como mínimo 140 m de espesor ya que la morrena que confina la laguna está a esa distancia vertical del fondo de valle actual. Esto también queda atestiguado por los abundantes bloques erráticos de cuarcita que el glaciar dejó sobre un afloramiento calcáreo en la ladera opuesta del valle a similar cota altitudinal. La importancia del glaciarismo de este valle, y del contiguo valle de Rebueno, ha sido determinante en la configuración de la actual red de drenaje hacia el colector principal, el río Porma, tal y como se constata en estudios recientes (Danis-Álvarez y Santos-González, 2017).

Figura 78. *Laguna yuxtaglaciar* del valle de Respina.

Algo menos de espesor (120 m) tuvo que tener el mismo glaciar que cerró el drenaje de una pequeña cabecera glaciar orientada al S para formar la laguna de Robledo, situada unos 3 km aguas abajo de la mencionada de Respina. En este caso se trata de una laguna de mayores dimensiones (165 m de largo por 125 de ancho), de forma circular, también de aguas someras y marcado carácter estacional. La laguna se formó en un rellano estructural a media ladera que flanquean a ambos lados dos cerros de 1491 y 1508 m entre los cuales la lengua de hielo del valle principal dejó un lomo morrénico. La morrena represó la depresión excavada de una pequeña cabecera glaciar que le sirve de cuenca vertiente, formando la laguna *yuxtaglaciar* de Robledo. Al igual que todas las de su origen presenta una marcada tendencia a la desecación, en este caso seguramente potenciada por la repoblación forestal realizada en toda su cuenca vertiente en los años sesenta del pasado siglo. El bosque de repoblación que ahora la confina ha detraído agua que antes abastecía la escorrentía de su cuenca; en la actualidad la laguna tiene menor extensión que en la foto aérea de 1956/57 y casi siempre está seca.

Estas dos lagunas son representativas de esa tipología lagunar generada a partir de la formación de depósitos glaciares que impiden el avenamiento normal de las vertientes durante la glaciación. Este es un proceso común ligado a la existencia de glaciares, pero en estos casos destacan el buen estado de conservación actual al haber estado preservadas de la erosión las morrenas que las confinan. Al contrario, muchas de las lagunas que tuvieron este origen se han colmatado, presentan una tendencia a convertirse en turberas como ocurre con otras de la zona como Las Lagunillas (NE de Isoba). En el caso extremo llegan a desaparecer desmanteladas por la acción *fluvio-torrencial* y solo se conservan, parcialmente y sepultados, los depósitos de tipo *ritmitas glacio-lacustres*, o bien partes de la morrena que cerraba el drenaje del valle y que en su momento formó la laguna.

79

Turberas de Riegos/Vega del Palo

Una turbera es un humedal ácido en el cual se ha acumulado materia orgánica que da lugar a la turba. Las turberas de nuestras montañas ocupan cuencas lacustres generalmente de origen glaciar, por lo que muchas lagunas con ese origen se transforman de manera natural en turberas con el paso del tiempo. Los elevados aportes de materia orgánica vegetal terminan por colmatar la antigua laguna cuando la velocidad a la que se descompone esa materia orgánica es menor que los aportes. Cuando su crecimiento llega a aislarla de llegadas directas desde las laderas, la disminución de nutrientes procedentes de estas hace que sean colonizadas por musgos del género *Sphagnum,* que caracterizan su superficie.

La turbera de Riegos (Fig. 79) ocupa el extremo occidental de este largo valle (7,5 km hasta la desembocadura al principal en Caboalles de Arriba). Se localiza a una cota de 1445 m y es colindante con el Collado Alto, que forma la divisoria con el valle del Monasterio de Hermo (Asturias), que se sitúa una treintena de metros por encima (Redondo Vega, 2006c; Redondo-Vega et al., 2024a). Actualmente ocupa 5 ha de superficie, aunque la laguna, como a veces se representa el lugar en la cartografía convencional a escala 1:25.000, es algo menor.

Desde un punto de vista geomorfológico está situada entre un cordón morrénico que la confina por el O y una morrena más amplia que lo hace por el E. En el medio de esas dos acumulaciones que dejaron los hielos cuaternarios que se asentaron en la zona se situaría la *laguna intra-morrénica* (Redondo-Vega et al., 2024a) que ha devenido con el paso del tiempo en turbera. Este recinto geomorfológico debido a su origen lagunar se caracteriza por su muy escasa pendiente, lo que implica un escurrimiento difícil que facilita la acumulación de agua. La sonda ha dado en algunos puntos un espesor de turbera de más de 7 m hasta alcanzar el zócalo rocoso, aunque el espesor medio está en torno a los 5-6 m de sedimentos lacustres formados por limos muy finos de color beige claro a gris, masivos, sin laminación aparente. Estos sedimentos se interpretan como formados partir del agua procedente del frente del glaciar situado al N, que arrastraría aguas de fusión muy cargadas de finos en suspensión y que quedarían retenidas en la laguna represada entre las morrenas al retirarse el hielo a cotas más altas.

Aparte del importante papel que juegan por la biodiversidad que introducen en estos espacios montañosos, no es menor su importancia como reguladores de ciclos naturales (retención de gases de efecto invernadero), o su importante capacidad de almacenar agua y filtrarla, con lo que la depura, lo que supone un importante stock hídrico que abastece de manera lenta pero sostenida los manantiales situados aguas abajo. Pero, sobre todo, este tipo de enclaves son muy importantes porque las turberas funcionan como trampas donde quedan inmovilizados elementos que sirven para la caracterización paleo-ambiental de la región, lo que permite la reconstrucción de los climas del pasado reciente (Redondo-Vega et al., 2024a).

Figura 79. Vista panorámica de la turbera en Riegos en el extremo O de Vega del Palo.

80

El depósito *yuxtaglaciar* de Matalavilla

Un depósito *yuxtaglaciar* es un tipo de sedimento que se localiza al lado de una antigua lengua glaciar y que no ha tenido un origen debido a la acción directa del hielo glaciar, sino a las aguas confinadas por la presencia del hielo que impide su normal avenamiento. Son los característicos sedimentos que se emplazan debido al escurrimiento y/o represamiento de las aguas en los márgenes de un glaciar, y son característicos de los valles afluentes de aquellos principales por los que ha circulado una importante lengua de hielo.

El valle de Salientes-Valseco albergó un importante glaciar que, alimentado principalmente desde los circos de orientación norteña situados al S de Salientes, confluía con el valle de Salentinos aguas abajo de la presa de Matalavilla. De la importancia de este glaciar y de su notable espesor de hielo dan testimonio las estrías en las pizarras del collado que comunica ambos valles, que prueban la *transfluencia* de hielo de uno a otro valle y que implica un espesor de hielo de al menos 180 m (Santos González, 2011). A partir de la confluencia, las lenguas dejaron importantes restos en el entorno de Páramo del Sil, antes de confluir con el glaciar principal en el valle del Sil (Redondo Vega, 2002a, 2006c).

Este glaciar, a la altura de Matalavilla, hoy en la orilla N del embalse homónimo, depositó una morrena lateral durante la fase de máximo avance de los hielos pleistocenos que domina la localidad por el E. Durante una fase posterior, y al retraerse la lengua de hielo, la morrena lateral, y la propia lengua, cerraban el paso al escurrimiento de las aguas de los relieves situados al E de la localidad y dieron lugar al depósito *yuxtaglaciar* (Redondo Vega, et al., 2006c).

El depósito se sitúa a una cota de 980 m y presenta tres niveles diferenciados: el más profundo situado a muro del mismo, se caracteriza por la presencia de láminas muy delgadas de finos alternando los colores claros y oscuros de manera irregular; los interpretamos, por la similitud con otros depósitos similares de esta sierra en el valle del Boeza (Redondo Vega et al., 2000, 2002c), como de tipo *lacustre* con el cambio estacional del sedimento confinado en una laguna de aguas someras.

Por encima se sitúa una importante acumulación de arenas finas, de hecho, la mayor parte de este depósito se explotó para obtener áridos en los trabajos de construcción de la presa de Matalavilla en los años sesenta del pasado siglo. Estas arenas (probablemente alcanzaron unos 8 m de espesor a juzgar por el hueco que dejó su extracción), indicarían el paso a unas condiciones de circulación de agua durante los deshielos, que arrastrarían hacia el valle principal la matriz más fina de las acumulaciones que el glaciar había dejado en el entorno en la fase de máximo avance (Redondo Vega, 2002a, Redondo Vega et al., 2002c); el agua, al sedimentar las arenas, dejó abundantes marcas de corriente, estratificaciones cruzadas y todo un muestrario de pequeñas estructuras de sedimentación y de deformación posterior (Fig. 80).

Por encima de las arenas se localizan bancos más masivos de gravas, cantos y bloques (es posible encontrar cantos estriados glaciares), que prueban una mayor competencia de las aguas que escurrían en los márgenes del antiguo glaciar. La posición de este depósito casi nivelada con la morrena más baja del complejo de morrenas del entorno de Matalavilla, demuestra su formación en un momento en el que la presencia de la lengua del hielo del valle principal y su morrena lateral, obstruían la circulación del agua desde el sector de Matalavilla hacia el valle del río Valseco.

Figura 80. Detalle de las *ritmitas glacio-lacustres* y arenas hacia el techo del depósito *yuxtaglaciar* de Matalavilla en las que se aprecian pequeñas estructuras de deformación.

81

Estrías glaciares de Palacios del Sil

En el valle del río Sil, entre el embalse de las Rozas y la desembocadura del río Valseco, son escasas las evidencias visibles que nos permitan demostrar la acción glaciar y su conectividad a lo largo de toda la cuenca del río. Y ello a pesar de que dentro de ella se han localizado abundantes restos glaciares que demuestran una glaciación potente en todos sus valles afluentes (Redondo Vega, 2002a; Santos González, 2011; Santos-González et al., 2013b, 2018, 2022a). Incluso son muy numerosos en el propio valle del río Sil, tanto en la zona próxima a la cabecera (Babia y Laciana), como en la parte baja (Páramo del Sil y Susañe del Sil), donde seguramente estuvo localizado el frente glaciar. En la zona intermedia, únicamente se han identificado algunos umbrales mal conservados (al S de Villarino del Sil), así como depósitos dispersos por las laderas, pero poco significativos (Palacios del Sil, Las Ondinas). En este contexto, el umbral de Palacios del Sil (Fig. 81), junto a los restos de *till* localizados unos 400 m aguas arriba, constituyen una evidencia de primer orden, al demostrar el paso del hielo por un punto central del valle.

Se trata de un afloramiento de pizarras tableadas muy compactas dispuestas verticalmente y orientadas de NO a SE que es la habitual de las estructuras de la zona y que se prolongan al otro lado del río Sil. La serie en la que están comprendidas es predominantemente cuarcítica en capas, o en bancos muy compactos, como los más de 100 m que afloran a continuación de las pizarras hacia el N en los cuales el paso del hielo no dejó estrías, aunque sí el pulimento de sus superficies y el embotado de sus aristas. Dado que para que se produzcan huellas y marcas por el fluir del hielo ha de haber un contraste de rocas de diversa resistencia, la localización del umbral más blando en una estrecha faja a continuación de extensos afloramientos de cuarcíticos ha facilitado la génesis de estas huellas de detalle. El enclave fue puesto al descubierto gracias a las obras de mejora y ampliación de la carretera CL-631 (pk 47.100) a principios de siglo.

El aspecto del umbral es el de un asomo rocoso con la superficie pulida que iguala y nivela las capas de pizarra dejando alguna de ellas, más dura, en un pequeño resalte pero igualmente pulido. La inclinación del umbral es de 70° y se encuentra a 910 m de altitud, a unos 60 m por encima del *talweg* que ocupa la totalidad del fondo de valle ya que la zona, coincidiendo con el paso del río a través de las cuarcitas ese fondo de valle, se estrecha significativamente (Santos González et al., 2007a, Santos González, 2011). La sección visible tiene aproximadamente 10x8 m y, salvo pequeños retazos que conserva *till subglaciar* adosado, muestra su superficie totalmente recorrida por marcas erosivas glaciares.

Figura 81. Detalle del umbral glaciar de Palacios del Sil con las estrías (la *memory stick* hace de escala) y a la izquierda el *till* aún adosado a su superficie, verano de 2001.

Las estrías están orientadas predominantemente hacia el OSO, es decir, perpendiculares al afloramiento, lo cual casi concuerda con la del valle principal del Sil en ese punto que es al SO, que suponemos era la misma que llevaba el escurrimiento del hielo glaciar. Aunque existe una gran diversidad de tamaños en cuanto a longitud y profundidad de las estrías, en general son más frecuentes las estrechas y cortas (menos de 1 mm de anchura y menos de 4 cm de largo). También son más frecuentes las marcas dispuestas ligeramente inclinadas hacia la base del umbral quizá debido a la posición del umbral, aguas arriba del flujo de hielo (adosado al afloramiento estriado se conserva un depósito fluvioglaciar con esa misma inclinación descendente). Hay también otras marcas de arranque como cuñas, marcas crecientes (*crescentic marks*), clavos (*nails*), todas indicadoras de la presión y el impacto de los fragmentos de roca competente movidos en la base del glaciar cuando este se desliza sobre un sustrato irregular. Además, aunque menos frecuentes, sí es posible encontrar estrías más desarrolladas (de hasta 20 cm de longitud) y de hasta 3 mm de anchura, incluso alguna acanaladura corta que atraviesa de manera perpendicular los estratos verticales más duros de las pizarras.

Si comparamos la litología de este umbral con la de otros sobre las lutitas y pizarras precámbricas que quedaron en condiciones subaéreas con la obra de la carretera, vemos que han resistido mucho mejor que los umbrales de litologías precámbricas, las cuales, debido a su alta friabilidad apenas soportaron las heladas del primer invierno deshaciéndose con facilidad. Así, la litología del afloramiento la forman pizarras bastante resistentes, lo que la hace relativamente favorable a su conservación. No obstante, se ha ido degradando con el paso del tiempo y, tras más de 20 años transcurridos, la meteorización progresiva del umbral hace que, en la actualidad, hayan desaparecido muchas de las estrías descubiertas (las más finamente marcadas) y que se haya perdido nitidez en las que se conservan, hecho que se observa claramente al descubrir nuevas superficies del umbral que aún permanecen protegidas por el *till* o por la formación superficial que las recubre.

Este lugar tiene un sobresaliente interés científico debido a su localización, ya que se encuentra a más de 35 km de la cabecera del río Sil en Peña Orniz (2191 m) y es uno de los escasos eslabones entre los abundantes restos glaciares del valle de Laciana y los también numerosos vestigios que jalonan todo el entorno de Páramo del Sil. Junto con los restos glaciares que alumbraron las mismas obras de la carretera entre Palacios del Sil y Las Rozas sobre las pizarras precámbricas (hoy desaparecidos por la meteorización), más los escasos de *till* glaciar situados a media ladera en la margen derecha del valle, han permitido considerarlos a todos como producto de la misma dinámica del glaciar a lo largo de todo el valle del Sil (Redondo Vega, 2002a; Santos González, 2011; Santos-González et al., 2022a).

82

Umbral glaciar pulido y estriado de Getino

Al N de Getino, el amplio valle de Cármenes se estrecha en un corto escobio por el que el río Torío se abre paso hacia el S y corta perpendicularmente las areniscas cuarcíticas y las pizarras del Paleozoico inferior. Estas antiguas rocas forman sendos crestones en ambas márgenes del río, destacando enhiestas entre las pizarras y lutitas situadas aguas arriba y abajo de los mismos, aunque estas otras rocas son menos visibles por la densa cubierta vegetal de robles y hayas de la zona, o los canchales producto de la demolición de las crestas cuarcíticas, de tal modo que sólo se aprecian netamente en el talud de la carretera de LE 3521 de León a Collanzo.

Todo el valle alto del río Torío es abundante en restos y testigos de la actividad del hielo glaciar conocidos desde principios de siglo a partir de los estudios de González Gutiérrez (2002, 2002a). Así son muy evidentes en la cabecera del valle, con sustratos de lutitas pulimentados y estriados por el paso del hielo y con bloques erráticos en el mismo pueblo de Piornedo, los cortes de *till* y los umbrales de calizas pulidos aguas abajo de Canseco, o las morrenas que, procedentes del Pico Fontún (1955 m) dejó la lengua de hielo en dirección a Cármenes, así como restos diseminados de *till* con algún canto estriado glaciar en la embocadura de Los Pontedos.

Sin embargo, las obras de ampliación de la carretera a principios de este siglo dejaron al descubierto restos de depósitos de *till glaciar*, que recubrían un umbral de rocas de origen volcánico inter-estratificadas entre las pizarras y las areniscas paleozoicas. La roca del umbral y algún bloque desprendido de este (Fig. 82) deja la parte expuesta al paso del hielo perfectamente pulimentada y con finas estrías unidireccionales, orientadas de N a S, que evidencian el paso del hielo y el arrastre de rocas más duras que las del umbral, y que serían las abundantes areniscas cuarcíticas de la zona.

A estos pequeños restos hay que sumar otros muy próximos, como la morrena lateral izquierda situada aguas arriba de la confluencia del valle principal con el río Valverdín, algún bloque errático de calizas dolomíticas sobre sustrato de lutitas cuya posición solo parece explicar el transporte muy competente del hielo, o la aparición de cantos estriados glaciares en el camino antiguo de acceso a Almuzara desde Valverdín.

Todos ellos evidencian la presencia de una lengua glaciar que durante el último máximo avance llegó a penetrar por el valle del río Torío hasta, aproximadamente, la cota de 1110 m aguas arriba de Getino, donde se situaría su frente (Redondo-Vega et al., 2014).

Figura 82. Detalle de uno de los bloques de rocas paleozoicas de origen volcánico desprendidos del talud de la carretera, perfectamente pulido por el paso del hielo glaciar y con estrías unidireccionales que marcaban la dirección N-S del escurrimiento del hielo.

83

Umbral de areniscas carboníferas de Villager

El umbral de areniscas carboníferas de Villager (Fig. 83) se localiza en la margen septentrional de la carretera minera que une el Grupo Calderón con el valle de San Miguel de Laciana, muy cerca del borde occidental del deslizamiento de San Miguel, y que la construcción de esa carretera minera dejó al descubierto, como ha ocurrido en otros muchos lugares de las montañas cantábricas.

Aunque algunos datos del glaciarismo de la zona, referidos sobre todo a las cabeceras de los valles, no se implementan hasta los estudios de Santos González (2011) y de Santos González et al., (2013a, 2013b, 2013d, 2018, 2022b entre otros), estos estudios han constatado la magnitud que alcanzó la glaciación en el valle del río Sil, y en todos sus valles afluentes, gracias a la aparición de numerosos restos sedimentarios y evidencias erosivas del paso del hielo, desde la cabecera del sistema, hasta su zona frontal situada aguas abajo de Páramo del Sil, a sólo 750 m de cota.

Algunos de esos sitios significativos se mencionan en el libro, como las arenas de Matalavilla (Fig. 80), los restos de glaciarismo del entorno de Páramo del Sil (Fig. 87), o las estrías glaciares del umbral de Palacios del Sil (Fig. 81).

Pero el umbral de Villager se caracteriza por varios factores que lo hacen casi único entre esta clase de enclaves geomorfológicos:

Está labrado en areniscas carboníferas, que son rocas más blandas que los bloques del cuarzo y cuarcita que arrastró la lengua de hielo y que pulieron su superficie y dejaron estrías, acanaladuras y otras marcas erosivas, pero lo suficientemente resistentes para conservar esas formas al quedar en condiciones subaéreas.

 Conserva un depósito de *till* glaciar sobre el mismo, que lo cubre parcialmente, y que facilita la interpretación de la labor del paso del hielo.

Su situación en el tercio inferior de la ladera permite una visión muy completa del valle de Laciana (Fig. 83), con lo que es fácil contextualizar la ocupación de éste por hielo y visualizar la potencia que tuvo la lengua del glaciar que colmató el valle.

El umbral se sitúa a 1150 m de cota, mientras que el *talweg* del río Caboalles, situado a sus pies, a sólo 980 m, lo que da un espesor mínimo de 170 m durante el último máximo glaciar (en realidad ese valor se acercaría más a los 200 m, teniendo en cuenta la posición del *till subglaciar* en la ladera y el espesor de hielo necesario que se situaría por encima para llevar a cabo su labor erosiva). Las estrías y acanaladuras unidireccionales indican una dirección del hielo de O a E, que es la misma del escurrimiento actual del valle del río Caboalles.

Figura 83. Detalle del umbral de Villager donde se aprecia la superficie de la arenisca pulida con estrías y acanaladuras unidireccionales (dirección O-E, de izquierda a derecha en la imagen) marcas de arranque y el desalojo de bloques a partir de planos de diaclasa perpendiculares a esa dirección en la parte superior derecha; detrás y sobre las areniscas el *till subglaciar* que recubre todo el conjunto.

84

Roca aborregada del valle de Fornela

Este enclave se localiza a una cota de 1400 m, en la margen derecha del valle de Fornela, muy cerca del nacimiento del río Cúa, unos 3,6 km aguas arriba del pueblo de Guímara, al lado de la pista que comunica esta localidad de Fornela con el valle de Ancares (Suertes). El valle estuvo totalmente ocupado por el hielo que dejó importantes restos al igual que los colindantes valles de Suertes (Pérez Alberti et al., 1993; Redondo Vega et al. 2014) y de Balouta (Pérez Alberti Valcárcel Díaz, 1996).

Se trata de un asomo rocoso sobre un afloramiento de areniscas ordovícicas, de forma toscamente oval en planta, con un eje mayor de 17,5 m de largo por 10 de ancho. Está orientado de SSO a NNE, que es la dirección del valle en ese sector. La roca se levanta 1,20 m sobre un suelo que fosiliza el depósito de *till subglaciar* que

la rodea y del que son visibles algunos cantos y bloques de cuarcita que sobresalen semienterrados en la superficie.

Tiene una forma asimétrica, con la cara superior formando la zona de alta presión del hielo (de dónde venía el hielo) suavemente inclinada con su superficie pulida regularmente por la abrasión y contra la que la lengua de hielo tiende a acumular sedimentos. El extremo opuesto (zona de baja presión del hielo hacia donde se movía éste), es más abrupto, puesto que el propio movimiento del hielo tiende a producir el "desalojo" (*plucking*) de bloques de roca a partir de planos de diaclasa (Redondo Vega, 2006b) que se convierten a partir de ese momento en la superficie de la forma y adquieren una disposición muy irregular y escalonada. Se trata de las *rocas aborregadas* (*roches moutonées*).

El ejemplo de la Fig. 84, se localiza en el borde de uno de los escalones, o *umbrales glaciares*, que tiene la cabecera del Cúa, (el situado 1,3 km aguas arriba de Guímara es un magnífico ejemplo también), que son los saltos en el perfil longitudinal del valle cada vez que éste cruza afloramientos rocosos más resistentes dispuestos de forma transversal a la dirección del antiguo flujo del hielo.

El valle estuvo ampliamente ocupado por el hielo, como prueban numerosos restos de *till*, la forma de artesa del valle o su cabecera, muy próxima, que forman un collado (Redondo Vega, 2006b) prolongado hacia un pequeño circo glaciar en el extremo E del cordal del Pico Miravalles, (1965 m). La *roca aborregada* conserva bien la forma de su superficie pulida, y los sedimentos glaciares alojados contra ella desde la zona superior, mientras que un escarpe neto de varios m se abre en su extremo N hacia la parte inferior del valle.

Figura 84. *Roca aborregada* en el valle de Fornela, cerca del nacimiento del río Cúa, vista desde la parte superior del valle.

85

Las morrenas del valle de Porcarizas

Este grupo de formas sedimentarias glaciares, localizado en el valle del río Porcarizas, es único en la provincia por la buena conservación de las morrenas laterales (Fig. 85) correspondientes al *peniglaciar* y en las que destacan los grandes bolos graníticos, procedentes del cuerpo intrusivo tardi-hercínico situado al N del enclave. Esos bolos cuando se asientan sobre las pizarras paleozoicas destacan intensamente en el paisaje a modo de grandes *bloques erráticos*. El río Porcarizas es subafluente del río Burbia y constituye el más occidental de los tres colectores que drenan la vertiente leonesa de la Sierra de los Ancares, con los cuales comparte unas pautas morfo-estructurales similares pues forman parte del mismo macizo antiguo. Así, en su tramo superior sigue la dirección NO-SE, característica de aquellos que se adaptan a las directrices hercínicas del occidente del macizo cantábrico; no obstante, alguna de sus cabeceras (Valongo) se orienta en la dirección SO-NE, perpendicular a la mencionada, al igual que ocurre en el circo principal del colindante valle del río Burbia (Murteira) y también en la del circo principal del valle del Cuiña, seguramente al adaptarse en todas ellas el relieve preglaciar a fracturas del zócalo perpendiculares a las directrices hercinianas. Por otro lado, el valle sí tiene la particularidad estructural, casi única en León y que influye en la dinámica geo-morfológica, de cortar una de las intrusiones graníticas que afectaron al antiguo macizo aprovechando una falla en la primera dirección referida.

El límite septentrional del valle lo constituye un estrecho cordal de menos de 2 km de desarrollo que va desde el pico Tres Bispos (l794 m) al Corno Maldito (1859 m). Ese cierre tiene forma de anfiteatro y constituye la divisoria de aguas principal con la provincia de Lugo. Hacia el S se prolonga con similar dimensión hasta el Alto de Valongo (1683 m) conformando la cabecera secundaria que, junto con la anterior, constituyó una zona de acumulación y formación de hielo glaciar responsable de las morrenas localizadas valle abajo. La parte más oriental del circo de cabecera situado al pie del Corno Maldito, tiene la morfología glaciar escalonada característica por la sucesión de umbrales de resistencia seguidos de rellanos, cuatro de ellos muy marcados dispuestos sucesivamente a 1620 m, 1660 m, 1700 m y 1750 m de altitud.

Del cordal culminante del valle al núcleo de Porcarizas solo hay 6,3 km, siendo ese tramo donde se conservan los más claros restos sedimentarios de origen glaciar de este sector de la Sierra de Ancares en León (Pérez Alberti et al., 1993; Redondo Vega, 2006b), los cuales comprenden ejemplos sobresalientes de las tres fases de la dinámica glaciar pleistocena que han sido la base para el estudio del glaciarismo en la Cordillera Cantábrica (Valcárcel Díaz, 1998; Valcárcel Díaz y Pérez Alberti, 2002d): las *morrenas externas* de la fase correspondiente al máximo glaciar, la de las *morrenas internas* correspondientes a la estabilización post-máximo y la de las *morrenas de altitud* ubicadas ya en el ámbito estricto de los circos de cabecera.

Las *morrenas externas* del valle, pertenecientes a la fase de máximo avance, constituyen uno de los registros sedimentarios glaciares más evidentes de la Sierra de Ancares (Valcárcel-Díaz y Pérez-Alberti, 2021). Estas morrenas son únicas en León por la diferenciación litológica que le confiere su composición predominante granítica lo que, además, coadyuva a su conservación al tiempo que las hace más fácilmente identificables (Fig. 85). A este grupo corresponden las dos morrenas laterales que flanquean el valle al N de la localidad de Porcarizas y que se asientan sobre el interfluvio (Redondo Vega, 2006b) con la cabecera del valle de Campo del Agua a lo largo de casi 1,5 km, entre los 1300 m y los 1170 m de cota. La parte central del depósito aparece desdoblada en dos y vuelta hacia la línea de máxima pendiente del valle principal; mientras que la cara externa cerró el escurrimiento de las aguas del arroyo de Campo del Agua dando lugar a una laguna *yuxtaglaciar* hoy desecada inmediatamente al S de esa localidad.

La contraparte de la margen derecha del valle se extiende a semejante altitud por el interfluvio con el valle del arroyo de Valongo, pero con una morfología mucho menos nítida aunque exprese su presencia, sobre todo, por los múltiples bolos graníticos dispersos por todo el sitio. La existencia de grandes bolos de granito, que apoyados sobre un sustrato pizarroso adquieren la condición de *bloques erráticos*, y su desnivel respecto al *talweg* actual, indican un espesor de la lengua glaciar durante la posición *pleniglaciar* de unos 260 m en la zona de Vega de los Boyes al SO de Campo del Agua.

Al retirarse los hielos hacia cotas más altas como consecuencia de un fuerte retroceso de los frentes glaciares (Valcárcel Díaz y Pérez Alberti, 2002d; Valcárcel-Díaz, y Pérez-Alberti, 2021), las lenguas glaciares de los valles de Ancares ven recortada drásticamente su longitud, al tiempo que se hacen menos potentes. Al establecerse la estabilización durante esa fase de retroceso se depositan morrenas que quedan comprendidas topográficamente entre las anteriores laterales emplazadas durante el máximo glaciar y ubicadas más cerca de los circos de cabecera. En el valle de Porcarizas la que mejor se conserva es la *morrena interna* lateral derecha que se extiende algo menos de 300 m entre las cotas de 1250 m y 1170 m, aproximadamente. Este depósito domina de la Vega del Olmo, pero solo lo hace a unos 100 m, que sería el espesor del hielo en ese momento, es decir, se ha reducido a menos de la mitad el que tuvo que tener durante la génesis de las morrenas laterales externas.

Más adelante en el tiempo se generaron pequeñas acumulaciones morrénicas en el entorno de los circos glaciares de la cabecera de valle; su presencia apenas destaca sobre la topografía pues muchas veces aparecen parcialmente sepultadas por canchales posteriores. Indican una dinámica glaciar ya poco activa, con el hielo confinado en los circos con mejor orientación y más próximos a la divisoria principal, hasta transformarse progresivamente en heleros y desaparecer. Las acumulaciones morrénicas de este momento (como las existentes, por ejemplo, en el entorno de la actual laguna de As Charcas a 1652 m, o al E de Monte do Valo a 1610 m), son siempre de pequeña dimensión si las comparamos con las generadas en las dos fases previas. Esta fase terminal, *fase de las morrenas de altitud*, se relaciona con un marcado retroceso en altitud de la ELA, *línea de equilibrio glaciar*, (Valcárcel Díaz y Pérez Alberti, 1998), y que se reconoce en la mayoría de los valles ocupados por el hielo del macizo de Ancares.

Figura 85. Panorámica del flanco externo de las morrenas laterales izquierdas del valle del río Porcarizas desde Campo del Agua.

86

Morrena de fondo en Villaverde de la Cuerna

Consiste en un depósito de origen glaciar que formó parte de la morrena de fondo mucho más extensa que tuvo que ocupar el valle del arroyo Fargas (González Gutiérrez, 2002a), afluente de la margen izquierda del río Curueño y que organiza la escorrentía de los macizos de La Espina y Mullerinas de esa zona montañosa. Su situación en un valle lateral respecto al principal del rio Curueño que concentró la escorrentía explica su preservación post-glaciar. Por ello es uno de los mejores ejemplos para estudiar la estructura y los caracteres sedimentológicos de un *till sub-*

glaciar de toda la Montaña Central Leonesa, así como para determinar la dinámica glaciar que durante el Pleistoceno afectó a la cuenca vertiente del curso alto del río Curueño (González Gutiérrez, 2002a; Redondo Vega et al., 2002h).

Las obras de mejora del acceso por carretera al núcleo de Villaverde de la Cuerna (Fig. 86), sirvieron para dejar en condiciones sub-aéreas el material hasta entonces oculto. Como tantas veces ocurre con las descubiertas de las obras públicas la construcción del talud que flanquea la calzada permite observar un depósito de origen glaciar que forma parte de la morrena de fondo que recorre la mayor parte del valle del arroyo Fargas. Este se extiende desde casi la hoz situada en la cabecera del valle hasta las proximidades de la desembocadura de este arroyo en el río Curueño. Su extensión es de unos 2 km de longitud, aunque es el sector entre Villaverde de la Cuerna y la confluencia del arroyo de La Espina el mejor conservado, sobre todo los últimos 800 m antes de la confluencia donde es visible sobre la margen derecha del valle que baja desde el pueblo. Su superficie y forma plana introduce una morfología disconforme que no se corresponde con la de alta montaña del entorno pero que favoreció el poblamiento del mencionado núcleo (se localiza en el extremo oriental de esa superficie) a pesar de la altitud elevada. El depósito se emplaza en torno a los 1480-1400 m de altitud, a unos 100-200 m sobre el fondo del cauce actual.

Morfológicamente presenta la usual topografía aplanada de las morrenas de fondo, aunque aparece excavada y recortada por los torrentes que descienden del macizo. La incisión de uno de ellos, el que desciende hacia el S desde el mencionado

Figura 86. Sección del *till subglaciar* en el talud de la carretera local a Villaverde de la Cuerna en 2001 (Foto de R. Blanca González-Gutiérrez).

macizo, ha permitido observar el sedimento de más de 2 m de espesor en algunos sectores. El corte es visible en el talud de la carretera de acceso al pueblo a lo largo de 70 m, aunque con el paso del tiempo cada vez está más degradado por la escorrentía y los numerosos desprendimientos del suelo que lo recubre. También se aprecia el mismo al otro lado del arroyo que baja de Pico Espina (1929 m), aunque solo a lo largo de unos 25 m y mucho más degradado.

Este sedimento se puede catalogar como un *diamicton* con cantos y bloques, algunos de gran tamaño, empastados en una abundante matriz arcillo-limosa de tonalidad gris-azulada. El depósito es, por tanto, de tipo matriz-soportado y se compone de litologías predominante calcáreas, debido a la recurrente presencia de bancos de caliza que recorren tanto el mencionado macizo como los márgenes del valle principal del río Curueño. Además, también aparecen cantos y bloques de cuarzo-arenita, de areniscas carboníferas y de lutitas algunos muy alterados.

La mayor parte de las partículas gruesas tienen la habitual morfología en plancha y en menor medida de almendra; sus superficies lisas y pulidas por el desgaste durante el transporte, con los bordes y aristas embotados y abundante presencia de estrías y arañazos en su superficie (marcas bien conservadas en los de caliza y arenisca) así como marcas de choque. La fábrica realizada dio orientaciones variadas del eje mayor de los clastos, indicando que la sedimentación se produjo tanto por procesos de fusión como de alojamiento. La matriz en la que se encuentran empastados es típica de un *till subglaciar*, gris-azulada, presentando algunas partes del depósito cierto grado de compactación.

En la cabecera del valle del río Curueño, el *till* de Villaverde de la Cuerna fue el precedente precursor y destacado, de un conjunto de hallazgos de restos glaciares de todo tipo (umbrales glaciares, morrenas, bloques erráticos, ritmitas glacio-lacustres) cuya investigación (González Gutiérrez, 1997, 2001, 2002a, 2002b) demostró la gran dimensión que alcanzó la ocupación del hielo glaciar en la vertiente meridional de la Cordillera Cantábrica. Son ejemplo de ello las morrenas laterales de su máximo avance en Lugueros (Redondo-Vega et al., 2014), únicas por su tamaño y grado de conservación en toda la región, o los bloques erráticos de areniscas carboníferas enterrados en la Vega de San Pedro y los restos glaciares consistentes en cantos y bloques de arenisca y de cuarcita sepultados y empotrados contra las paredes calizas de la garganta, todo lo cual indica una lengua de más de 16 km desde el Puerto de Vegarada hasta el interior de las Hoces de Valdeteja.

87

Restos de glaciarismo
en el entorno de Páramo del Sil

En torno a la localidad de Páramo del Sil se concentran una serie de restos de origen glaciar, *glacio-lacustre* y *fluvio-glaciar* que aportaron durante el último periodo glaciar tanto el valle principal del río Sil, como el de Valseco (previamente en este converge el también valle glaciar de Salentinos) por la margen izquierda y el de Valdeprado por su margen derecha. El engrosamiento y espesor del hielo fue de tal magnitud que, a pesar de la amplitud del valle en esa zona, son muy numerosas, y variadas tipológica y genéticamente, las evidencias glaciares que lo demuestran (Redondo Vega, 2002, 2006c; Redondo Vega et al., 2002f, 2013b; Santos González et al., 2006; Santos-González et al., 2013b, 2018, 2021a).

Uno de los elementos más significativos es la existencia de un umbral de pizarras paleozoicas pulido y con estrías unidireccionales cubierto por *till* y éste, a su vez, por sedimentos *fluvio-glaciares*, situado en la margen derecha del valle del río Sil, 3 km aguas abajo de Páramo del Sil. Allí, en el pago de La Gravachana (Fig. 87), una explotación de áridos ha sacado a la luz esos restos del paso del hielo a 904 m (Redondo Vega et al., 2017); el umbral y el depósito dominan el fondo del valle del río Sil, que se sitúa en la cota de 730 m, lo que implicaría una potencia de hielo de más de 200 m y situar el frente del glaciar del Sil, durante el máximo avance, en el entorno de la localidad de El Escobio.

Tal espesor de hielo dejó abundantes *bloques erráticos* posados en las laderas donde contrasta netamente su composición cuarcítica del sustrato de pizarra que los soporta (Santos González, 2011; Santos González et al., 2006). Es lo que ocurre al N de Susañe del Sil, entre 300 y 470 m de altura sobre el fondo de valle actual. Todos esos bloques, que también incluyen algunos de arenisca, se conjugan con restos de *till*, de escaso espesor, que se conservan de forma discontinua y que es posible apreciar en el talud de la pista forestal que une los valles del Sil y de Valdeprado a media ladera.

Al otro lado del valle del Sil, al E y SE de la localidad de Páramo del Sil, sobre las lomas de Fuente del Sapo y Los Valbones se conservan otros relieves con su superficie sembrada de *bloques erráticos*. Son varios cientos de ellos de los que, al menos 46, tienen 1m de eje mayor. Los más grandes con un volumen de casi 5 m³ (Santos González, 2011). Aunque hay algunos dispersos a cotas más bajas, un número importante de ellos se localizan entre 170 y 245 m sobre el fondo de valle, lo que da idea la magnitud del glaciar que los emplazó.

Figura 87. Arriba, detalle del depósito *fluvio-glaciar* de La Gravachana en Páramo del Sil. Abajo, y de muro a techo, corte con diferentes depósitos indicadores de cambios en los procesos glaciares en una de las canteras de pizarra de Páramo del Sil: *till* de deformación, *till subglaciar*, *ritmitas glacio-lacustres* y depósito *fluvio-glaciar*.

Un elemento revelador del paso del hielo son los de umbrales de pizarras con su superficie pulida y, en detalle, con microformas de erosión glaciar bien conservadas entre las que destacan las estrías. Varios de ellos se localizan entre la cantera de pizarra y la localidad de Páramo del Sil. Aunque suelen ser de escasa dimensión, en ellos es fácil reconocer estrías, arañazos y algunas otras formas de arranque en la superficie de la pizarra. Las estrías son unidireccionales, con rumbo de 190°-200°, que tuvo que ser la dirección del flujo del glaciar en esos puntos (Santos González et al., 2005), puesto que se trata de umbrales con muy escasa pendiente. Otros umbrales de pizarras descubiertos en la cantera de pizarra situada al SE de Susañe del Sil a semejante cota (casi todos ellos desaparecidos por los propios trabajos mineros o por la meteorización) mostraban mayor diversidad de rumbos, aunque la superficie expuesta al paso del hielo estaba en este caso inclinada 50°. También existen umbrales con estrías en otros puntos del entorno de Páramo del Sil como los que acompañan a los *bloques erráticos* mencionados en la loma de los Valbones, o en el collado sobre la margen izquierda de la presa de Matalavilla que prueba la conexión y transfluencia de hielo desde el valle de Valseco al de Salentinos durante el máximo glaciar y un espesor de hielo de más de 200 m (Santos González, 2011).

De sumo interés paleo-climático es el depósito *glacio-lacustre* ubicado 0,5 kilómetros aguas arriba de Páramo del Sil en el valle lateral de Regadones. Este depósito sería posterior al máximo glaciar de una fase de retroceso de los hielos con el borde del glaciar situado junto a Páramo del Sil; este, al obstruir la circulación del agua hacia el valle principal, dio lugar a un lago de obturación en el que se sedimentaron los finos (Redondo Vega et al, 2006c; Santos González, 2011).

Los elementos comentados, y otros como los restos de *till* glaciar que aparecen cada vez que se abre una pista o se amplía una carretera en la zona (es paradigmática la sección del *till* del km 2,1 de la carretera local LE4309), permiten reconstruir la dinámica glaciar de este entorno, situado entre 730 y 1200 m y que se ubica muy lejos de las cabeceras de los valles que allí convergen. Máxime si consideramos los restos aislados que salpican el valle principal del Sil aguas arriba de Páramo del Sil, y que nos indicarían una lengua de más de 46 kilómetros desde Páramo del Sil hasta Peña Orniz (Santos González, 2011; Santos-González et al., 2018, 2021a).

88

Till de deformación del entorno de Páramo del Sil

Un *till de deformación* es un tipo de depósito *subglaciar* originado por la tracción del glaciar sobre el sustrato rocoso. El origen son sedimentos no consolidados o sustrato rocoso fracturado y movilizado en conjunto sin sufrir transformaciones, desplazándose desde su posición original en el entorno del lecho a otra zona del mismo según la dirección del flujo de hielo.

Se localizan en contacto directo con el sustrato rocoso, en cubetas y depresiones sin drenaje, allí donde el glaciar, a veces, avanza a contrapendiente. La potencia no suele ser muy grande (entre 1 y varios metros). Pueden ser muy extensos en el caso de antiguas cubetas lacustres, o formar pequeños depósitos cerca de las crestas donde el glaciar se desplazaba a contrapendiente. La composición es similar a la del sustrato del que proviene.

La orientación de los clastos indica, mejor que en otros tipos de *till*, la dirección que llevaba el flujo del hielo y los esfuerzos a los que fue sometido el lecho rocoso por el glaciar. La forma de relieve relacionada con estos depósitos se corresponde con una topografía de suaves ondulaciones de 1 a 2 m (si proceden de sedimentos lacustres) o bien, en el caso de que su origen esté en el sustrato rocoso fragmentado, montículos aislados de varios m de altura y de perfil longitudinal asimétrico.

Sobre sustratos de rocas friables como las pizarras, la tracción del hielo llega a deformar el techo de éstas y a arrancarlo incorporándolo al *till de deformación* (Fig. 88). En el entorno de Páramo del Sil las obras de infraestructura viaria y las canteras de pizarra dejaron al descubierto buenos ejemplos de este tipo de dinámica glaciar y de los depósitos a ella asociados, aunque muchas, a día de hoy, han desaparecido (Redondo Vega, 2006c). La cota de 900 m de este depósito a algo más de 150 m sobre el fondo del valle del río Sil, indica que el hielo del glaciar del Sil alcanzó un espesor de alrededor de 200 metros en esta zona, espesor que muestra la magnitud del fenómeno si, además, consideramos la distancia de casi medio centenar de km hasta su cabecera en las montañas de Babia (Santos González, 2011).

Figura 88. *Till de deformación* con una marcada orientación N-S (a la derecha de la foto lateral) del eje mayor de los cantos en el antiguo talud de la carretera de Anllares a Sorbeda del Sil. En la imagen de abajo se observan las pizarras ordovícicas del sustrato deformadas de izquierda a derecha (N-S), la misma que la de los cantos y bloques del *till* en el talud de la cantera de Páramo del Sil, cota 820 m.

En otras ocasiones (Fig. 88 abajo) el *till de deformación* está mucho más desarrollado y, aunque conserva fragmentos y bloques del sustrato pizarroso que lo soporta, apenas quedan muestras de ese sustrato deformado por la tracción del hielo (contacto roca/*till* en el ángulo inferior izquierdo de la imagen). Lamentablemente, este enclave desapareció con los trabajos de la descubierta de las capas de pizarra a explotar en el año 2004.

Estos ejemplos son unos más de los abundantes restos glaciares de la zona de Páramo del Sil (Fig. 87), como los umbrales estriados y pulidos por el hielo, o los bloques erráticos dominando desde centenares de metros el fondo de valle actual (Santos González et al., 2006, 2007a).

89

Till glaciar y **arenas** *fluvio-glaciares* del Valle Gordo

A la altura del km 2 de la carretera del valle, en el talud de la misma y antes de llegar a Villaverde de Omaña, se localiza lo que parece ser un depósito de *till* glaciar con arenas *fluvio-glaciares* hacia el techo. El depósito está apoyado contra las pizarras precámbricas en la margen izquierda del valle, a unos 1140 m de altitud. En el corte visible podemos observar dos unidades claramente diferenciadas (Fig. 89): la inferior presenta rasgos característicos de un *till subglaciar* y un nivel superior de arenas *fluvio-glaciares*.

En el primer caso se trata de un sedimento con elevada heterometría, ausencia de clasificación y elevado desgaste en los bloques y cantos. El buzamiento de cantos y bloques es al ONO, el eje mayor paralelo a esa dirección y presentan fuerte imbricación; todo ello indica un régimen compresivo de transporte y deposición por el hielo glaciar. La matriz fina es escasa siendo predominantes las arenas gruesas y gravas, prácticamente se trata de un depósito clasto-soportado. Presenta alguna estructura de colapso rellenada por las arenas suprayacentes típica de zonas próximas al frente glaciar y ligadas a la retirada rápida de los hielos y a la lenta desintegración de lentes del hielo que persisten entre el *till* cuando ya se está formando la llanura de *sandur*.

Un depósito de arenas fluvio-glaciares, generalmente masivas, de más de 2 m de potencia visible se sitúa y sella esta unidad inferior de *till*. Estas arenas son similares a las que se podían observar en el entorno de la ermita de Santa Ana, unos 5 km valle arriba, en la excavación de pozos practicada para extraer arena. Ese depósito tiene una potencia de arenas visible de 2,5 m, donde predominan las arenas finas, con intercalaciones de escala centimétrica de niveles más limosos que presentan laminación (*ritmitas*). Hacia el muro las arenas parecen más masivas mientras que hacia el techo presentan estructuras sin-sedimentarias como *ripples, climbing ripples*, características de corrientes de aguas someras. Por encima del nivel de arenas se sitúan ya las gravas fluviales de unos 35-40 cm de espesor máximo.

La superposición de niveles de arenas con estructuras de corriente, con niveles de *ritmitas* intercaladas, así como la presencia final, a techo, de las gravas fluviales, indicarían unas condiciones ambientales de alternancia de circulación de aguas someras (*ripples*) con otras de sedimentación más tranquila lagunar (*ritmitas*). Esas condiciones son características de los valles de *sandur* que se localizan en el frente de los sistemas glaciares y que podemos conceptuar genéricamente como *fluvio-glaciares*, o bien de lagos de margen glaciar (*yuxtaglaciares*).

Dentro del contexto de un valle ocupado por un glaciar bien desarrollado (Santos-González et al., 2021a) cabe atribuir el depósito a una dinámica *fluvio-glaciar*, semejante a otros sedimentos que ocupan posiciones equivalentes respecto a sus frentes glaciares (valle del río Sil en Páramo del Sil, valle del río Campo en Colinas del Campo, río Bayo en el puerto de la Magdalena y valle del río Luna en Riolago).

Figura 89. Corte del *till glaciar* del Valle Gordo y detalle de las arenas *fluvio-glaciares* que lo fosilizan.

90

Bloque errático de Redipollos

El hielo de los glaciares se caracteriza por tener una elevada competencia para transportar materiales de cualquier dimensión, de partículas finas a fragmentos de gran tamaño, y lo hace a grandes distancias. Cuando el hielo desaparece es frecuente que algunos de esos grandes bloques queden depositados en collados, interfluvios, o a media ladera, a decenas de metros sobre el fondo del valle y a kilómetros de su lugar de origen o área fuente; en Geomorfología reciben el nombre de bloques erráticos (*erratic boulders*). Dado que la ubicación actual que tienen es difícil de explicar con las actuales dinámicas y procesos geomorfológicos de esas zonas, y descartados los mecanismos gravitacionales y fluvio-torrenciales, su presencia solo cabe atribuirla al antiguo transporte de origen glaciar. Por ello, son indicativos de condiciones paleo-ambientales frías y sus procesos geomorfológicos asociados. Su origen, y su presencia en los paisajes *deglaciados*, los han convertido en elementos importantes a la hora de reconstruir las dinámicas glaciares y explicar las formas de relieve heredadas del glaciarismo.

El bloque errático de Redipollos se localiza en el interfluvio situado entre dicha localidad y Puebla de Lillo, casi equidistante de ambos núcleos de población (Fig. 90). Es un bloque de cuarcita ordovícica que descansa sobre las lutitas carboníferas, de las cuales destacan netamente, así como de las calizas grises, también carboníferas, situadas inmediatamente al S. Se trata de un bloque de grandes dimensiones, de más de 8 m de largo, por 3,40 m de ancho y 3,70 m de alto (Redondo Vega et al., 2014). Presenta su superficie con abundantes líquenes (*Rhizocarpon geographycum*) que es la seña de identidad de los bloques erráticos de areniscas y cuarcitas frente otros roquedos calcáreos frecuentes en la región.

Los numerosos restos sedimentarios y erosivos de origen glaciar en la cabecera del valle del río Porma se manifiestan claramente en la zona de Puebla de Lillo y uno de los mejores ejemplos es el bloque errático de Redipollos. Pero no es el único en un contexto general en el que las herencias morfo-climáticas de procesos fríos son muy numerosas y que llegaron a influir hasta el punto de determinar

Figura 90. El bloque errático de grandes dimensiones, arriba, domina el valle del río Porma desde el interfluvio con el de Redipollos; abajo, fragmento del umbral glaciar pulido y con estrías unidireccionales.

cambios en la actual red de drenaje fluvial de los valles de la zona (valles de Respina y Rebueno, Danis-Álvarez y Santos-González, 2017). Así, los bloques erráticos de cuarcita de escala métrica dispersos por el mismo interfluvio y que aparecen en los campos abandonados que dominan la localidad de Puebla de Lillo por el E; o los que reposan directamente sobre los asomos rocosos de caliza situados inmediatamente al S de esta localidad (cota 1145 m), o bien los situados inmediatamente aguas abajo de la confluencia del valle principal del Porma y el río de Redipollos, de menor tamaño pero con el mismo origen, y que indicarían una posición cercana al frente que ocupó el glaciar del Porma durante su último máximo avance.

En cuanto al origen del bloque errático, parece evidente que su área fuente ha de situarse en los extensos afloramientos de cuarcitas ordovícicas que se localizan tanto al N (valle del río Porma), como al ONO (valle de los ríos Silván y Respina); en ambos casos las potentes lenguas de hielo drenarían el hielo procedente de los puertos de San Isidro y Las Señales y que confluirían justo al N de Puebla de Lillo, como indica el umbral pulido y con estrías entre ambos valles (cota 1177 m). El hielo acumulado sería lo suficientemente competente para emplazar el bloque en su actual sitio cerca del frente formado por la confluencia de ambas lenguas.

No obstante, también podría tener su área fuente hacia E, donde existen los mismos afloramientos de cuarcita formando el contrafuerte occidental del macizo de Mampodre; este macizo también fue intensamente ocupado por el hielo y, de hecho, el lecho rocoso de lutitas sobre las que se sitúa el bloque errático, conserva aún sitios con la superficie pulida y con estrías unidireccionales (Redondo Vega et al., 2014) a unos 100 al E (cota de 1150 m) que indicarían el paso del hielo y su confluencia con las lenguas anteriormente citadas, procedentes del N.

91

Bloques erráticos Vegarada

En la ladera orientada al S, a la altura de la carretera LE321 que asciende al Puerto de Vegarada, y a una cota de entre 1445 y 1430 m, se conserva un conjunto de bloques de cuarcitas del Paleozoico inferior, de escala métrica, diseminados, que destacan netamente sobre un sustrato de lutitas del Carbonífero superior, de dirección NO-SE, inclinadas 55° al NE y con su superficie alomada característica de haber experimentado el paso del hielo por encima (Fig. 108). Muchos de los bloques están ocultos bajo el matorral de escobas, piornos y brezos; aunque en los aclarados del matorral, donde reposan sobre los pastizales, son mucho más visibles (Fig. 91).

Entre la posición de estos bloques y el fondo de valle actual, que marca la cota de 1345 m en la confluencia del valle de río Curueño y el de Riopinos, hay un desnivel de unos 100 m que sería el espesor mínimo que tuvo la lengua de hielo en el momento que depositó los bloques erráticos; no obstante, en la ladera de la margen izquierda, frente al sitio indicado, hay algún bloque aislado a 1500 de cota (la repoblación forestal de los años 50 del pasado siglo cambió bastante el aspecto superficial de esa ladera), lo que supondría un espesor mucho mayor de hielo. La procedencia de los bloques ha de buscarse en la vertiente meridional de la Sierra de las Fuentes de Invierno que forman el contrafuerte septentrional de los mencionados valles cuyas cumbres están a unos 5 km tanto por el O, en el Pico Nogales (2074 m), como por el E, en Peña Agujas (2141 m).

Estos dos valles ya muy importantes por su dimensión (el de Pico Nogales tendría, a su vez, un aporte desde las Peñas del Faro de 2112 m, al S del puerto de Vegarada), recibirían una serie de contribuciones a medida que se dirigía hacia el S, entre los que destacan el valle del arroyo Cacabillo (González Gutiérrez, 1997) por el E y, por el O, el del arroyo de Faro desde la cabecera del Pico Huevo (2155 m).

Todos esos valles conformaron el importante glaciar del Curueño cuyo frente se localizaba en la parte alta de las Hoces de Valdeteja, a unos 16 km de la cabecera (González Gutiérrez, 2000a, 2001, 2002b; González-Gutiérrez et al., 2017a, 2022). A medida que se van retirando los hielos hacia los circos de cabecera, quedan abandonados los *bloques erráticos* sobre las laderas, mientras que, en el fondo de valle, se forman niveles de terrazas fluvioglaciares (dos muy marcados en la margen izquierda) en el entorno de la confluencia de los dos valles citados.

Figura 91. Bloques erráticos de cuarcita sobre lutitas carboníferas. En el plano alejado, la vertiente leonesa de Fuentes de Invierno con Pico Nogales (2074 m) a la izquierda.

92

Arenas *fluvio-glaciares* de Babia

El depósito se localiza en una explotación de áridos que ocupaba 7 ha y se encontraba en pleno funcionamiento en 2006, a la altura del km 36,5 de la carretera CL-626 frente a Riolago de Babia. Una vez explotados una gran parte de los mejores niveles arenosos del yacimiento, se realizó una restitución topográfica del área en el año 2011, por lo que hoy día los restos del depósito persisten *in situ* enterrados.

Media docena de circos glaciares alimentaron una lengua glaciar que tuvo que llegar hasta del valle principal de Babia (Santos-González et al., 2022a) como ponen de manifiesto los restos de cantos y pequeños bloques erráticos justo al N de la cantera de arenas. Aunque el glaciarismo de la zona no ha sido estudiado en profundidad, la dinámica *paraglaciar* sí nos ha dejado un sobresaliente ejemplo de un *abanico aluvial* bien conservado (Santos-González et al., 2018) en cuyo borde NE se localizan las arenas fluvioglaciares.

El depósito se caracteriza por el espesor que alcanzan las arenas, que en muchos sectores sobrepasaba los 6 m, lo cual es casi extraordinario en sedimentos de este origen en la Cordillera Cantábrica (Fig. 92). No obstante, se caracterizaba por una gran irregularidad, con frecuentes cambios de potencia laterales y la inclusión de material más grosero en forma de lentejones de desigual dimensión de arenas gruesas y gravas, éstas más frecuentes hacia el techo de la formación. Mientras que, hacia el muro, aparecen bancos más potentes y homogéneos que incluyen niveles de limos de escala centimétrica.

Su color es beige claro, que contrasta con el neto cambio de color hacia el pardo rojizo del suelo que las recubre. Contienen gran cantidad de estructuras de corriente, *ripples*, *climbing ripples*, estratificación cruzada, indicadores de un flujo de agua con una competencia cambiante y dirección no definida. También se observan, como en otros sedimentos fluvioglaciares de nuestras montañas, cizalladuras y pequeñas fallas post-sedimentarias fruto del reasentamiento del depósito, que dislocan la continuidad de los niveles y que se observan muy bien hacia el muro en las capas más limosas.

Para explicar tal acumulación de arenas hay que ver el lugar donde se formó, que está en una zona bien alimentada por abundantes aguas de fusión de las lenguas glaciares, sobre todo las provenientes del N con los valles de Lago de Babia, La Riera y Torre de Babia. Todas ellas llegaban hasta el valle principal alimentando de abundante agua y sedimentos finos el curso fluvial del río Luna.

Del mismo modo, desde el cordal meridional, que cierra Babia por el S con el Alto de la Cañada (2157 m), tuvo que canalizarse por el valle de Riolago un importante caudal durante la *deglaciación*; los sedimentos de origen glaciar removilizados y canalizados a lo largo del valle de Riolago de Babia construyeron a la salida hacia el valle principal un gran *abanico aluvial* cuyo ápice ocupa en la actualidad la localidad homónima. El abanico se extiende 3 km de O a E y 2 km desde el ápice al frente, con una extensión de 290 ha. Su posición en el fondo del valle principal es la responsable del desvío que el río Luna (que a lo largo de todo su trayecto sigue la dirección O-E) experimenta aguas abajo de Huergas de Babia hacia el NE para, sobrepasado el extremo del abanico aluvial, cambiar hacia el SE lo que le permite bordearlo por completo.

El abanico tuvo que funcionar como un obstáculo contra el que se sedimentaron las arenas procedentes de arrastres desde los frentes glaciares del valle principal, ya que éstas se localizan en la margen izquierda del río al otro lado justo del frente del mismo.

Figura 92. Corte del depósito de *arenas fluvio-glaciares* aguas abajo del *abanico aluvial* de Riolago de Babia, en 2007.

93

Depósito *fluvio-glaciar* de Sorbeira

Entre las localidades de Pereda de Ancares y Candín, en la margen derecha del valle principal, se localizaba un extenso depósito de sedimentos de 2,3 km de largo por más de 400 m en su parte central (confluencia con valle del río Seco) orientado en la misma dirección del *talweg* de NO a SE. Actualmente está desmantelado casi totalmente y sólo queda la parte más distal en donde hay un corte, al lado de la carretera principal del valle, que permite ver su estructura (Redondo Vega, 2006b). El resto de la zona se caracteriza, por acumulaciones de estériles groseros, formados por cantos y bloques, principalmente de cuarcita, también de cuarzo y de pizarra, que se disponen en montones y acumulaciones aisladas distribuidas caóticamente por toda la superficie de la margen derecha del valle. Los bloques y cantos están todos cubiertos por líquenes y musgos que le confieren una tonalidad verdosa y, sin ningún orden aparente, aparecen dispersamente colonizados por matas de rebollos. Todo ello forma un mosaico pedregoso que tradicionalmente tuvo un uso agrario muy marginal. La localización en relación al área fuente del mineral, el contexto geomorfológico y minero en el que están y la morfología de estas formas, permite atribuirles un origen antrópico y considerar estas acumulaciones de estériles restos de explotaciones auríferas de época romana.

En cuanto a la posición del depósito sobre la margen del río Ancares, su morfología plana (al menos la del mejor resto que queda sin transformar) y estructura, permiten asignarle un origen *fluvio-glaciar* (Valcárcel Díaz y Pérez Alberti, 2002a; 2002b). Además, no se encuentra muy alejado del frente glaciar del valle principal durante la fase de máximo o, más bien, en una posición estabilizada post-máximo aproximadamente aguas abajo del núcleo de Pereda de Ancares.

Como ya comentamos, no se conserva la superficie original del depósito *fluvio-glaciar*. Este se extendía desde Sorbeira hasta Pereda de Ancares por toda la margen derecha del fondo de valle a lo largo de 2,4 km. De todo ese tramo de la topografía original apenas restan media docena de pequeños resaltes del terreno a modo de *cerros testigo* sobre una extensa superficie (solo el tramo entre Candín y Sorbeira ocupa más de 17 ha) cubierta de los escombros mineros, las *murias*, y con varias depresiones cerradas endorreicas fruto de la excavación profunda del mismo realizada por los mineros. El mejor de los vestigios es el que se localiza casi en su extremo SE, aunque en realidad este se prolongaba hasta Sorbeira donde se conserva un resalte del mismo (cota 852 m frente al km 17 de la carretera LE 4214). Cerca de esa carretera es posible ver aún su estructura (Fig. 93), aprovechando el corte practicado para obtener áridos. Allí se perciben niveles con una cierta ordenación/clasificación por el agua, lentejones de gravas y arenas que alternan con niveles arenosos mucho más masivos, los cuales incluyen bloques de grandes dimensiones empastados en una matriz limo-arenosa de color gris. La presencia de cantos y bloques pulidos, y con estrías glaciares, atestigua su origen glaciar. Además, muchos cantos de pizarra tienen su superficie cubierta, a veces totalmente, de una pátina ferruginosa y/o mineralizaciones (Redondo Vega, 2006b).

Figura 93. Vista parcial del corte del depósito *fluvio-glaciar* de Sorbeira, año 2006.

Si exceptuamos la pequeña parte explotada contemporáneamente para su uso como material de relleno, la desaparición de la mayor parte del depósito *fluvio-glaciar* podemos atribuirla al lavado del mismo, realizado en época romana, que buscaba la extracción de partículas de oro, tanto las que contenía la matriz del sedimento como, seguramente, en las frecuentes pátinas de mineralizaciones que recubren, aún hoy día, muchos cantos y bloques de pizarra del mismo. Sobre la presencia de oro en el depósito y el origen del mismo, hay que tener en cuenta en primer lugar la alta capacidad que tienen las aguas de los entornos *fluvio-glaciares* gracias a su alta energía, pues los elevados caudales suministrados por los frentes glaciares devienen en una elevada competencia para cargar todo tipo de sedimentos incluidas partículas minerales como el oro si están en el área fuente del sedimento.

En segundo lugar, existen yacimientos auríferos en las proximidades, tanto de tipo primario (diques de cuarzo que contienen el oro), como secundario (alteritas y sedimentos más recientes como las morrenas glaciares o el propio depósito *fluvio-glaciar*). De los primeros los del valle de Ancares forman la continuación hacia el E de los situados en el vecino valle del río Burbia (García de Celis, 2016a). El principal de los explotados está a sólo 2,8 km al O de Candín, en el valle afluente del río Seco; de aquel laboreo minero se conservan dos profundas incisiones, siguiendo la línea de máxima pendiente, en la margen izquierda del valle, la más oriental de las cuales se extiende más de 650 m desde media ladera, hasta el pie de vertiente, salvando un desnivel de 300 m. (Redondo-Vega et al., 2023); en la montera de la mina a cielo abierto se conserva aún una bocamina que sigue la dirección de un dique de cuarzo.

También en la margen derecha del valle principal, a 1km al ONO de Pereda de Ancares, hay restos de excavaciones de época romana donde se explotó algún dique de cuarzo y se desmontaron varios depósitos morrénicos para extraer el oro. Ambas zonas, más la carga de sedimentos que tuvo que arrastrar la dinámica *fluvio-glaciar* desde el propio lecho del valle principal, explicarían la inclusión de las partículas de oro en el depósito *fluvio-glaciar*, hecho que implicó su destrucción casi total hace más de 2000 años.

94

Arenas *fluvio-glaciares* de Senra

A principios de siglo se realizaron obras de mejora y acondicionamiento de la carretera LE 493 que recorre todo el valle principal del río Omaña. Como consecuencia de las mismas quedó al descubierto una potente formación de arenas (durante los trabajos de consolidación para la ampliación de la carretera se llegaron a excavar casi 8 m de este sedimento), situadas a unos 400 m al SE de la localidad de Senra, en la margen derecha de la carretera en dirección a esa localidad. Con los trabajos se destruyó una parte del depósito, al enterrar grandes bloques para dar estabilidad al firme, permaneciendo el resto enterrado en esa localización.

A pesar de ello, los trabajos permitieron ver la magnitud de la acumulación de arena y plantear hipótesis sobre su génesis, de acuerdo con otras características de su entorno. En principio se observaban arenas de color beige claro, en niveles de arenas gruesas más oscuras que alternaban irregularmente con otros de arenas finas y de tonalidad más clara y niveles intercalados más compactos de limos/arcillas de la misma tonalidad; a veces, los niveles más finos incluían la presencia de algún canto (Fig. 94), con aspecto de haber caído desde algún pequeño tempano y que, al integrarse en el lecho limoso deforma éste debido al peso (*dropstone*).

Esas características nos indican unas condiciones sedimentarias propias del frente de un glaciar importante, con abundantes aguas de fusión que explicarían la potencia que tenía el depósito. La presencia de sedimentos más finos con algún *dropstone* indicaría asimismo que, ocasionalmente, el drenaje era deficiente, quedando aguas de fusión inmovilizadas en los márgenes de la lengua y/o del frente, facilitando el precipitado del material más fino; sucesivas descargas desde el frente volverían a arrastrar y sedimentar las arenas. Es decir, estaríamos ante un ambiente de transición del frente del glaciar al río, en lo que se entiende como el complejo *fluvio-glaciar*, que acumula y sedimenta en capas los distintos materiales por la labor del agua de fusión del glaciar.

En el entorno de este enclave los restos de origen glaciar son evidentes (Redondo Vega, 2007c), por más que la litología predominantemente pizarrosa de los roquedos precámbricos no sea muy favorable a su conservación. El valle principal del río Omaña se prolonga hacia el O hasta las cumbres del Pico Tambarón (2102 m), en cuyos circos nacería el glaciar que hasta el frente de Senra recorrería unos 12 km. Y, a pesar de que en la actualidad este lugar esté oculto, la toponimia de la zona indica en otros puntos la presencia de estos materiales *fluvio-glaciares*, como ocurre con el pago denominado Los Arenales en la margen derecha del río Omaña al OSO de Senra.

Figura 94. Detalle de una sección de las *arenas fluvio-glaciares* de Senra, con alternancia de niveles irregulares de arenas finas y gruesas y otros de limos/arcillas con la inclusión de *dropstones*.

95

Formas derivadas de procesos fríos en Hoyo Empedrado

En el extremo NE de la provincia de León, en el límite con Cantabria y la provincia de Palencia se ubica el Hoyo Empedrado (Fig. 95), en el centro de un área intensamente ocupada por los hielos cuaternarios y que ha sido objeto de estudios por geomorfólogos que han destacado su interés natural y paleo-ambiental recientemente (Pellitero et al., 2011, 2019; Pellitero Ondicol, 2012; Redondo Vega y Santos González, 2013a; Pellitero, 2013, 2014; González-Gutiérrez et al., 2017b; Pisabarro et al., 2017; Melón-Nava et al., 2022; Santos González, et al., 2022c, 2024 entre otros). El área del Hoyo Empedrado constituye uno de los mejores enclaves de toda la provincia para observar formas de detalle generadas bajo condiciones *periglaciares*, tanto por la nitidez y el buen estado de conservación que presentan (lo cual indica una dinámica *periglaciar* subactual), como por la extensión de las mismas. Además, es uno de los pocos lugares de alta montaña de la provincia donde el régimen térmico del suelo indica aún condiciones de suelo permanentemente helado, que convierten al Hoyo Empedrado en un laboratorio natural de alto valor científico.

En este lugar se observan elementos característicos derivados de la dinámica glaciar que ocurrió a lo largo del Pleistoceno como la presencia de varios circos glaciares. De hecho, el Hoyo Empedrado no es más que el fondo de un amplio circo glaciar compuesto de casi 1,8 km de ancho con una orientación al NNO. Este se ubica al pie de la alineación que forman el Pico Cuartas (2348 m), Pico Las Lomas (2457 m), las Agujas de Cardaño (2396 m), el Mojón de las Tres Provincias (2499 m) y el Cubil del Can (1419 m). Este elevado y continuo cordal constituye la cabecera del arroyo de Lechada, el cual drena un valle glaciar con un nítido perfil transversal en artesa. En él son aún visibles restos de la morrena lateral izquierda apoyada en el cordal que cierra el valle por el O a partir del Pico Cuartas, y cuyo elevado desnivel respecto al *talweg* actual nos indica la magnitud de la lengua de hielo que estuvo allí instalada.

Otros elementos indiscutiblemente de origen glaciar son los cantos y *bloques erráticos* de granodiorita posados sobre el sustrato de lutitas y areniscas carboníferas de las cuales destacan de forma clara. Su posición respecto al fondo de valle actual prueba un espesor de hielo durante el último máximo glaciar de más de 200 m. En el entorno cercano al Hoyo Empedrado se ubica un complejo sedimentario glaciar bien desarrollado con dos morrenas fronto-laterales que cierran el llamado lago del Hoyo Empedrado situado a 2073 m de altitud (en la actualidad se encuentra muy degradado debido a un canal de egresión artificial que se le construyó en los años ochenta del pasado siglo para evitar que entrara en una explotación de talco situada bajo el mismo). También se conservan morrenas laterales y de fondo, correspondiente a varias fases de estabilización post-máximo. Por otro lado, la excepcional presencia de granodioritas en los cordales de ese entorno ha facilitado la interpretación de los espesores que alcanzó el hielo y de su movimiento por los relieves, dada la fácil diferenciación de estas rocas con el resto de roquedos que forman el armazón montañoso (Redondo Vega y Santos González, 2013a). Es sencillo identificar en los restos de *till*, o apoyados sobre otros roquedos diferentes como *bloques erráticos*, los cantos y bloques de granodiorita, tanto del valle de Lechada como del de Cardaño, a veces a varios kilómetros de su área fuente lo que favorece la reconstrucción de la dinámica glaciar.

Pero el entorno del Hoyo Empedrado destaca, sobre todo, la presencia de una rica variedad de formas elaboradas bajo condiciones frías de tipo *periglaciar* como hemos comentado, muchas de edad sub-actual que muestran la escasa colonización vegetal de amplias superficies de las laderas o del fondo del circo o la presencia del helecho alpino, *Criptogramma crispa* o helecho perejil, especie pionera de pedregales ácidos. La superficie del fondo del circo de origen glaciar hoy aloja a dos glaciares rocosos que enlazan con el pie de vertientes constituidas por extensos canchales que se prolonga a ambos lados del valle hacia el Tres Provincias y a las Agujas de Cardaño (Fig. 95).

El que se ubica más bajo (cota de 2220 m) está orientado al ONO y presenta carácter relicto, pues hay colonización de arandaneras (*Vaccinium uliginosum subsp. microphyllum*) y brecina (*Calluna vulgaris*), principalmente y sobre todo en las zonas inferiores donde se han acumulado los finos. El glaciar rocoso superior (cota de 2280 m) tiene una morfología lobulada y presenta un surco muy pronunciado probablemente debido al colapso ocasionado por la fusión de hielo masivo en ese punto. En él destaca la ausencia de líquenes en los bloques que forman el surco, a diferencia del resto del circo donde los bloques predominantes de granodiorita le confieren una tonalidad más verdosa y negruzca por la presencia de una pátina liquénica en su superficie. Ello indicaría una mayor persistencia de la nieve en el surco, con el acortamiento de período vegetativo subsiguiente lo que sin duda dificulta el crecimiento y su colonización de estos organismos. No es infrecuente la existencia de nieve en el surco avanzado el verano, dadas las favorables condiciones topográficas y el cobijo que le dan la crestería de las Agujas de Cardaño, evitando la radiación directa casi siempre. Por eso los registros de temperatura del suelo en el surco muestran casi 10 meses con temperaturas por debajo de 0ºC, lo que indicaría unas posibles condiciones de *permafrost*, algo realmente singular en toda la cordillera y que confiere al sitio un sobresaliente interés geomorfológico y paleo-ambiental (Melón-Nava et al., 2022).

La retirada los hielos glaciares implicó la intensificación y generalización de la dinámica *periglaciar* que sustituye a la glaciar. A pesar de ello, aún hay noticias históricas de la presencia de hielo glaciar en el Cubil del Can, o muestras evidentes de ser muy reciente la descubierta de rocas pulidas y estriadas por el hielo en la laguna situada en la ladera N de Pico Cuartas.

Los numerosos canchales desarrollados al pie de todos los escarpes rocosos que el hielo glaciar dejó en condiciones sub-aéreas, muchos aún activos pues apenas presentan colonización vegetal y siempre incluyen cantos y bloques caídos recientemente. Estos derrubios son generalizados y perfectamente visibles en las ortofotos. Otras evidencias de procesos de gelifracción es el talud de derrubios asistidos por gravedad situado bajo el Pico Cuartas, procedente de la coalescencia de varios conos de derrubios de tamaño más pequeño.

Figura 95. Morfología glaciar y *periglaciar* en Hoyo Empedrado desde el cordal de las Agujas de Cardaño (2396 m), foto Javier Santos.

La concentración de formas de detalle *periglaciares* en un espacio relativamente reducido, así como la gran variedad de las mismas y la extensión alcanzan que alguna de ellas, son casi únicas en toda la provincia. Son visibles procesos asociados con esa dinámica, como la *geli-solifluxión*, que da lugar sobre las vertientes a numerosos lóbulos, muchos de ellos colonizados. O bien se detectan guirnaldas y *terracitas periglaciares* en las laderas, confinadas a modo de graderíos en forma de media luna, en los que domina *Festuca eskia* y que se localizan entre otros sitios en la morrena lateral derecha del lago.

A su vez, en la parte superior de la ladera O del Mojón de las Tres Provincias (por encima de la cota de 2200 m) se distinguen lo que parecen rasgos de una dinámica *periglaciar* aún activa, como lo demuestra la abundancia de formas como *lóbulos de gelifluxión*, círculos de piedras y pequeños *lóbulos de piedras* (González-Gutiérrez et al., 2017b), muy bien calibrados, carentes de colonización vegetal y que sobresalen ligeramente de la topografía de la ladera.

Por su parte, en el extremo septentrional del cordal de Pico Cuartas dominando desde el S el Boquerón de Bobias, aparecen también algunas formas *periglaciares* de interés formadas por rocas areniscosas, como los círculos y figuras toscamente poligonales de piedras y los cantos levantados por el hielo. Se trata de configuraciones que indican segregación del hielo en el seno de la formación superficial. En esta misma loma se observan también restos de pavimentos nivales, aunque degradados por el pisoteo de los rebecos al igual que ocurría con áreas de terracillas cuando coinciden con zonas de paso o sesteaderos de estos animales.

96

Las formas *periglaciares* y glaciares de la Sierra de Sentiles

La Sierra de Sentiles es una alineación montañosa de unos 4 km de longitud que va desde el Circo del Cebolledo y el Pico Agujas (2141 m), en dirección ENE, hasta el Pico Requejines (2026 m), en donde toma dirección S, dibujando en la topografía una C abierta hacia el S que abraza la cabecera del valle de Respina. En ella tienen sus fuentes principales los ríos Silván, Respina e Isoba, afluentes de cabecera del río Porma.

Estructuralmente es un bloque levantado de rocas silíceas del Paleozoico inferior que cabalga sobre las series más detríticas carboníferas situadas hacia el N, donde se localiza el valle del río Isoba. El lugar es muy conocido ya que es colindante con las pistas altas de la Estación de Esquí de San Isidro y uno de sus elementos más singulares, el Lago Ausente (Fig. 96), es una ruta habitual de senderismo de esta montaña.

Esta sierra, y su continuación hacia el O, denominada Fuentes de Invierno, se caracteriza por contener importantes restos de su ocupación por el hielo glaciar durante los periodos fríos cuaternarios (Rodríguez Pérez, 1995; Frochoso Sánchez y Castañón Álvarez, 1998; Danis-Álvarez y Santos-González, 2017; Santos-González et al., 2021a; Rodríguez et al., 2022). La alineación principal mencionada, dibuja los circos de Cebolledo y Pico Agujas en su extremo occidental hacia el N y hacia el S; estos circos, ahora topográficamente yuxtapuestos (sobre la morfometría de los circos glaciares de la cordillera, ver Gómez-Villar et al., 2015), durante el máximo glaciar formaban una misma área de acumulación de hielo con dos lenguas: una fluía hacia el E por el valle de Respina donde superaba los 130 m de espesor, tal como indica la laguna *yuxtaglaciar* que se originó en la margen derecha del valle, y la otra hacia el NE, por el de Cebolledo; solamente un segmento de la sierra separaba ambas lenguas en cuyo extremo oriental se abría otro circo glaciar en el fondo del cual se localiza ahora el Lago Ausente.

En efecto, el lago ocupa la parte más baja y sobre-excavada por el hielo (cota 1742 m) de un circo escalonado, ya que hacia la zona culminante un umbral de cuarcita cierra otro rellano, a unos 1840 m. Se trata del lago de origen glaciar más extenso de la provincia de León (Redondo-Vega et al., 2024a) con una superficie de unas 3,47 ha y una profundidad máxima de 11,80 m (Fuentes-Pérez et al., 2015). Tiene oscilaciones de caudal marcadas entre la época de deshielo, donde llega a rebasar su extremo NE por un antiguo canal de egresión, y el resto del año cuando el lago suele estar confinado en el fondo de la cubeta que excavó el hielo. Su forma es toscamente circular y hacia el E está cerrado por una serie de pequeñas morrenas que se apoyan directamente sobre el umbral rocoso (Fig. 96).

Figura 96. Arriba, vista del Lago Ausente desde la Peña de Requejines (2026 m) y a la derecha, terracitas en la ladera SO del Toneo (2091 m).

La sierra de Sentiles y su prolongación hacia el O ha sido asiento de una importante dinámica *periglaciar* tras la retirada masiva del hielo. El estudio del periglaciarismo de la Cordillera Cantábrica, y de los glaciares rocosos en particular, ha sido objeto de análisis desde distintos enfoques: Santos González et al., (2007b; 2022c, 2024), Redondo Vega et al., (2010), Gómez Villar et al., (2011), Pellitero et al., (2011), Gómez Lende et al., (2016), González-Gutiérrez et al., (2017b; 2019b), Rodríguez et al. (2022), entre otros, y que pone de manifiesto la importancia y extensión que tuvo el fenómeno ya que a día de hoy son formas de relieve relictas.

De aquella dinámica post-glacial, pues casi siempre estas formas de acumulación se superponen a las erosivas y sedimentarias propiamente glaciares, es testigo en esta sierra una orla de *glaciares rocosos*, de varias tipologías y grado de desarrollo (este casi siempre relacionado con la dimensión de los aportes desde su área fuente), que se extienden al pie de las crestas cuarcíticas, en el fondo de los circos, y que constituyen una de las mayores concentraciones del fenómeno de toda la cordillera (Redondo Vega et al., 2010; Gómez Villar et al., 2011). Esa franja de *glaciares rocosos* ocupa casi continuamente el pie de los canchales de cuarcita que se localizan bajo las cresterías cuarcíticas a lo largo del cordal que separa las dos cabeceras glaciares; son *glaciares rocosos lobulados* que puntualmente desarrollan alguna pequeña lengua como es el caso de la que tiene su frente a 1640 m, enfrente del aparcamiento de la estación invernal; en este punto la extracción de áridos para las obras de la estación ha desmontado la parte oriental del glaciar rocoso permitiendo ver su estructura interna y posibilitar su estudio (González-Gutiérrez et al., 2007, 2015, 2016).

Hacia el E, y por debajo del umbral del Lago Ausente, se localizan dos *glaciares rocosos de lengua* (Redondo-Vega et al., 2018), el más septentrional de 250 m de longitud, y el más meridional de forma más lobulada, con una longitud de 220 m desde su raíz a la zona frontal. Entre ambos un caos de bloques semeja lo que debió de ser otro *glaciar rocoso* pero que en la actualidad se caracteriza porque no presenta una morfología clara de surcos y crestas (longitudinales y transversales, como aún se perciben en los mencionados anteriormente), sino que su superficie aparece surcada por varios colapsos de la antigua topografía. Esas depresiones, algunas de dimensiones de varias decenas de metros, habría que relacionarlas, más que con el hundimiento de la superficie del *glaciar rocoso* debido a la fusión de algún núcleo de hielo de su interior, con la presencia de un sustrato de calizas carboníferas y el efecto de succión que la *karstificación* de las calizas ejerce sobre los sedimentos *periglaciares* situados encima. Efecto que también podemos observar en sedimentos de origen glaciar apoyados sobre las bandas de calizas de la zona y que recuerdan las dolinas de recubrimiento, *boches* (Serrano Cañadas y González Trueba, 2002), de los Picos de Europa.

Otras formas de detalle de origen *periglaciar* como las *terracitas* (González-Gutiérrez et al., 2017b) tienen una gran representación en toda la sierra por encima de los 1800 m, destacando la vertiente meridional del Pico Toneo (2091 m) (Fig. 96), la oriental del Agujas y la septentrional de la Peña de Requejines.

El macizo de
Peña Cefera - Arcos del Agua

El Valle Gordo tiene una orientación ONO-ESE y está drenado por el río homónimo afluente del río Omaña. El valle aparece confinado a mediodía por un elevado cordal de formas macizas y culminación roma que desciende paulatinamente de altitud en esa misma dirección. En ese cordal montañoso, un conjunto de valles cortos, de elevada pendiente y dirección perpendicular, SSO a NNE, enlazan las cabeceras con el valle principal avenando las aguas de toda esa vertiente de umbría. Esas cabeceras, gracias a su altitud y orientación, constituyeron zonas de acumulación glaciar que dejaron muestras evidentes de ello tanto más netas cuanto más al O se encuentren. En el extremo más occidental del cordal, coincidiendo con las dos últimas de esas cabeceras, se sitúan dos circos glaciares bajo los picos Arcos de Agua (2063 m) y Peña Cefera (2011 m), que albergan *glaciares rocosos* superpuestos a otras formas de origen glaciar que las preceden (García de Celis, 1991).

En ese entorno se da un solapamiento de formas de origen glaciar como: circos, morrenas, umbrales rocosos pulidos por el paso del hielo, cubetas de sobre-excavación, restos de *till* glaciar y lagunas glaciares, por otras formas creadas bajo condiciones *periglaciares* y/o *paraglaciares* con magníficos ejemplos tipológicos de *glaciares rocosos* relictos y de *campos y laderas de bloques.* Tal circunstancia hace de esas dos cabeceras de origen glaciar un lugar sobresaliente, desde el punto de vista geomorfológico, donde poder observar la sucesión de *herencias morfoclimáticas* que han funcionado en la montaña cantábrica desde el Pleistoceno Superior a la actualidad. Además de su buen estado de conservación (Redondo Vega et al., 2002a, 2002f; Redondo Vega, 2007), la caracterización morfométrica y morfodinámica de los *glaciares rocosos* de estas montañas ha servido de base para el estudio de ese fenómeno en toda la Cordillera Cantábrica (Redondo Vega et al., 2004, 2005, 2007b, 2010; Gómez Villar et al., 2011).

El circo ubicado entre Arcos del Agua y Peña Cefera tiene la particularidad de que su parte posterior lo forma un collado a 1972 m, que se sitúa, por tanto, a una cota claramente por debajo de a la que culminan sus flancos. El fondo del circo es una sucesión de umbrales de resistencia y pequeñas cubetas de sobre-excavación por encima de éstos. Algunas de esas cubetas están cerradas por arcos morrénicos del último episodio de glaciarismo, cuando el glaciar no sobrepasaba ya los límites del circo y que en la actualidad ocupan cuatro pequeñas lagunas (Redondo-Vega et al., 2018, 2024a). Las formas *periglaciares* y/o *paraglaciares* se concretan, por un lado, en un pequeño *glaciar rocoso de lengua* (150 m de largo y 80 m de ancho), situado bajo el escarpe de Arcos de Agua en la vertiente orientada al NE del mismo; por otro, en la ladera opuesta del escarpe, la orientada al SO, se ha desarrollado, sin embargo, un extenso campo de bloques *periglaciares* (García de Celis, 2002a). Al otro lado del circo (vertiente de Peña Cefera orientada al NO), se generó un *glaciar rocoso lobulado*. En ambos casos, los *glaciares rocosos* son formas superpuestas a otras erosivas glaciares, o están imbricadas con los canchales *periglaciares* que las

Figura 97. *Glaciar rocoso de lengua* de Peña Cefera (2011 m), con sus casi 700 m de longitud es el más largo de toda la Cordillera Cantábrica.

dominan y que los abastecieron de detritus, y ubicadas a una cota superior a las lagunas de origen glaciar situadas más abajo en el fondo del circo.

En la vertiente oriental de Peña Cefera el hielo glaciar excavó un circo más cerrado y estrecho que el anterior que lo duplica en anchura y en el que destacan la disposición subvertical de las capas y bancos de cuarcita paleozoica que forman su armazón buzando, además, en el sentido de la pendiente en su cabecera. Tal disposición estructural tuvo que facilitar durante la glaciación el desalojo de material y la excavación del propio circo. Con posterioridad, abasteció de material suficiente mediante la intensa gelifracción para la génesis del *glaciar rocoso de lengua* de Peña Cefera. (Fig. 97). Si a esa favorable disposición estructural como área fuente para suministrar abundante material se une, la no menos adecuada orientación norteña del relieve preglaciar, el resultado es el mayor *glaciar rocoso de lengua* de toda la cordillera (Redondo Vega et al., 2002g, 2010), ya que se extiende entre la cota 1790 m de su raíz y los 1600 m de su frente a lo largo casi 700 m.

Este *glaciar rocoso*, como ocurre casi siempre en la cordillera, aparece ligado a afloramientos de rocas cuarcíticas (García de Celis, 1991; Redondo Vega et al., 1998, 2010) del Paleozoico inferior. Ahora bien, su distribución espacial y el desarrollo que alcanzan varían de acuerdo con factores que controlan de algún modo tanto la densidad de la fracturación de las capas de cuarcita como la disposición de estas en relación al plano de la ladera favoreciendo más o menos la fragmentación de los bloques y cantos, así como su desalojo para alimentar al glaciar con relación al plano de la ladera (Redondo Vega et al., 2002k, 2010). Por esa razón, las formas más desarrolladas de *glaciar rocoso* se han alimentado en áreas fuente de macizos con extensión suficiente, en las que los estratos están dispuestos paralelos o sub-paralelos al plano de la pared de fondo del circo con elevados buzamientos a favor de la pendiente. Mientras que, las formas más embrionarias *glaciares rocosos lobulados* se sitúan bajo paredes menos extensas y con las capas perpendiculares u oblicuas al plano de la ladera, por más que, en todos los casos, la contribución principal de material siempre depende de la densidad de fisuras que presente la roca, y de la estructuración de las familias de diaclasas paralelas o sub-paralelas al plano de la pared del circo de origen glaciar en el que se insertan.

98

La majada de La Cazurría

La majada de La Cazurría es un reducido valle de alta montaña muy próximo a la divisoria con Asturias, al S del puerto de La Cubilla, drenado por el arroyo de Las Rozas. Enmarcado, al N, por las altas cumbres de Sierra Negra (1921 m) y constituida por los roquedos silíceos del Paleozoico inferior y el bloque de calizas carboníferas del Cirbanal (2077 m), al S, es un sitio de pastos extensivos tradicionales de esa zona de montaña.

La situación de este pequeño valle, entre el bloque principal de la Sierra de los Grajos y la divisoria de la cordillera, le asegura una posición de privilegio para tener unas abundantes precipitaciones que, por su elevada altitud son en forma de nieve durante la estación fría. Pero tiene otras similitudes con la Sierra de los Grajos (González-Gutiérrez et al., 2017c) de la que forma su prolongación morfo-estructural hacia el E ya que, al igual que ésta, un bloque de calizas domina la depresión en la que se localizan la majada y los depósitos de tipo glaciar y *periglaciar* subyacentes.

Por un lado, las calizas devónicas y carboníferas están intensamente *karstificadas*, con varias *uvalas* en la zona culminante que aseguran una persistencia mayor de la nieve en esas depresiones; el relieve kárstico preglaciar constituiría una zona de acumulación que permitiría la sobrealimentación de nieve hacia el N, lo que explicaría la magnitud del depósito.

Por otro lado, el borde septentrional del bloque calizo está fallado y dislocado por fracturas NO-SE que han intensificado el escarpe de las calizas devónicas y, retranqueándolo en la parte central, dieron lugar a un pequeño circo de pared que es el origen del material morrénico que ocupa el valle de la majada de La Cazurría. Se conservan tres cordones morrénicos a 1530, 1540 y 1560 m, este último el mejor conservado y que se sigue durante unos 450 m. No corresponderían al máximo (estaría todo cubierto de hielo y conectado con el valle de la Vega del Panazal), sino a situaciones de estabilización posteriores del frente del glaciar.

Los tres cordones morrénicos citados, al ocupar todo el fondo del valle, desviaron hacia el NO el arroyo de Las Rozas; una vez sobrepasado el depósito, el arroyo recuperó la dirección NE-SO que lleva desde su nacimiento en la divisoria con Asturias. Sobre la morrena superior se apoya el frente festoneado de un glaciar rocoso, a 1570 m, con una continuidad de más de 750 m y se sitúa al pie del escarpe principal en su parte más occidental; el glaciar rocoso conserva varios surcos y crestas escalonados, tres de ellos muy marcados en su zona más distal (Fig. 98).

En realidad, aunque su forma recortada confiere una cierta continuidad a su frente, se trata de dos pequeños glaciares rocosos: más desarrollado en forma de lengua incipiente el occidental que el oriental, cuyo frente está más alto (1610 m); en conjunto, tienen una morfología compleja, tal y como ya se ha observado a veces en otras partes de la cordillera (Redondo Vega et al., 2010).

Sobre el glaciar rocoso mencionado y a 1620 m, se ubica lo que parece ser otro embrionario, lobulado, o bien una pequeña morrena de nevero, que marcaría la última fase de elaboración de formas derivadas de procesos fríos en la zona.

El análisis de las ortofotografías de la zona permite plantear la posibilidad de que el depósito que ocupa la majada de La Cazurría fuera, en realidad, un *deslizamiento paraglaciar*, que desviaría el arroyo de Las Rozas hacia el NO, al que se superpusieron los glaciares rocosos, lo cual es una dinámica nada extraña en la vertiente meridional de la cordillera (Santos-González et al., 2018).

Confirmar tal posibilidad solo vendría de un análisis detallado de la fábrica del material morrénico infrayacente, lo cual es difícil por la ausencia de cortes adecuados. En todo caso, los dos arcos morrénicos inferiores no se avienen con ese proceso *paraglaciar*, la cicatriz de despegue del deslizamiento es, en realidad, en un escarpe estructural más relacionado con las fallas que dislocan el afloramiento que con un movimiento en masa, y la forma resultante es muy diferente a un verdadero deslizamiento, como el que sí hay muy cerca de la majada (2 km al NE de Sierra Negra).

Figura 98. Vista aérea de la Majada de la Cazurría desde el O (foto de Javier Santos-González).

99

El *glaciar rocoso* del Muxivén

Lumajo es el más oriental de los cinco valles que drenan el de Laciana desde la divisoria con Asturias hacia el S. En él se encuentra la localidad homónima y se extiende a lo largo de 10,5 km desde el cordal de Peña Blanca de 1918 m al N, hasta la confluencia con el Sil en Villaseca de Laciana. Su forma, estrecha y alargada, se caracteriza por su elevada pendiente longitudinal ya que recorre más de 800 m de desnivel entre sus extremos. La sección transversal yuxtapone las formas casi planas en muchos segmentos del fondo de valle y los rellanos de escasa pendiente (sobre todo en las zonas de cabecera y cerca de los interfluvios), con vertientes abruptas que, en su tramo inferior, confinan un fondo de valle angosto.

Además, se distingue por la variada composición litológica de su armazón estructural. La zona axial del valle separa hacia el E rocas paleozoicas predominantemente calcáreas y más modernas que las que predominan hacia el O, más antiguas y silíceas. Esa diversidad se completa con la existencia de rocas también paleozoicas, pero ya estefanienses, en el tramo inferior del valle. Todo ello remarca esa peculiar morfología de valle de montaña con menores pendientes en la parte alta del valle que en la baja.

Durante las fases frías del Pleistoceno, estuvo ocupado en su cabecera por una masa de hielo glaciar de notables dimensiones que, durante su máxima extensión, desbordó hacia los valles limítrofes en todas direcciones: hacia el O (valle de Glacheiru/Sosas), hacia N (valle río Trabanco), hacia el E (Las Veigas/Pto. de Somiedo) y hacia el S, canalizándose en dirección a Lumajo y el valle de Laciana (Santos González, 2011; Santos-González et al., 2013b, 2018, 2022b, 2022c, 2024). Se formó de esta manera, una de las mayores cabeceras que alimentó el glaciar del Sil. Las importantes formas de erosión y de acumulación glaciar, estas especialmente significativas en el tramo inferior del valle, son resultado de la formación de ese campo de hielo en torno a la divisoria principal de la cordillera. La acumulación de hielo se debió más a la presencia de extensas superficies pandas y muy elevadas en esa zona, que la existencia de circos glaciares donde se acumulara el hielo que son inexistentes en esa zona alta del valle.

En efecto, solo en la vertiente E del cordal del Bobia/Muxivén se desarrolló un doble circo compuesto ajustado al afloramiento de las cuarcitas ordovícicas. El hielo acumulado en él esculpió las formas características de origen glaciar, erosivas (Santos González et al., 2007a) y sedimentarias, y sobrealimentó la lengua glaciar que descendía desde el campo de hielo de la divisoria situada 6 km más al N. Es en el sector meridional del mencionado cordal (Fig. 99) donde se localiza el circo glaciar que dio origen al *glaciar rocoso* del Muxivén (Redondo Vega el al., 2010).

Figura 99. Detalle de la raíz del sector superior del *glaciar rocoso* N del Pico Muxivén.

La fusión del hielo glaciar desencadenó procesos *paraglaciares* (Santos-González et al., 2018, 2022c) que generaron formas de relieve, en su mayoría dentro de los circos glaciares libres de hielo. Es el caso de lo ocurrido con la deglaciación en el circo del Pico Muxivén (2027 m) que domina de manera enérgica por el O la localidad de Lumajo. Mediante precisas reconstrucciones geomorfológicas, análisis sedimentológicos, medidas de meteorización superficial de los bloques con martillo Schmidt (Santos-González et al., 2022c), así como de un conjunto de datos de edades de exposición a rayos cósmicos para dataciones cosmogénicas, se constató que los glaciares retrocedieron hacia el fondo de los circos en las cabeceras del valle después de ~16 ka. A partir de ese momento quedan las paredes del circo libres de hielo generándose avalanchas de rocas sobre los restos de estos glaciares.

Ese proceso *paraglaciar* suministró detritus a un pequeño glaciar dentro del circo de Muxivén, que se transformó en dos *glaciares rocosos*, (Santos-González et al., 2021, 2022a). Estos escombros aislaron el hielo dentro de los *glaciares rocosos* solo durante un período muy corto de tiempo y terminaron derritiéndose por completo antes del Younger Dryas. El sector inferior del más grande (el situado más al N) se estabilizó a 14,5 ± 1,5 ka, mientras que el sector superior permaneció activo hasta 13,5 ± 0,8 ka. Antes de la estabilización del sector inferior del *glaciar rocoso* N, en su margen derecha se produjo una avalancha de escombros, *debris avalanche*, de alta energía a ~14,0 ± 0,9 ka, que cruzó todo el fondo del valle y cuya zona frontal se conserva en la actualidad (desconectada de su área fuente en el *glaciar rocoso*) en la margen izquierda del valle de La Mazorra justo al N del pueblo. Los datos obtenidos en el estudio del *glaciar rocoso* del Muxivén (Santos-González et al., 2021; 2022a, 2024) concuerdan con investigaciones previas, corroborando el origen *paraglaciar* de la mayoría de los *glaciares rocosos* ibéricos durante el interestadial Bølling-Allerød.

100

Glaciares rocosos de Valdeiglesia y Braña-Librán

Estos dos enclaves abarcan un conjunto de *glaciares rocosos* relictos en perfecto estado de conservación: dos *glaciares rocosos de lengua*, cinco lobulados y dos complejos (Redondo Vega, 2007; Redondo Vega et al., 2010), las tres tipologías existentes en la Cordillera Cantábrica. Por la concentración espacial del fenómeno, la zona constituye un conjunto casi único en la Península Ibérica.

El macizo de Valdeiglesia (2136 m) es el más elevado de todos los que comprenden la Sierra de Gistredo y el más occidental de la Cordillera Cantábrica de cuantos superan los 2100 m. Durante las fases más frías del Pleistoceno constituyó el área fuente de los glaciares de Valseco y Salentinos, que superaron los 15 y 20 km de longitud, respectivamente (Redondo Vega, 2002f; Santos González, 2011; Santos-González et al., 2022a). La labor erosiva de estos glaciares esculpió ejemplares circos, mucho más desarrollados en la vertiente N, como son los del Chago, Braña la Pena, Valdeiglesia, Tierrafracio y Braña Librán. En esos lugares, la retirada del hielo glaciar dejó huecos en el macizo jalonados por paredes rocosas verticales e inestables en las que se produce (por la tendencia a deformarse hacia el vacío de los materiales rígidos que impone la descompresión subsiguiente a la desaparición del hielo) una dinámica activa de fracturación de su superficie aprovechando la red de diaclasas. Esta dinámica unida a unas condicione climáticas en ese momento frías y secas, favoreció un abundante suministro de detritus con los que abastecer a los *glaciares rocosos* (García de Celis 1997; Redondo Vega et al., 1998, 2002b, 2002d, 2002g, 2004, 2005a, 2005b, 2010; González-Gutiérrez et al., 2004, 2019b; Gómez Villar et al., 2011).

La importancia y el grado de desarrollo de éstos dependieron, no obstante, de la magnitud del área fuente que aporta los bloques al glaciar rocoso, es decir, de los desniveles y extensión de los escarpes rocosos que excavó previamente el hielo glaciar, así como de la disposición de las capas a favor o a contrapendiente en las cabeceras. Por eso, afloramientos extensos y con capas inclinadas a favor de la vertiente dieron lugar a los *glaciares rocosos de lengua* más desarrollados es el caso de los del Mur, Braña la Pena, Braña Librán, Peñas de Braña la Pena Inferior (Redondo Vega et al., 2002k; Redondo Vega, 2006c), o bien a *glaciares rocosos complejos* como en Valdeiglesia y Braña la Pena. Mientras que con los afloramientos de menor extensión bajo paredes menos extensas o menos fracturadas únicamente se generaron canchales o *glaciares rocosos lobulados*, como ocurre en sitios puntuales de Braña la Pena, Valdeigleisia, Braña Librán (Redondo Vega et al., 2002k, 2010).

Casi todos los casos los *glaciares rocosos* del macizo presentan una precisa orientación norteña, que se corresponde con la de los circos glaciares que los albergan que son donde el hielo glaciar excavó más los flancos creando paredes más extensas y abruptas. Ese relieve previo glaciar facilitó, a su vez, la conservación del hielo intersticial de los bloques caídos, al constituir zonas de rigurosa umbría con mucha menor recepción de radiación solar. Su formación, por tanto, tiene una importante influencia *paraglaciar* (Santos-González et al., 2022c, 2024) ya que se derivan de un relieve previo fuertemente rejuvenecido por la acción glaciar y de un gran aporte de derrubios provocado en parte por la propia deglaciación. Todos los estudiados en la zona se sitúan por encima de los 1700 m de altitud. En canto a su dimensión, los de mayor tamaño llegan a superar los 400 m de longitud y los 150 m de anchura lo que nos da superficies de entre 6 y 9 ha (todos los localizados en el macizo cubren una superficie de 37 ha).

Están compuestos por bloques y cantos angulosos de cuarcita, con aristas vivas y, generalmente, bien calibrados de acuerdo con las pautas de fracturación del macizo que constituye su área fuente, aunque ocasionalmente se encuentran bloques de gran tamaño que superan ampliamente los 2 m de eje mayor. Su constitución monoespecífica de cuarcita no obsta para que, esporádicamente, se incluyan algunos cantos y pequeños bloques de pizarra, pero en un porcentaje muy pequeño, en absoluto acorde con la presencia que estas tienen en las áreas de abastecimiento de los *glaciares rocosos*; ello nos lleva a pensar que, probablemente, tuvieron que contener más pizarras en un principio, pero el tiempo transcurrido las ha eliminado por meteorización. En todos los *glaciares rocosos* citados anteriormente es factible observar surcos y crestas derivados del flujo que los generó, así como algunas estructuras de colapso por fusión del hielo que contenían procedente de la desintegración previa del glaciar alojado en el circo (Redondo Vega et al., 2010). El buen estado de conservación en cuanto a la posición de los bloques ha hecho posible análisis de fábrica que nos revelan los flujos que tenían cuando eran formas funcionales, especialmente en las crestas (González-Gutiérrez et al., 2004, 2019b). Aunque los bloques de cuarcita presentan una pátina uniforme de líquenes que le confieren su típica tonalidad verdosa, su estructura clasto-soportada, al menos en los niveles superiores, y la ausencia de finos por tanto, implica una escasa colonización vegetal lo que favorece la observación de su morfología superficial. Solamente en los flancos y en el frente, adonde han migrado más fácilmente los finos, la vegetación suele recubrirlos.

Los *glaciares rocosos* se ajustan a un momento paleo-climático de sumo interés, como de transición, al situarse en ese tiempo intermedio entre la retirada de los glaciares pleistocenos y el comienzo de unas condiciones climáticas holocenas más cálidas. De hecho, todavía en la actualidad los *glaciares rocosos* relictos tienen un régimen térmico más frío que contrasta con los de los suelos de su entorno inmediato, lo que implica la persistencia en ellos de mecanismos con implicaciones geomorfológicas relevantes de aquellos momentos, aunque muy atenuados (Melón-Nava et al., 2022). Durante su génesis y desarrollo, en sincronía con la desaparición del hielo glaciar, prosiguen aún procesos gobernados por el frío que indican la presencia, por ejemplo, de suelos helados al menos estacionalmente. Por eso en su ámbito, es posible observar otras muchas formas *periglaciares* y/o nivales de menores dimensiones, como son los *campos de bloques*, canchales, *bloques aradores* (Santos-González et al., 2016), lóbulos de piedras o *lóbulos de gelifluxión*, o el nevero muy persistente situado al E del pico Valdeiglesia, cuyo movimiento arranca y desaloja bloques del sustrato y deja estrías sobre él.

Figura 100. *Glaciar rocoso* de lengua de Braña-Librán, de los mejor conservados de toda la Cordillera Cantábrica. Al fondo a la derecha los *glaciares rocosos* de Valdeiglesia.

101

Glaciar rocoso de Pico Ferreira

Se localiza en la vertiente septentrional del Pico Ferreira (1907 m) que forma el contrafuerte montañoso que cierra el valle de Fornela por el S junto con los relieves de Peña Portillina (1819 m) y Mollanedo (1855 m). Se trata de un *glaciar rocoso de lengua* (Pérez Alberti y Rodríguez Guitián, 1993) similar a otros estudiados en la vecina Sierra de Catoute, pero que tiene la singularidad de haberse formado en el valle de Fornela donde el predominio de los roquedos pizarrosos no favoreció la elaboración de estas formas de relieve, o bien su conservación posterior (Redondo Vega, et al., 2010); por ello el sitio tiene cierta singularidad geomorfológica dentro de las montañas del NO.

La explicación de su localización en el fondo de un circo glaciar y no en otras formas similares cercanas, con la misma orientación y materiales en el área fuente tiene que ver, seguramente, con un origen estructural. El área de la que parte el material que forma el *glaciar rocoso* es un afloramiento compacto de cuarzo-arenitas del Paleozoico inferior que forman la zona culminante del relieve; estas rocas presentan una dirección NO-SE, fuerte buzamiento al NE (> de 60°); las rocas compactas están densamente fisuradas por una red de diaclasas transversales que influyeron en la aparición de una docena de canales por los que se abastecía el *glaciar rocoso* de fragmentos de roca y que enlazan el escarpe rocoso con la raíz del glaciar rocoso, hoy cubierta por un canchal. Tal disposición estructural ha favorecido la instalación de *glaciares rocosos* en otras cabeceras de la Sierra de Gistredo (Redondo Vega et al., 2002k, 2004, 2005), al incrementar el aporte de material desde los escarpes rocosos una vez retirado el hielo glaciar.

La lengua del *glaciar rocoso* tiene una forma toscamente cuadrangular en planta, orientada al NNE y con unas dimensiones de 285 m de longitud por 230 m de ancho en la zona superior casi en su raíz. Conserva surcos longitudinales bien marcados en su zona axial y oriental, mientras que los surcos y crestas transversales, estas mucho menos marcadas, se localizan preferentemente en la parte O. La raíz enlaza con un canchal mucho más inclinado, que se introduce profundamente en cada una de las canales formadas en el escarpe rocoso.

El frente es un talud continuo y uniforme que sobresale netamente, por su mayor pendiente, de la ladera en la que se apoya. Está densamente cubierto por un brezal que contrasta con la ausencia de vegetación de la mayor parte de la superficie del *glaciar rocoso* (Fig. 101). La zona basal del glaciar rocoso y ladera abajo, conservan retazos de *till subglaciar* y aún la forma de dos arcos morrénicos (visibles en los taludes de la pista forestal que atraviesa la ladera), con abundantes bloques y cantos de pizarra estriados por la acción glaciar. Este hecho es una muestra de la superposición, tan habitual, de dinámicas geomorfológicas en la montaña cantábrica: el *glaciar rocoso* de Pico Ferreira, como forma *periglaciar*, se superpone a otras formas, erosivas y sedimentarias, de origen glaciar (Redondo Vega, et al., 2010), a pesar de que en la cartografía convencional estos depósitos se cartografiaron como glaciares.

Figura 101. Vista lateral del sector frontal del *glaciar rocoso de lengua* de Pico Ferreira (1907 m).

102

Los *ríos de bloques* del Redondal

Los *campos* y *ríos de bloques*, son formas de origen *periglaciar* relativamente frecuentes en el NO de la Península (Pérez Alberti y Rodríguez Guitián, 1993; Valcárcel Díaz y Pérez Alberti, 2002c) y están presentes en los Montes de León, asociados a los afloramientos de facies silíceas paleozoicas. En el bloque montañoso del Redondal, que domina enérgicamente por el S la cubeta de Bembibre, estas formas son especialmente frecuentes como lo son las litologías cuarcíticas del Paleozoico inferior. De todos ellos se ha elegido el situado en la cabecera del arroyo de las Canales al S de Turienzo Castañero pues, además de ser un buen ejemplo de *río de bloques*, se extiende a lo largo de más de 1,2 km, lo que constituye casi una excepción a nivel regional. Además está bien conservado y la pista que asciende hasta las antenas situadas en el Redondal, permite la observación directa del mismo desde la ladera de enfrente, al igual que ocurre con otros ríos de bloques de los Montes de León estudiados por nosotros.

Los *ríos de bloques* son formas de relieve caracterizadas por la acumulación de fragmentos de roca de tamaño bloque en los que estos se han canalizado a partir de los antiguos *talwegs* y vaguadas que hienden la topografía de la ladera. Se alternan de manera irregular con *campos de bloques* que cubren superficies más extensas y con distinto grado de colonización vegetal y, como aquellos, han preferido una orientación norteña para desarrollarse. Por ejemplo el situado en ladera N de la cumbre septentrional del Redondal a 1530 m hasta la cota de 1460 m y que ocupa aún una superficie de casi 6 ha.

Por los que se refiere a su colonización vegetal, esta ha sido muy intensa en los últimos 50 años. Así, el ejemplo escogido hasta la foto área de mediados de los años setenta del pasado siglo mantenía una continuidad desde la convergencia de los dos *ríos de bloques* de la cabecera hasta el final cuando el *talweg* gira al N y aumenta notoriamente su pendiente longitudinal. Sin embargo, en la actualidad esa continuidad está prácticamente rota justo por debajo de la confluencia en un segmento de unos 150 m (entre 1270 y 1290 m de altitud) en el cual se alternan tramos consolidados de vegetación, con otros en los que aún son visibles los bloques.

Desde un punto de vista estructural estos depósitos están formados de manera predominante por las mismas cuarcitas y areniscas-cuarcíticas paleozoicas que constituyen las crestas en posición subvertical cuya demolición ha suministrado el material para generar el *río de bloques*. Entre esa litología casi mono-específica se incluyen, de manera ocasional, algunos bloques de cuarzo lechoso blanco que tienen su origen en los diques de este material que forman parte de las mismas estructura paleozoicas. Los bloques superficialmente aparecen como un depósito *clasto-soportado* sin matriz intersticial entre ellos que los cohesione.

Figura 102. Detalle del frente de uno de los *ríos de bloques* localizado en el abesedo del Redondal colonizado en gran parte por el brezal.

No obstante, de forma esporádica, sí se observa una matriz fina de color beige/amarillenta que contrasta vivamente con el aspecto gris/verduzco uniforme que tienen superficialmente y que le confieren el recubrimiento liquénico. Eso ocurre en algún corte visible de las múltiples pistas de acceso a las repoblaciones forestales, a los aerogeneradores instalados en la cumbre del relieve, o a alguna cantera, donde es posible observar niveles subsuperficiales de los *ríos de bloques*. Esa matriz puede proceder de la alteración *in situ* del depósito, sobre todo cuando la roca del área fuente es más areniscosa.

En general como depósito suele estar bien calibrado a lo largo de toda su extensión y de acuerdo con la homogeneidad de la fracturación del afloramiento del que proceden. Suelen predominar los fragmentos tamaño bloque, angulosos a subangulosos y con aristas vivas sin desgastar, ya que el transporte desde el área fuente no es muy largo. Solo si en algún sector predominan las areniscas cuarcíticas, estas presentan signos evidentes de alteración y los bloques tienen las aristas embotadas.

El origen de estos depósitos estaría en la dinámica *periglaciar*, del mismo modo que las *coladas de bloques*, a veces se aprecian sectores con menor pendiente (Valcárcel Díaz y Pérez Alberti, 2002c) que forman rellanos o escalones en el perfil longitudinal y son puntos que al estar más colonizados por el matorral de brezos (con rebollos y abedules chaparros) nos indican la presencia subsuperficial de materiales finos que retendrían mejor la humedad (Fig. 102). Esta dinámica actual caracterizada por su progresiva colonización vegetal que avanza desde los márgenes, unida a la práctica desaparición de las crestas de rocas competentes de donde procedían los bloques y el absoluto recubrimiento de todos los bloques por musgos y líquenes, nos indican que se trata de formas heredadas (*herencias morfoclimáticas*) de dinámicas que hoy día no son funcionales.

103

Los campos de bloques del Teleno

Los Montes de León, al igual que otras áreas montañosas elevadas y con favorable exposición del NO de la península Ibérica, se caracterizan por la presencia de formas elaboradas por procesos dependientes del frío (Valcárcel Díaz y Pérez Alberti, 2002c; Hall et al., 2016), tanto los generados por el hielo glaciar, como los ligados a la dinámica *periglaciar* (Pérez Alberti y Rodríguez Guitián, 1993). En la sierra del Teleno (2183 m) los glaciares cuaternarios se asentaron en los valles pre-glaciares de dirección NNE perpendicular a la alineación montañosa y dejaron numerosas huellas (Alonso Otero, 1982; Luengo Ugidos, 1992; Redondo-Vega et al., 2022). Una vez desaparecido el hielo fueron los *procesos periglaciares* los encargados de modelar esas superficies.

La existencia de áreas extensas de escasa pendiente pero a elevada altitud (restos conservados de antiguas superficies de erosión) y su yuxtaposición con las fuertes pendientes de los circos glaciares abiertos en el mismo borde de esa superficie culminante, los marcados contrastes de insolación y exposición que la configuración del relieve impone, así como una litología del sustrato predominantemente cuarcítica (aunque con presencia de pizarras intercaladas), son los factores principales que han ejercido el control de los principales procesos gobernados por el frío. Entre estos juegan un papel sobresaliente los relacionados con los ciclos de helada, hielo/deshielo, de los suelos y de las formaciones superficiales. También los de tipo *nival*, pues la desaparición del hielo glaciar favoreció el emplazamiento de *nichos de nivación* en las cabeceras de pequeños arroyos en las que la nieve tenía una elevada persistencia y que fueron modelados principalmente por la acción de las aguas de fusión; es el caso de las de los arroyos de Peña Bellosa, Las Reguillinas, Prado, Espino o Xandellamas).

Sin embargo, lo que realmente caracteriza las áreas más elevadas de la sierra son los extensos *campos de bloques* (Pérez Alberti y Rodríguez Guitián, 1993; Valcárcel Díaz y Pérez Alberti, 2002c). Estos cubren en casi toda su extensión las cumbres, derramándose muy visiblemente por las altas vertientes en todas direcciones. Tienen gran continuidad en la vertiente S de la cumbre principal, aproximadamente por encima de los 1950 m de altitud, pero se prolongan hacia el NO (El Sextil) y hacia el SE (en este caso se extienden preferentemente hacia la vertiente N de Peña Negra 2047m) de tal modo que ocupan casi continuamente el cordal principal de la sierra a lo largo de 5 km. Son depósitos autóctonos cuyos componentes apenas han sufrido desplazamientos. El origen de ese recubrimiento está en la fuerte fragmentación experimentada mediante *crioclastia* (sucesión de ciclos hielo-deshielo) por las capas –a veces bancos– cuarcíticas que forman el armazón del relieve y que, debido a ese proceso, solo afloran a ras de suelo en algún sector de la cumbre.

Los *campos de bloques* los constituyen clastos de formas geométricas que traducen las pautas de fracturación de la estructura cuarcítica de la que provienen. Al no haber sufrido casi transporte no están desgastados por lo que tienen una elevada angulosidad, predominando el tamaño bloque (a veces de grandes dimensiones). En la actualidad están recubiertos por líquenes que le confieren esa tonalidad y, hacia los bordes de los depósitos pueden estar ocultos por mosaicos irregulares de herbáceas allí donde se han concentrado los materiales finos, lo que nos muestra su condición de depósitos relictos y su proceso generalizado de colonización vegetal. Las acumulaciones de detritos *periglaciares* que conforman los *campos de bloques* se localizan sobre superficies sub-horizontales o de escasa pendiente (tal como corresponde a la culminación panda del Teleno, Fig. 103) pues cuando la pendiente de la ladera supera los 5º de inclinación se habla ya de *ladera de bloques* también denominadas *lleras* en el país.

Por debajo de las áreas cimeras y de los rellanos pandos que las caracterizan, aumenta la inclinación de las laderas y los bloques se canalizan por las cabeceras de los arroyos configurando *ríos de bloques*, o se extienden por las vertientes regularizándolas conformando *laderas de bloques*. En este caso, a la *crioclastia* hay que añadir la gravedad pasando a considerarse ya depósitos asistidos por gravedad; así se lleva a cabo una grosera selección por tamaños de los gelifractos en función de la distancia recorrida, lo que deviene en *lleras* formadas por fragmentos de menor tamaño en la parte superior y de mayor tamaño en la más baja, aunque conservando aún una levada angulosidad.

Figura 103. Detalle de los *campos de bloques* de la cumbre del Teleno (2183 m), año 1995.

104

Grèzes litées
de Urdiales de Colinas

Los *grèzes litées*, también denominados *éboulis ordonnés*, son depósitos de vertiente que se forman bajo escarpes rocosos que conforman el área fuente del mismo. Los fragmentos que lo componen están casi siempre bien calibrados y son homogéneos en cada nivel, de acuerdo a los caracteres estructurales de la roca de origen, aunque incluyen frecuentemente fragmentos de mayor tamaño (cantos y bloques). Una de sus características principales es que los fragmentos, con independencia de su tamaño, aparecen dispuestos con el eje mayor alineado en el sentido de la pendiente de la ladera en la que quedaron inmovilizados (Fig. 104), lo que en principio sugiere que se tratan de algo parecido a derrubios asistidos por gravedad.

Consisten en una serie de lechos en los que se alternan los formados por fragmentos más grandes (habitualmente de tamaño grava), casi sin matriz que los trabe y textura abierta (*open work*), con otros lechos más ricos en limos (o con éstos predominando netamente), lo que les confiere una mayor compacidad que les permite conservar mejor su morfología una vez depositado. Los primeros son niveles *clasto-soportados* y los segundos *matriz-soportados* que se distinguen fácilmente de los lechos anteriores por su textura, además de su menor espesor. En conjunto los cortes tienen un aspecto estratificado siempre que se conserven los planos que separan los distintos niveles o lechos.

Esta estructuración de los derrubios de ladera ha creado una controversia acerca de los procesos que la han podido generar aceptándose un doble origen para los mismos. Los niveles *clasto-soportados* con escasa matriz, o ausencia de ésta, es posible que se hayan generado por la caída masiva de *gelifractos* desde los afloramientos rocosos supra-yacentes, es decir, se han emplazado directamente por gravedad, o bien por un lavado de niveles con matriz, debido a fenómenos de escorrentía superficial, o sub-superficial, desencadenados durante la fusión nival estacional.

Los que presentan abundantes finos, *matriz-soportados*, tendrían su origen en flujos de derrubios, o bien en procesos de *gelifluxión* acaecidos sobre las laderas; si la génesis está en el funcionamiento de flujos se suelen denominar *éboulis ordonnés*. En todo caso, sea cual sea el origen, su aparición siempre implica una morfogénesis *periglaciar* funcional, con escasa vegetación o inexistente, en un ambiente gobernado por el frío, aunque no excesivamente como para atestiguar la presencia de suelos helados, sí lo suficiente para que funcionen los mecanismos de gelifracción que suministren derrubios, agua para clasificarlos y fenómenos de flujo ligados a la fusión estacional del manto nival.

Figura 104. Corte transversal de *grèzes litées* del camino de acceso al valle de Urdiales de Colinas.

Este tipo de depósitos son muy frecuentes en muchas otras comarcas montañosas marginales que rodeaban a las áreas más elevadas en las que predominó el modelado glaciar. De este modo es muy habitual encontrarlos al pie de escarpes rocosos calcáreos en toda la vertiente S de la Cordillera Cantábrica como en Cabrillanes, Caldas de Luna o Valdeteja, por poner solo algunos ejemplos; en todos estos casos los *grèzes litées* al formarse con *gelifractos* de roca caliza suelen aparecer cementados, sobre todo los niveles *clasto-soportados*.

Pero también aparecen en semejantes entornos montañosos aunque formados preferentemente por fragmentos de lutitas y/o pizarras como, por ejemplo los paradigmáticos *grèzes litées* de Truchas y Saceda de Cabrera estudiados por nosotros hace años, los que corta la pista que cruza la Sierra del Pinar en dirección a Corporales en la vertiente S del Teleno, o en Páramo del Sil, Primout, en todo el valle de Fornela, en el valle de La Baña o en del Boeza, entre otros. En estos casos, salvo excepciones, suelen estar peor conservados por la propia fragilidad de la litología que los constituye y por la ausencia de cementación, cosa que no ocurría normalmente en los de caliza. De este modo, es bastante habitual que con posterioridad a su formación como *grèzes litées* sean afectados por movimientos ligados a fenómenos de segregación del hielo en su seno, que transforman la disposición original de los *gelifractos* en el sentido de la pendiente de la ladera con la aparición de convoluciones y curvas que alteran su forma primigenia.

El depósito del valle de Urdiales de Colinas (Fig. 104) se encuentra en uno de los taludes de la pista de acceso al núcleo desde el valle del Boeza y se ha descubierto, al igual que otros de la zona, como consecuencia de su excavación para utilizar el material como relleno de obras viarias. Se ubica cerca de la base de la vertiente al pie de una vallina orientada al SO que recorre la ladera, está a una cota de 1050 m y a una distancia de 1,5 km de la confluencia de los dos valles. Está formado por *gelifractos* de pizarra dispuestos en el sentido de la pendiente y con un espesor visible de 2,2 m aunque la degradación del talud no permite verlo en su totalidad, sí se aprecian los niveles inferiores que incluyen clastos más irregulares y de tamaño bloque, mientras que a éstos se superponen otros con fragmentos más regulares y de menor tamaño que alternan con los niveles con predominio de finos. A pesar de la degradación del talud, se aprecian la alternancia de niveles disímiles y el mayor espesor de los niveles sin matriz en relación a los de menor espesor. En los superiores, bajo el suelo, la disposición planar aparece desarticulada y rota por la formación de formas en voluta o bucle características de suelos congelados (Fig. 104).

105

Campos de bloques y *bloques aradores* del macizo de Vizcodillo

Los *bloques aradores* son una forma peculiar de *gelifluxión*, es decir, dependen de la congelación estacional del suelo para su formación, por lo que su aparición está ligada a ambientes donde las temperaturas medias son negativas al menos durante unos meses, o bien a zonas con *permafrost*. En la península Ibérica eso sólo ocurre en los lugares más elevados de las principales cordilleras, por lo que son formas restringidas a algunas áreas de montaña, como el macizo de Vizcodillo (2121 m) (Santos González et al., 2016). Estas formas debidas a procesos gobernados por el frío sobre las vertientes, se han estudiado en León en el Alto Sil (Santos González et al., 2010b, 2016; Santos González, 2011) y en otros sectores de las montañas Galaico-Leonesas (Pérez Alberti et al., 1998; Carrera Gómez y Pérez Alberti, 2005, 2006).

Los bloques aradores están integrados por tres elementos característicos (Santos González et al., 2016): el propio *bloque*, que normalmente tiene al menos 40-50 cm de eje mayor y que puede estar parcialmente recubierto por suelo; el *surco* generado al desplazarse el bloque sobre la ladera y que se localiza inmediatamente ladera arriba del mismo y, por último, el *montón frontal* generado por el movimiento del bloque, que hace que se vaya acumulando el material ladera abajo (es frecuente que los montones también se prolonguen hacia los laterales del bloque).

Se encuentran en zonas elevadas (1855-2116 m) con orientación entre N y NE, con pendientes más suaves (4° a 18°) que en el macizo de Vizcodillo coinciden con el cembrio de los circos (Fig. 105), entre el borde de estos y los *campos de bloques* del entorno de la cumbre, aunque en otras montañas de la región su localización en las laderas de los circos de origen glaciar hace que la pendiente sobre la que se mueven sea mucho mayor, de entre 16 y 30° (Santos González et al., 2016).

Su tamaño es variable pero casi siempre superior el 0,5 m de eje mayor, el cual se dispone paralelo a la línea de máxima pendiente de la ladera. Los *surcos* son relativamente cortos (menos de 1 m en varios casos), aunque algunos superan los 3 a 5 m; dado que generalmente se trata de formas inactivas suelen estar colonizados por los brezales, lo que dificulta su observación. Los *montones* presentan una altura modesta, entre 20 y 50 cm sobre el plano de la ladera en la mayoría de los casos.

Aunque la mayor parte parecen inactivos, hemos observado desplazamientos en algunos de ellos, al menos en 2006 y 2015, con movimientos, que pudieron ser relativamente rápidos, de entre 10 y 35 cm. El movimiento ocasional de los bloques parece estar ligado a la existencia de unas condiciones térmicas adecuadas durante un año concreto, si bien aún se tienen pocos datos sobre esa relación. En todo caso, en uno de los bloques se observó que la congelación estacional del suelo superaba los 50 cm (Santos González et al., 2016).

Figura 105. *Bloques aradores* en la vertiente N del Vizcodillo, octubre de 2001.

106

Los canchales de Peña Ubiña

En la Cordillera Cantábrica es relativamente frecuente aún la presencia de extensiones, más o menos grandes, de acumulaciones de cantos y bloques caracterizados por sus bordes y caras geométricas y que descansan unos sobre otros sin apenas otro material fino que los trabe. Estos depósitos de material reciben diferentes nombres, aunque los más utilizados probablemente son los de *llera*, *glera*, *canchal* o *pedrero* (Redondo Vega et al., 2010). Su forma varía según el tipo de vertientes: cuando los clastos se ubican al pie de escarpes rocosos con morfología de crestas originan mantos continuos que tapizan la vertiente; mientras que constituyen conos, cuando se ubican a partir de los canales estrechos que cortan y hienden los escarpes y terminan en pequeñas cuencas. El material continuo que aporta el escarpe supone siempre el retroceso de éste, su retranqueo y rebaje y, por ello, la reducción de su valor angular (Tricart, 1981). Esta dinámica origina las formaciones al pie de las paredes rocosas y está asociada tanto a la densidad de la fracturación de los afloramientos, como a los procesos que la desencadenan, entre otros la *gelifracción* (Pérez Alberti y Rodríguez Guitián, 1993) y la *termoclastia* (Peña-Pérez et al., 2022).

Los canchales cubren gran parte de las laderas, siempre que existan afloramientos rocosos próximos situados topográficamente por encima en posición dominante, ya que estos son su área fuente. Se trata de formas de acumulación relativamente comunes en la Cordillera Cantábrica dada la frecuencia de los afloramientos rocosos compactos exentos que ha impuesto la evolución morfogenética en la misma. En las últimas décadas se observa una creciente colonización vegetal de muchos de ellos, sobre todo en laderas orientadas a mediodía y en cotas bajas de las montañas, lo que indicaría su carácter relicto, pues su génesis casi siempre va asociada a cierta dinámica *periglaciar* que prácticamente ha cesado en la actualidad. Por ello, solo las montañas cantábricas más altas, mantienen canchales funcionales en los que la caída y acumulación gravitacional, más o menos continuada, de fragmentos de rocas desde los escarpes y paredes rocosas, impiden la colonización vegetal de los canchales situados a su pie, como sucede en los localizados en el macizo de Picos de Europa.

Y eso ocurre también en la ladera leonesa del macizo de Ubiña (Fig. 106) desde El Fontán (2415 m) hasta Peña Ubiña (2411 m). Al pie de esa crestería continua y muy elevada se extiende hacia el E y al N un conjunto de canchales y conos formados por fragmentos procedentes de las calizas del escarpe y emplazados por gravedad. El abundante aporte continuo de clastos desde las paredes calizas y la proximidad de algunos conos y canchales los han hecho crecer lateralmente hasta el punto de producirse una coalescencia de los mismos y de constituir en la actualidad un *talud de derrubios* continuo de casi 2 km de largo por unos 200-250 m de ancho, aunque en su extremo N al pie de El Fontán supera los 400 m. El *talud de derrubios* solo está interrumpido en su sector central, en dos cortos tramos donde el canchal aparece fosilizado por el suelo y la vegetación; el sector más meridional, aun contiene un pequeño cono de derrubios funcional conectado por una canal del escarpe.

En el sector más meridional, al pie de Peña Ubiña, cuatro grandes conos coalescentes prolongan su raíz hacia el interior del escarpe y de las paredes del macizo, lo que hace que el contacto del *talud de derrubios* con la pared sea recortado en lugar de rectilíneo como en otros sectores del mismo. El análisis de *macrofábrica* realizado en los canchales del macizo (Peña-Pérez et al., 2022), muestra una orientación preferente de los clastos de forma paralela o sub-paralela a la de la ladera, con ángulos inferiores a 27°, lo que se aviene con su carácter gravitacional y los diferencia de otras formas de depósitos situados bajo escarpes de nuestras montañas, como los depósitos glaciares, los *glaciares rocosos*, o los deslizamientos.

Figura 106. Canchal activo al pie del escarpe occidental de Peña Ubiña (2411 m).

107

Suelos poligonales del Alto Morredero

Una de las formas más originales de la dinámica *periglaciar*, pues se generan en la *capa activa* del suelo permanentemente helado, *permafrost*, son los llamados *suelos ordenados,* que son formas de pequeño tamaño y de aspecto geométrico, como polígonos, círculos, bandas o *suelos estriados*, principalmente. Se desarrollan siempre sobre superficies horizontales pues cuando la pendiente aumenta, aunque sea solo sub-horizontal e inferior a 10°, los lados de los polígonos se deforman en bandas paralelas siguiendo la línea de máxima pendiente y dan lugar a otra forma de suelos ordenados denominados *suelos estriados*.

Los suelos ordenados de tipo poligonal en sentido estricto presentan una *clasificación*, es decir, el movimiento de las partículas por la dinámica *periglaciar* ordena por tamaños los componentes de la formación superficial, expulsando hacia los bordes las partículas más gruesas y concentrando las finas en el centro de los polígonos. En su génesis juegan un importante papel el levantamiento que afecta de manera diferencial a los distintos fragmentos de la formación superficial, su desplazamiento hacia los lados, y la clasificación por tamaños que todo ello conlleva. Los bordes de las partículas tamaño grava y canto hacia el interior del suelo, suelen aumentar hasta un nivel en el que predomina ese material más grosero que envuelve por completo los finos del centro del polígono, o bien estrecharse en profundidad (y disminuyen de tamaño hacia los bordes) y entonces estar desconectados del nivel detrítico inferior.

Se encuentran vestigios de esta dinámica con relativa facilidad en cotas superiores a los 1900-2000 m, en las zonas pandas y collados de los Montes Aquilanos, como el ejemplo elegido (Fig. 107). También se pueden ver indicios de estas formas poligonales, aunque muy desdibujados por la vegetación que los oculta parcialmente, en el entorno de cumbres (casi siempre de sustrato silíceo) de la Sierra de Gistredo, Cornón, Alto de la Cañada, Cueto Millaró, Pico Huevo, Coriscao y Pico Cuartas, entre otros.

Figura 107. Detalle de un suelo poligonal en el Alto del Morredero en agosto de 1975; la zona desapareció en las obras de nivelación de la carretera a Truchas aquel mismo año.

No obstante, los casos que se pueden observar en la actualidad, son todos formas relictas que están siendo colonizadas por la vegetación alpina que enseguida se instala en los materiales finos del centro del polígono (que retienen mejor la humedad), hasta que solo son visibles los márgenes de los antiguos polígonos formados por los fragmentos de tamaño grava.

108

Césped almohadillado, Sierra de Catoute

Nuestras montañas son ricas en formas generadas por el congelamiento del suelo durante la estación fría, entre las que llaman la atención las que constituyen una sucesión de pequeños montículos de forma semiesférica o cupuliforme, de entre 20 a 40 cm de alto, y hasta 60 cm de diámetro, si bien no hay un patrón fijo, ni en la forma, ni en el tamaño. Estos montículos suelen aparecer agrupados unos al lado de otros y cubiertos de vegetación, como el ejemplo de la Fig.108, en el que se observa parcialmente uno de esos campos cubiertos de los denominados *céspedes almohadillados* (*earth hummocks*), localizado sobre un rellano tras un umbral de uno de los circos glaciares de la Sierra.

Estas formas tienen una génesis discutida hasta el punto que, a veces, se les otorga un origen poligénico, por ser varias las fuerzas que pueden desencadenarse en el interior del suelo o la formación superficial para generarlos. En todo caso, se suele aceptar que son resultado de la migración de los clastos hacia la superficie a través de los mecanismos de empuje (a medida que los clastos se elevan, empujan hacia arriba en el suelo formando los abultamientos) y atracción de las heladas.

Para ello se requiere que se presenten diversos factores favorables, como irregularidades en la textura del suelo (diferencias en el tamaño del grano), en su temperatura, en el contenido de humedad, o en la vegetación. Como consecuencia de todo ello, cuando durante el invieno el suelo se congela desde la superficie, el agua penetra hacia el interior de manera muy desigual, ejerciendo presiones diferenciales a medida que se va congelando. Si, además, hay un subsuelo que permanece permanentemente congelado (*permafrost*), el suelo –o la formación superficial– queda confinado, expulsando hacia la superficie parte del material y formando el montículo como si fuera una especie de burbuja.

Figura 108. Detalle de un campo de *céspedes almohadillados* de la Sierra de Catoute, octubre de 2002.

Céspedes almohadillados, además de en la Sierra de Catoute, también se pueden observar, con distinto grado de conservación, en Gistredo, El Cornón, Valdeiglesia, Tambarón, Picos Albos, Cueto Negro y otras altas montañas de la provincia. Su rápida evolución los faculta como indicadores paleoambientales, como formas muy adecuadas para hacer un seguimiento de los cambios que suceden en sus entornos. La inexistencia de suelos permenentemente helados en esos lugares en la actualidad hace que los consideremos como formas relictas (formas heredadas).

109

Terracitas y *bloques aradores* del Cueto Millaró

La cumbre del Cueto Millaró, con 2182 m de altitud, es la más elevada de la Montaña Central de León. Esta zona, modelada parcialmente por los glaciares cuaternarios, sufre en la actualidad unas condiciones climáticas muy rigurosas, con temperaturas medias anuales en torno a 3º C, fuertes vientos y nevadas copiosas. Por la posición de esta cumbre, el viento suele ser muy intenso y en invierno redistribuye la nieve, acumulándola principalmente en las laderas orientadas al E y SE. Por eso, en sus flancos meridionales y orientales se forman importantes neveros que, algunos años, pueden permanecer hasta avanzado el verano (Redondo Vega y Santos González, 2011). Las condiciones térmicas tan severas, junto a la abundancia de nieve, condicionan la distribución de la vegetación, dominando los brezales y enebrales rastreros (*Juniperus communis subsp.nana*) en la ladera O, mientras que en la SE son más frecuentes las arandaneras (*Vaccinium myrtillus*).

En los enclaves donde la nieve es más persistente, solo unas pocas plantas son capaces de crecer y existen zonas casi totalmente desprovistas de vegetación. Todo ello permite la congelación del suelo durante los meses invernales y que aparezcan algunas formas activas derivadas de esa presencia del hielo estacional. Entre ellas, las de mayor dinamismo en este lugar son las *terracitas* (Fig. 109): pequeños escalones con forma arqueada, con un rellano superior de escasa pendiente o totalmente plano, delimitado por un frente semicircular que forma un escalón hasta el siguiente rellano. Sólo el frente está colonizado por un pastizal psicroxerófilo dominado por la gramínea *Festuca eskia*, mientras que el resto de la forma está cubierta por pequeños cantos de pizarras carboníferas de entre 1 y 7 cm. La escasez de vegetación indica que se trata de formas activas en la actualidad (Redondo Vega y Santos González, 2011).

Aunque su génesis es discutida, la congelación del suelo y el aporte de agua de fusión nival son básicos en su formación. Por encima de los 1950 m se pueden encontrar otros enclaves donde también aparecen *terracitas*, pero en esos casos presentan un dinamismo mucho menor y la colonización vegetal es más densa, lo

Figura 109. *Terracitas* en la ladera ESE del Cueto Millaró, cota 2120 m.

que indica que se trata de formas poco o nada activas en la actualidad y que debieron ser funcionales durante la Pequeña Edad de Hielo (Redondo Vega y Santos González, 2011). En el entorno del Cueto Millaró las terracitas más activas ocupan una zona de unos 1000 m², en la ladera ESE, entre unos 2100 y 2120 m de altitud (Redondo Vega y Santos González, 2011). En ese lugar tienen unas dimensiones de entre 100 y 130 cm de longitud, 40 a 70 cm de anchura y saltos de 10 a 25 cm de altura.

En ese mismo entorno son visibles otras formas *periglaciares* sin actividad actual, pero de origen reciente, como son algunos *bloques aradores*. Se trata de bloques que se mueven más rápidamente que el suelo adyacente provocando una acumulación de materiales por delante de ellos y un surco por detrás (Santos-González et al., 2016). Su movimiento está relacionado con la congelación estacional del suelo que en algunos casos puede alcanzar 1 m de espesor. El bloque arador más notable se encuentra en la ladera ESE del Cueto Millaró a unos 2050 m de altitud y tiene en torno a 1 m de eje mayor con un montón frontal bien definido (Redondo Vega y Santos González, 2011).

110

Nicho de nivación de Cabeza de la Yegua

Al ENE de la Cabeza de la Yegua (2142 m), cumbre más elevada de los Montes Aquilanos, se localiza un pequeño *nicho de nivación* funcional. Está a una cota de 2060 m, orientado al E, en la montera de una cabecera de morfología glaciar que drena hacia uno de los arroyos que forman el río Cabo. El nicho mide 95 m de longitud por 140 m de ancho y 9850 m² de superficie total, aunque solo algo más de la mitad, 5200 m², son superficie dinámica, es decir, aquella que ocupa el nevero donde no hay vegetación y la cubierta liquénica es muy escasa, observándose procesos erosivos evidentes (Santos González et al., 2010b).

Se trata de un nicho que aloja uno de los neveros de mayor persistencia de toda la provincia y, aunque en la zona hay otros neveros con similar orientación y altitud (en el cordal N-S del Alto de las Berdiaínas, 2116 m) su fusión siempre se produce antes. En el caso que nos ocupa, varios factores convergen para favorecer este hecho: por un lado, las elevadas precipitaciones en forma de nieve (muy cerca, en el mismo relieve, con orientación norteña ha funcionado durante años la pequeña estación de esquí alpino de El Morredero). Por otro, la elevada altitud del enclave y la favorable orientación a sotavento de los vientos dominantes y de los temporales invernales, lo que incrementa su espesor.

El factor orientación parece determinante, ya que una orientación preferente al ENE y a sotavento de los vientos dominantes, conjuga la mejor conservación de la nieve y una mayor sobre-acumulación de ésta, puesto que la precipitación procede mayoritariamente del paso de perturbaciones de componente OSO u O. Por eso, es aquí donde se localizan los neveros más persistentes cuando encuentran una posición topográfica adecuada. Por tanto, las topografías suaves orientadas al SO, y la presencia de circos glaciares hacia el NE, influyen mucho en la mayor acumulación de nieve en esas zonas.

Figura 110. *Nicho de nivación* de Cabeza de la Yegua; las pizarras del Paleozoico inferior pulidas, con escasa cubierta de líquenes y rodeadas de bloques desalojados; abajo, ausencia de cubierta vegetal y detalle del contacto nevero-roca el 14 de julio de 2013.

Cuando el nevero alcanza un espesor suficiente se mueve lentamente a favor de la pendiente realizando una labor erosiva sobre el lecho rocoso puliéndolo y arrancando bloques del sustrato a favor de líneas de debilidad de la estructura (Fig. 110). Los bloques son desalojados de su lugar por el mismo movimiento del nevero u otros mecanismos gravitatorios; una vez producida la fusión, y dado el carácter inestable y precario equilibrio en el que quedan, se acumulan en la zona basal del nevero.

En los últimos años parece existir una notable disminución del volumen de nieve que reciben estas montañas, hecho ya observado en la Sierra de Ancares (Pérez Alberti et al., 1998), lo que implica una dinámica menos activa (o solamente activa algunos años) lo que da lugar a una acusada irregularidad en la funcionalidad geomorfológica de los *nichos de nivación*. Debido a ello, se observa una progresiva colonización de esos enclaves por la vegetación, lo que se traduce en su estabilización. De todos modos, el cambio de usos del suelo (abandono del pastoreo) tiene igualmente una importancia significativa en la acumulación de nieve y en la colonización vegetal, lo que hace necesario profundizar en las relaciones entre la dinámica geomorfológica, la vegetación, los usos del suelo y el clima, tal como ya se puso de manifiesto para las montañas del Alto Sil (Santos González et al., 2010b).

111

Nichos de nivación de las Joyas del Nevandín

Los neveros constituyen zonas relativamente pequeñas donde la cubierta nival permanece después del período general de fusión, siendo normalmente remanentes de bancos de nieve acumulados por el viento (*snowdrifts*) durante los temporales fríos de invierno. Pueden ser temporales, si funden en algún momento del año, o permanentes, si mantienen nieve durante todo el año. El papel erosivo de la nieve ha sido muy discutido. Sin embargo, diversos estudios demuestran que el lento deslizamiento de la nieve puede generar formas muy similares a las de un glaciar, desarrollándose tanto formas erosivas, como de acumulación características (Valcárcel Díaz et al., 2005b; Carrera Gómez et al., 2006; Valcárcel Díaz y Carrera Gómez, 2010).

En cualquier caso, para que la nieve ejerza un papel erosivo, es necesario que esta se desplace, para lo que se precisa un espesor de nieve y una pendiente mínimos, además de que la nieve se densifique notablemente. En este sentido se puede establecer una curva que relaciona el espesor mínimo de nieve necesario para que esta se mueva y la pendiente sobre la que se asienta (Santos González et al., 2010b): con pendientes de 15° se requieren entre 15 y 30 m de nieve, mientras que si la pendiente alcanza los 20° el movimiento puede producirse con entre 7 y 15 m de nieve, valores que se pueden alcanzar en determinados enclaves del NO peninsular, como ocurre en el Alto Sil.

Entre los años 2003 y 2009 se realizó un seguimiento de los neveros más persistentes de un sector de la Cordillera Cantábrica, el Alto Sil (Redondo Vega, 2006c; Santos González et al., 2010b). Ese seguimiento permitió localizar 8 nichos de nivación dentro de este territorio. Seis de ellos se pueden considerar activos actualmente y 2 inactivos.

Los nichos actualmente activos se encuentran en torno a los 2.000 m de altitud (Fig. 111) y se sitúan en zonas de sotavento, en el borde superior de algunos circos glaciares; muestran una orientación preferente al NE, pues se conjugan, por una parte, la mejor conservación de la nieve y, por otra, una mayor sobre-acumula-

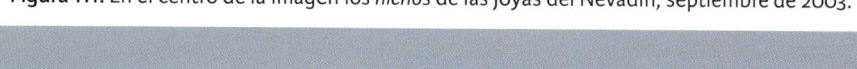

ción de nieve, puesto que ésta procede mayoritariamente de componente SO u O. Por eso, es aquí donde se localizan los neveros más persistentes. Son formas más anchas que largas, semicirculares y con pendientes de en torno a 30° en la parte superior y 20-22° en la zona inferior.

El estudio más detallado de dos enclaves, nichos de las Joyas del Nevadín y Valdeiglesia, ha permitido comprobar la actividad erosiva de la nieve, observándose una notable relación entre la cantidad de nieve en primavera y la dinámica nival. El lento deslizamiento de la nieve ladera abajo ha sido probado por la observación del doblado de varillas de hierro en los neveros de las Joyas del Nevadín y se traduce en la aparición de estrías de nevero y en el arrastre de pequeños cantos y bloques. El desgaste de los afloramientos rocosos bajo los neveros es notable, si bien no se ha podido determinar en qué medida las fracturas observadas son debidas a ciclos de hielo/deshielo o a ciclos de humectación/desecación. Esta dinámica es mucho más intensa los años en los que la cantidad de nieve acumulada es muy grande, años en los que son frecuentes los aludes (Santos González et al., 2010a), siendo casi nula los años en los que espesor de nieve es escaso, como sucedió en 2005.

La duración de la cubierta nival actualmente en estos enclaves, parece haberse reducido de forma notable en los últimos 20-30 años, tal como han apuntado algunos autores (Pérez Alberti et al., 1998) para la cercana Sierra de Ancares, probablemente tanto por una disminución del volumen total de nieve que reciben estas montañas, como por un cambio de usos del suelo por la reducción de la carga ganadera que soportaban (Santos González et al., 2010b).

Figura 111. En el centro de la imagen los *nichos* de las Joyas del Nevadín, septiembre de 2003.

112

Enlosado nival en la Sierra de Catoute

En las áreas frontales de los neveros estacionales que ocupan la base de vertientes con acumulaciones de bloques y siempre en las partes de menor pendiente, casi llanas, es frecuente encontrar pequeñas extensiones de éstas que aparecen con una de las caras planas formando la superficie y encajados con otros de diverso tamaño pero igual disposición planar. Son los denominados *enlosados nivales*.

Su génesis es mal conocida, a pesar de ser relativamente frecuentes en las altas montañas templadas, pero parece estar ligada a unas condiciones peculiares del suelo bajo el nevero, tanto en su contenido en agua (que tiene que ver con el aporte de ésta por la lenta fusión bajo el nevero y que llegaría a sobresaturar el suelo), como con los cambios de fase (hielo y deshielo), sin olvidar el papel que juegan la segregación de agujas de hielo (*pipkrakes*) en el suelo saturado (Tricart y Cailleux, 1967).

Esos cambios cíclicos llevarían a una reordenación en la posición de los clastos (el material más fino permanecería debajo y sería parcialmente lavado y evacuado del área), y bloques situados bajo el nevero, los cuales, al ser empujados hacia su base, se disponen con una cara paralela a la base del nevero; a su vez, el empuje del propio peso del nevero, los recoloca lateralmente hasta constituir una especie de *pavimento* o *enlosado*.

Aunque a veces el aspecto se asemeja a los *campos de bloques periglaciares*, no solo la disposición planar los diferencia de aquellos, sino también su más elevada heterometría, tanto en los cantos y bloques como en la matriz que los empasta o está subyacente (Tricart y Cailleux, 1967; Tricart, 1981).

Se encuentran ejemplos en casi todos los macizos montañosos del N de la provincia además de la Sierra de Catoute (Fig. 112), en Valdeprado, Cornón, Picos Albos, sobre diferentes litologías, pero mejor conservados en las facies silíceas y siempre coincidiendo con rellanos a elevada altitud y orientación norteña, lo que asegura una alta persistencia de la nieve, condición indispensable para su génesis.

Los *enlosados nivales* han sido citados en los Picos de Europa, aunque liga-dos a las depresiones glacio-*kársticas* (Serrano Cañadas y González Trueba, 2004; González Trueba y Serrano Cañadas, 2010); se pueden considerar como una de las formas resultantes de la acción de la nieve sobre el terreno, como uno de los procesos de nivación. Los neveros ejercen un control sobre el régimen hídrico y térmico del suelo (Melón-Nava et al., 2022), pero también pueden ser un solvente agente de modelado, tal y como se ha visto en el caso de los *nichos de nivación*, algunos todavía funcionales (Santos González et al., 2010b).

Figura 112. Detalle de un *enlosado nival* al pie de un canchal de cuarcitas paleozoicas en la vertiente N de Pico Catoute (2112 m); cuando los finos separan los bloques (que es el enlosado en sentido estric-to) y se produce una reducción de la persistencia de la nieve, rápidamente la vegetación coloniza la forma como ocurre en primer término a la derecha de la imagen.

113

Aludes de nieve en el Alto Sil

Los aludes, o avalanchas, son desprendimientos de nieve a lo largo de una ladera que se deslizan de manera súbita hasta quedar inmovilizados a pie de vertiente o en el fondo de un valle. Su puesta en marcha responde a la pérdida de la cohesión y estabilidad de la nieve acumulada en un punto concreto o línea de debilidad en la ladera (Santos González et al., 2010a). Con frecuencia se concentren sobre una canal (las *canales de aludes* que caracterizan muchas laderas de nuestras montañas como los Picos de Europa, González-Trueba y Serrano-Cañadas, 2010) para realizar el desplazamiento, deteniendo su frente en la zona basal de esta, o a mitad de camino en la canal si existe algún rellano o según sea la magnitud de la avalancha de nieve.

Se pueden producir siempre que se cumplan una serie de condiciones que se refieren en primer lugar a la cantidad de nieve acumulada por unidad de tiempo y superficie y, en segundo lugar, a la inclinación de la ladera y la forma de ésta. La pendiente de la vertiente que soporta esa acumulación de nieve ha de estar comprendida entre 28° y 45°, pues si la pendiente es superior a ese valor, la acumulación de nieve no alcanza el espesor suficiente para generar avalanchas, mientras que si es inferior la nieve acumulada suele permanecer estable sin deslizarse ladera abajo (Santos González et al., 2010a). Pero también entran en juego otros factores desencadenantes como la rugosidad de la ladera, su orientación, o la existencia o no de vegetación y el tipo de ésta.

Dado que las fuertes pendientes y las abundantes precipitaciones de nieve, son caracteres propios de la alta montaña, es en esos espacios donde los aludes o avalancha de nieve son un fenómeno habitual aunque muy localizado, pues se suelen concentrar en las denominadas "zonas de aludes" en las que el fenómeno tiene una elevada periodicidad y recurrencia. Así, en el Alto Sil, donde se les denomina ádenes, dos zonas, el entorno de Villarino en el valle principal del río Sil y el valle medio del río Valseco, concentran un gran número de estas avalanchas.

En el Alto Sil las zonas con una mayor frecuencia en la aparición de aludes se sitúan entre 1.700 y 1.400 m, con pendientes de entre 28° y 45° y con orientaciones SE y S; además son zonas con escasa vegetación arbórea y, en la mayor parte de los casos, afectadas por incendios forestales recurrentes en los últimos años (Santos González et al., 2010a).

Uno de los últimos aludes documentados en esta montaña se produjo en El Calzadón (Fig. 113), después de una fuerte nevada en diciembre de 2008, (se acumularon 1,2 metros de espesor en 48 horas), sin soporte de nieve previa en el suelo. Fue un ádene de ladera, de *fondo* y de *nieve húmeda*, que movilizó gran cantidad de pequeños robles y matorrales, arrancando también postes de teléfono, así como el guardarraíl de la carretera, que quedó empotrado contra la otra ladera, donde derribó numerosos alisos, abedules y fresnos. La gran masa de nieve del alud ocultó el río Valseco durante unas dos semanas, durante las cuales el agua circuló por debajo de la nieve (Santos González et al., 2010a).

Figura 113. Ádene de El Calzadón diciembre de 2008, en la carretera de acceso a Salientes. El río Valseco fluye bajo la nieve en el centro de la imagen. Se pueden apreciar gran cantidad de árboles derribados y el guardarraíl arrancado en la ladera opuesta de la carretera (foto de Javier Santos).

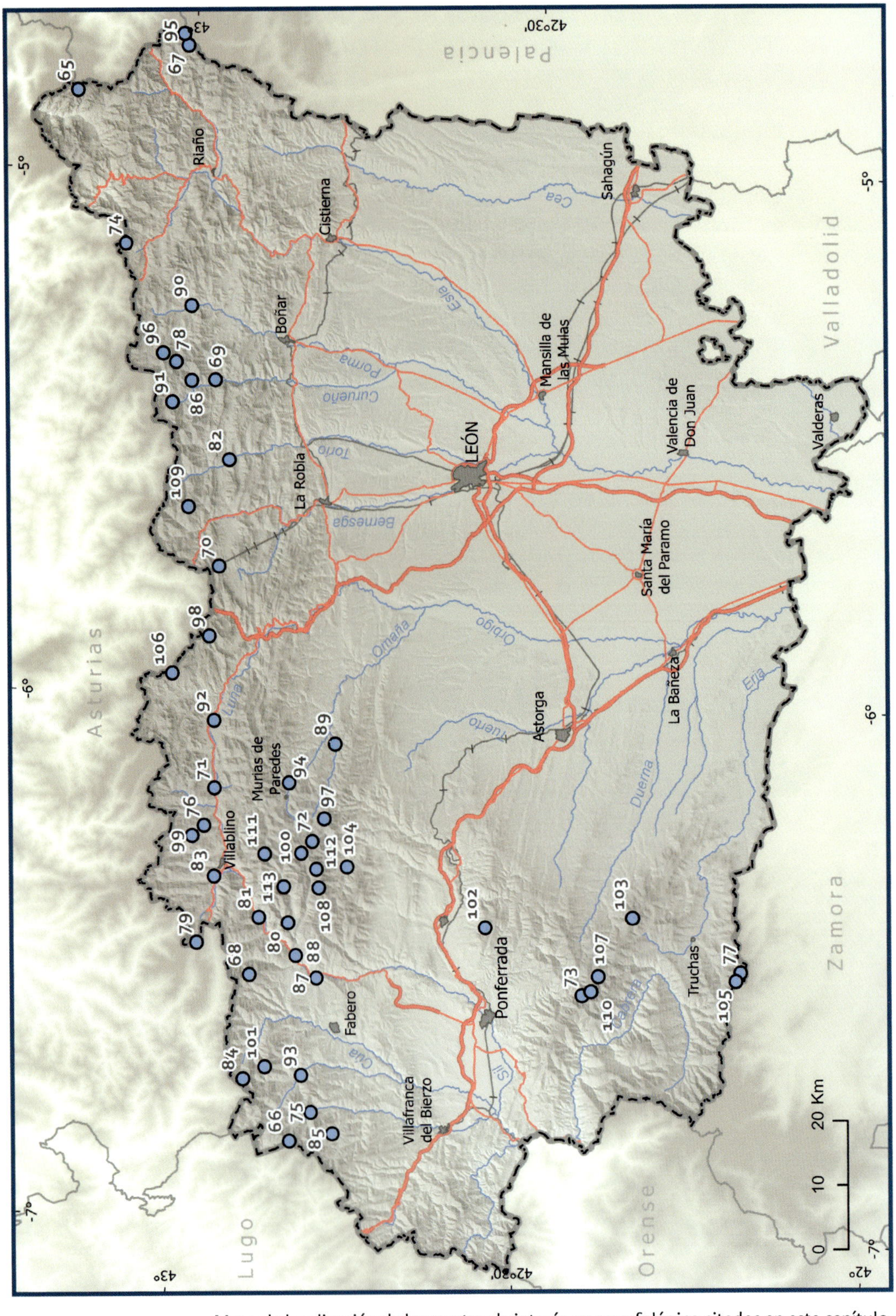

Mapa de localización de los puntos de interés geomorfológico citados en este capítulo.

Las formas de relieve de origen antropogenético

Que el hombre se ha convertido en un agente morfogenético de primer orden nadie lo discute habida cuenta de las continuadas, intensas y cada vez más extensas transformaciones que ha introducido en el medio geográfico a lo largo del Holoceno. Tal es así que la mayoría de nuestros "paisajes naturales" no son más que la huella antrópica y el reflejo del manejo secular de los recursos para su beneficio, hasta el punto de que podemos considerar que la influencia del hombre en el paisaje es un proceso natural (Isachenko, 1974). Sin ese continuo trabajo de sucesivas generaciones sobre el territorio, muchos de nuestros hábitats naturales y semi-naturales como los extensos brezales o los pastizales cantábricos tendrían, con toda seguridad, otras características diferentes. Y, sin embargo, rara vez se constatan esos cambios en las formas de relieve a pesar de que cuando se pierde un relieve original es para siempre, pues las modificaciones más estables afectan a los componentes primarios del paisaje, al sustrato sólido (Isachenko, 1974), al relieve como infraestructura del paisaje.

Gran parte de esos cambios que ahora se perciben son muy antiguos, lo cual demuestra que casi siempre tienen un carácter irreversible. En efecto, es fácilmente comprobable que tales modificaciones no son en absoluto algo contemporáneo ligadas al desarrollo socioeconómico de las últimas décadas con ser éste muy importante con la construcción de grandes presas, regadíos, la minería a cielo abierto, las infraestructuras de transporte y la urbanización del territorio (Redondo Vega, 1988; Redondo Vega, 2017; Redondo-Vega et al., 2017). Así lo demuestran las abundantes huellas que la minería aurífera romana dejó hace más de dos mil años (González Gutiérrez, 1999; Redondo-Vega et al., 2023). Aquella actividad supuso un gran cambio con la creación de relieves nuevos a partir del minado con el agua de grandes huecos de los yacimientos secundarios, o los filones de cuarzo aurífero primario; con la construcción de toda la infraestructura hidráulica de canales y estanques de almacenamiento de agua para el laboreo; con la acumulación de estériles mineros o "murias" y, para el control territorial, con la excavación de multitud de castros mineros, los ocelos, muchos de los cuales de no contextualizarlos podrían pasar por verdaderos "cerros testigo" naturales.

De todas las actividades humanas capaces de transformar las formas de relieve la minería es quizá la más importante. No obstante, esos cambios dependen de un conjunto de factores que hacen que no todas las actividades mineras sean igual de impactantes y afecten de la misma manera al relieve. En primer lugar influye el método de explotación y, lógicamente, la minería subterránea es menos visible que la de cielo abierto, a pesar de que siempre se generan estériles que en forma de escombreras crean nuevos relieves, o hundimientos de antiguas galerías subterráneas que generan huecos sobre la superficie topográfica (Cuende Lera et al., 2023). La minería a cielo abierto, por el contrario, trae consigo cambios en el relieve mucho más perceptibles, extensos y permanentes pues, habitualmente, producen grandes huecos en la superficie (cortas, canteras), voluminosos vertederos de estériles y lagunas en los fondos de las explotaciones abandonadas.

En segundo lugar, los cambios en el relieve tienen que ver con el tipo de mineral o roca trabajados lo cual está relacionado con la ratio de explotación, es decir, la relación entre las toneladas de mineral extraído y el volumen de estéril necesario que hay que movilizar para ello. Por eso, no es lo mismo trabajar con bajas ratios que generan pocos estériles (aunque huecos permanentes) como en una cantera de caliza, que en una mina de antracita de los años 70 del siglo pasado donde, en ocasiones, por cada tonelada de carbón se llegaron a mover hasta 22 m³ de estéril a los que había que ubicar en vertederos, o rellenando parcialmente el hueco creado generando así nuevos relieves. El caso extremo son las explotaciones de pizarra donde su muy bajo porcentaje de aprovechamiento, da lugar a grandes transformaciones irreversibles en las formas de relieve de las áreas explotadas (Redondo-Vega et al., 2024c).

Por otro lado, cuando concluye una explotación a cielo abierto siempre hay una modificación del relieve, pero también cambian la función y el uso de ese espacio con relación a la situación pre-operacional (Redondo Vega, 1988, 1992; Redondo-Vega et al., 2017). Esa variación se fundamenta y tiene que ver con los cambios en las formas de relieve inherentes de este tipo de minería y que los costosos "trabajos de restauración del medio", cuando se realizan, apenas consiguen maquillar.

El *karst* exhumado
de La Baoluta

El valle de La Balouta está situado en el extremo SO del Monumento Natural de Las Médulas, que es uno de los mayores yacimientos auríferos que explotaron los romanos hace más de 2.000 años al excavar una potente serie de sedimentos rojos cenozoicos. La importancia de la mina se manifiesta en su declaración como Patrimonio de la Humanidad por la UNESCO en 1997.

Desde un punto de vista geomorfológico el principal rasgo del valle de La Balouta, especialmente si lo comparamos con el valle del río Sil del que es afluente, es su condición de valle no funcional. En efecto, se trata de un *paleo-valle* con fondo plano y que se caracteriza por una escorrentía superficial muy limitada, prácticamente inexistente, así como por la presencia de pequeñas cavidades y conductos, parcial o totalmente fosilizados por conglomerados rojos *alóctonos*, lo que conforma una topografía kárstica residual (Redondo-Vega et al., 2015).

Las estructuras variscas que forman el marco estructural del valle sufrieron erosión durante un largo periodo de tiempo y soportaron la acumulación de potentes series de sedimentos en el área durante el Neógeno, alcanzando espesores de más de 100 m. Una parte de estos sedimentos se acumuló sobre un *karst* ya muy evolucionado (como lo prueba la existencia de *espeleotemas* en algunos conductos exhumados) llegando a taponar y fosilizar la red subterránea de cavidades y paralizando en gran medida la *karstificación* en ellas.

La presencia de partículas de oro en las muestras de sedimentos obtenidos en conductos semi-excavados del valle (Redondo-Vega et al., 2015), y la identificación de varias de sus características comunes a las formaciones explotadas por los romanos en la cercana mina principal de Las Médulas (situada 2 km al E), permiten considerar el valle de La Balouta como un *paleo-karst* que, inicialmente, fue colmatado y sellado por sedimentos rojos neógenos y, posteriormente, excavado por actividades mineras, lo que conformó sus caracteres actuales (Fig. 114).

Los cantos, gravas y arenas de rocas paleozoicos (areniscas, cuarcitas, cuarzos, pizarras) que forman el sedimento *alóctono* se encuentran siempre muy cementados por el carbonato de calcio procedente de la infiltración desde el macizo calizo. Debido a la excavación de los mineros romanos, ese material solo se localiza adosado a la pared o a la bóveda de los conductos, lo cual permite la observación de las antiguas galerías kársticas. Es decir, se ha producido la exhumación de un relieve *kárstico* que permanecía sellado y oculto por sedimentos mucho más recientes al proceso de disolución del macizo (Redondo-Vega et al., 2015).

En el valle de La Balouta, la conjunción de los procesos naturales y antropogénicos ha producido un paisaje cultural único que refleja la extracción sistemática de oro de los sedimentos en el NO de la península Ibérica por parte de los romanos. Pero la importancia que realmente tiene este enclave, desde el punto de vista geomorfológico, es que nos permite retrasar mucho en el tiempo procesos como los *kársticos* y la formación de redes subterráneas que, dependiendo de la edad concreta que asignemos a la sedimentación cenozoica de la zona, son muy anteriores a la misma.

Figura 114. Relieve *kárstico* resultado de la exhumación del *paleo-karst* por los mineros romanos junto al despoblado de La Balouta.

115

Cambios en los *lechos móviles* del Río Luna

En las últimas décadas hemos asistido a una transformación drástica de la dinámica natural de nuestro sistema fluvial como consecuencia de la implementación progresiva de una política estatal de regulación de sus caudales, así como por los cambios acaecidos en ese periodo en los usos del suelo de sus cuencas vertientes. Aunque sin estar estudiado a fondo el fenómeno, sí se conoce algún caso donde esos cambios han sido notables, como la perdida de la dinámica fluvial con morfología de *canales trenzados* (*braided*) en el río Duerna entre Destriana y Robledo de la Valduerna o en el río Órbigo aguas arriba de Villamor de Órbigo (Redondo Vega, 2017).

Como consecuencia de la alteración de la dinámica fluvial que impone la regulación de sus cuencas vertientes de cabecera, los paisajes fluviales aguas abajo de los embalses se han transformado y las vegas de los principales ríos leoneses, en sus cursos medios y bajos fuera del macizo montañoso, han cambiado con la construcción de los embalses (Redondo Vega, 2017). Las llanuras de inundación y el lecho mayor del río dejan de estar sometidos a las fuertes oscilaciones de caudal anual de unos ríos caudalosos y muy irregulares, que generaban cambios constantes a sus trazados. Las avenidas cíclicas de los ríos carentes de regulación de sus caudales suponían una constante amenaza para los aprovechamientos de las llanuras de inundación, por eso tenían éstas un uso agrario marginal.

En la actualidad el control de los caudales fluviales, ha invertido su dinámica natural: los estiajes son ahora en invierno y primavera, cuando se llenan con las aguas sobrantes los embalses lo cual trasciende a lo geomorfológico. Los caudales son más altos, pero controlados siempre sin salir de su cauce, durante los estíos, cuando el agua de los principales colectores alimenta el sistema de regadíos. Se han acabado las avenidas con las que, recurrentemente, ríos como el Luna, Porma, Órbigo, o Esla, afectaban a sus fondos de valle y que obligó a muchos asentamientos tradicionales (Cimanes del Tejar, Rioseco de Tapia, Espinosa de la Ribera) a ubicarse en los abanicos aluviales no funcionales por encima de la llanura de

Figura 115. Foto aérea de agosto de 1956 al E de Santibáñez de Ordás muestra múltiples cauces que caracterizan un *lecho móvil* (fuente: https://fototeca.cnig.es/fototeca/). Abajo, en la actualidad con un solo cauce (Vuelo PNOA 2020).

inundación como medida elemental de protección frente a las avenidas. Hoy no sería necesaria esa precaución.

Desde un punto de vista geomorfológico esos cambios conciernen también a la morfología de los cauces fluviales. Los *lechos móviles meandriformes*, a veces casi trenzados, resultado de las continuas modificaciones que en su trazado imponían las variaciones de caudal y la abundancia de sedimentos, han dado paso a cauces permanentes fijados en una determinada posición. Apenas hay sedimentos que arrastrar, se han reducido drásticamente el número de canales secundarios y han aparecido muchos tramos rectilíneos con un único canal (antes eran inexistentes), con orillas muy estabilizadas por la colonización vegetal. Los terrenos, a veces muy extensos, en torno al lecho mayor del río que no tenían ninguna utilidad, constituyen hoy día densas plantaciones de chopos (Redondo Vega, 2017), pastizales y tierras de cultivo (Fig. 115), o soportan infraestructuras de servicios (deportivos y educativos).

En muchas ocasiones los cambios que ha experimentado la forma de los trazados fluviales, no son más que la respuesta principal a la alteración que el hombre ha introducido en su cuenca vertiente. Esa mudanza también ha generado una rotunda mengua de la carga de materiales arrastrados por los ríos dentro de su cuenca. Unos sedimentos son retenidos en los embalses; otros simplemente ven reducido su volumen al mínimo como consecuencia del abandono de los aprovechamientos agrarios en las extensas áreas de interfluvio y una reducción de los procesos de erosión. Este efecto ya lo describimos en la pérdida de la dinámica de lechos móviles que tenían los arroyos que drenan los páramos detríticos (Fig. 48). Ambos factores, regulación hídrica y disminución de aportes de sedimentos, se han indicado en otras regiones mediterráneas españolas como responsables principales de esos cambios en los cursos fluviales (García-Ruiz y Lana-Renault, 2011).

116

La mina de La Leitosa

Entre la cubeta del Bierzo rellenada de sedimentos modernos y el cíngulo montañoso de roquedos paleozoicos que la confinan casi en todas direcciones, se localizan varios sectores en los que estos roquedos forman un zócalo cuya tendencia al hundimiento favoreció su relleno por sedimentos cenozoicos detríticos. En esos sedimentos aparecen partículas de oro procedentes de los diques de cuarzo de ese entorno montañoso que fueron intensamente trabajados por los mineros antiguos hace más de 2000 años.

Por eso, las principales minas auríferas de época romana se localizan en estos enclaves de zócalo y cobertera. En ellas las facies rojas cenozoicas rellenaron las pequeñas cubetas satélites de la principal del Bierzo, como las de Paradaseca-Valle de Finolledo, Vega de Espinareda, o Noceda por el N y la de Borrenes-Carucedo por el S (Luengo Ugidos et al., 1993). Es el caso de La Leitosa que ocupa una posición central en la primera de ellas pues tiene continuidad hacia el E en las minas romanas de Prado Paradiña y hacia el SO en la segunda más grande de la zona ubicada al E de Pradela. El contacto del zócalo con la cobertera de las facies rojas conglomeráticas es neto y muy marcado mediante línea de falla; esta deformación discontinua hace de contacto entre la Serie de los Cabos paleozoica, intensamente deformada y en disposición subvertical, con su cobertera discordante formada por los conglomerados rojos miocenos que la ocultan reposando horizontalmente.

La antigua explotación a cielo abierto romana es hoy en día una amplia concavidad abierta hacia el O (Redondo Vega, 2006b) cuyo borde dibuja la forma de un anfiteatro de trazo regular al N y mucho mas festoneado e irregular en su mitad meridional. Bajo ese borde se extiende un corto y vertical escarpe que alcanza los 140 m en su parte central (Traviesas 942 m) donde son visibles los conglomerados rojizos cenozoicos (Fig. 116). Al pie del escarpe se abre una extensa área de unas 45 ha que es la explotación propiamente dicha, la corta; dentro de ésta persisten media docena de elevaciones que, aunque rebajadas de cota (aparecen a 808 m, 805 m, 835 m y 786 m los más exentos), son como promontorios de forma alargada que enlazarían con el borde superior de la explotación por lo que podemos considerarlos restos rebajados del relieve original (Luengo Ugidos et al., 1993). Entre esos relieves residuales que forman la excavación principal, se extienden tres angostas incisiones que, a modo de valles, cumplen la función de canales de desagüe de las aguas de excavación y de los detritos hacia afuera de la mina (de hecho los dos más meridionales convergen en la zona del ápice del cono o escombrera encajándose ligeramente en éste).

Aguas abajo del hueco excavado se extiende la escombrera de forma toscamente cónica y que ocupa una superficie de más de 60 ha, apoyándose directamente sobre la terraza baja de la margen izquierda del río Burbia. Tiene un perfil suavemente convexo y una pendiente regular del 10%. El estrecho ápice de la escombrera se adentra en la excavación enlazando netamente con ésta. Su frente se extiende a lo largo de más de 1,5 km y es muy irregular pues su sector más septentrional es escarpado coincidiendo con la estrechez del valle en esa zona (Fig. 116) lo que facilitaría el zapado del escombro durante las habituales crecidas del río; mientras que a partir de la localidad de Ribón el perfil es más tendido conservando la convexidad original del depósito de escombros.

Figura 116. Vista del escarpe principal de la mina de La Leitosa y, en el plano intermedio, la escombrera apoyada sobre la terraza del río Burbia aguas arriba de la localidad de Ribón.

En esta mina aurífera romana, al igual que ocurre con otras muchas explotaciones de esa época, es fácil la confusión entre las formas de relieve naturales con otras de origen antropogenético. Ello nos indica una intensa y muy antigua explotación del medio por un lado y la persistencia que la minería a cielo abierto conlleva por otro (Luengo Ugidos et al., 1993; Luengo Ugidos y Redondo Vega, 1996; Redondo-Vega et al., 2023a, 2023b). En el caso de La Leitosa esas formas aparentemente naturales dejan de serlo en cuanto contextualizamos el enclave. Pues, además de constituir la continuidad de las minas situadas hacia el E y a poniente ya comentada, aun se conservan restos de los canales de abastecimiento de agua que, para las labores mineras, llegaban a la montera de la explotación desde el N por la ladera muy escarpada de la margen izquierda del río Burbia, así como algún rellano a un nivel inferior que podíamos identificar con uno de los depósitos de almacenamiento de agua (cota 790 m Mirandela). Lejos de constituir la cuenca de recepción de un torrente, el vaciado del relieve responde a la excavación por el agua para movilizar el sedimento y romper su cohesión natural para extraer el oro, es la corta propiamente dicha; el canal de desagüe del torrente es en realidad el canal de lavado de la mina (que en realidad son tres) y el cono o abanico es la escombrera formada con todos los estériles de la mina.

117

Las miédolas de las Omañas

Se trata de una de las grandes explotaciones auríferas de la época romana situada en el valle del río Omaña entre las localidades de Las Omañas y Villaviciosa de la Ribera y que escogimos en su día como ejemplo de minería a cielo abierto en la antigüedad (Redondo Vega, 1988). La zona fue ampliamente investigada y explotada por los mineros romanaos que además de Las Miédolas trabajaron al S de Villarodrigo de Ordás, al E de Rioseco de Tapia, en el Pozo de la Griega de Villarroquel, en La Garandilla, en los diques de cuarzo primarios de La Utrera y en Las Omañas frente al yacimiento principal. Da idea de la magnitud de los cambios que introdujo la minería romana en la zona la explotación de áridos que aprovecha la escombrera principal de la mina antigua frente al pueblo de Las Omañas desde hace cuarenta años.

La mina se extiende por la margen derecha del valle del río Omaña a lo largo de más de más de 3 km hasta su confluencia con el río Luna. Beneficiaba el oro contenido en los conglomerados rojos cenozoicos. El agua necesaria para el laboreo se traía desde el valle del río Valdesamario mediante varios canales a media ladera hasta la cabecera de la explotación para almacenarla en estanques desde donde se distribuía a los distintos niveles. Lamentablemente muchos tramos de esos canales, como algunos muy visibles al S de Ponjos, desaparecieron con las repoblaciones forestales de los años ochenta del siglo pasado, repoblaciones que también invadieron y afectaron otras partes de la explotación.

En la mina se pueden distinguir cuatro sectores (Redondo Vega, 1988) con formas de relieve minero muy diferenciadas. La zona más septentrional explotaba el contacto de los sedimentos neógenos con el zócalo paleozoico; la cobertera neógena poco potente fue fácilmente desmantelada dejando in situ murias irregulares formadas por esos gruesos cantos rodados y bloques de cuarcita.

La segunda de las áreas se corresponde con el sector central del yacimiento y se explotó mediante un sistema de grandes "zanjas canal" que excavaron profundamente la cobertera cenozoica mediante una serie de canales paralelos de O a E

Figura 117. Arriba, escombrera/cono de deyección a la salida de uno de los canales de lavado de una "explotación en hojas" en la carretera de Villaviciosa de la Ribera a Las Omañas. Abajo, idealización de una de las "hojas".

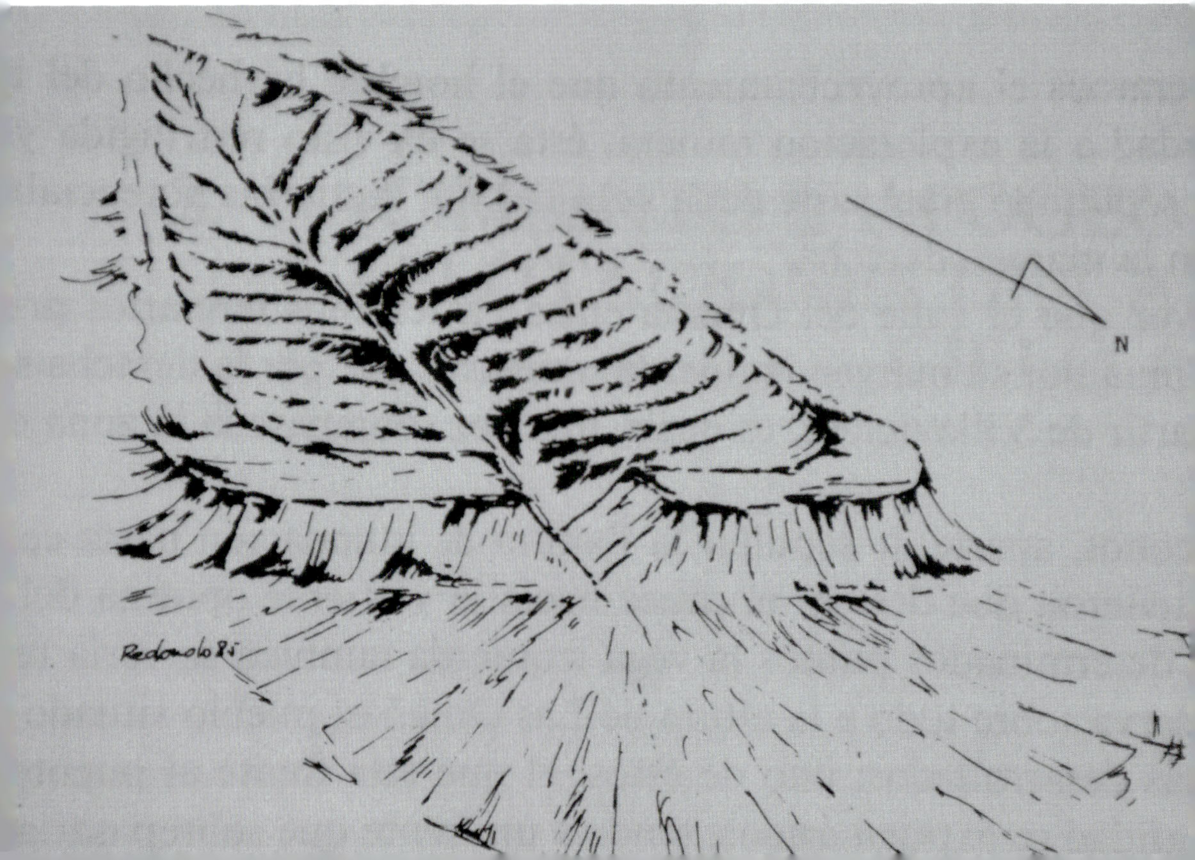

que desmantelaron todo el borde del antiguo glacis que dominaba el valle del río Omaña. Se trataba de llegar al muro del sedimento donde la concentración de oro era mayor. El resultado son esos valles encajados más de 60 m en el conglomerado y que terminan en una escombrera en forma de cono formada por los estériles resultado del lavado del sedimento para obtener el oro.

La tercera zona ocupa el sector más meridional que se caracteriza por la débil pendiente en el extremo S del glacis; las formas de relieve minero consisten en un conjunto de surcos convergentes poco profundos hacia uno más inciso que hace de colector. Este sistema de explotación mediante "canteras peine" o "arados" servía para excavar y lavar otra de las concentraciones de oro ubicada hacia el techo del sedimento cenozoico, o hacia el contacto de dos facies/edades diferentes y, al igual que los anteriores descritos, también se utilizó en otros yacimientos como en Las Moraceras del piedemonte septentrional del Teleno.

Por último, en el extremo SE de la mina hay otras formas muy peculiares que nosotros denominamos explotación en "hojas" (Redondo Vega, 1988), tal era la morfología con la que se observaba en los fotogramas aéreos de 1956/57. Se trata también de surcos convergentes hacia un canal central de desagüe de la explotación que semejan los nervios de una hoja (Fig. 117), al final del cual se ubicaría el lavadero y a partir de éste una escombrera con forma de cono de deyección que se apoya en la terraza fluvial de la margen derecha del valle. La convergencia de formas de relieve natural y antropogenética vuelve a aparecer: la cuenca de recepción del torrente en realidad es la mina a cielo abierto, el canal de desagüe funcionó como lavadero y el cono de deyección es la escombrera (Fig. 117) de la mina.

118

El valle de La Mora

Se localiza al SO del término municipal de Cabrillanes. Se trata de un valle a 1350 m de altitud, relativamente amplio y de fondo casi plano si lo comparamos con las vertientes de pendiente elevada que lo confinan al N (Cuerno la Mora 1641 m) y S (Torreciecha 1701 m). Está drenado por el arroyo homónimo que circula en dirección E, hacia Quintanilla de Babia, para lo cual se encaja mediante un estrecho escobio en el macizo carbonífero separándolo en dos bloques uno a cada lado del mismo.

Desde su cabecera y antes de adentrarse en el macizo mencionado, el amplio valle de La Mora se prolonga en dirección N, hacia el del río Sil, dejando a mano izquierda el extenso bloque montañoso de Cuerno la Mora constituido también por roquedos carboníferos y donde se localiza el relieve de origen minero (Fig. 118) tomado como modelo. El contacto entre ambas cuencas vertientes, la del Sil y la del Duero, es de activa competencia hidrográfica; se trata de una zona cuyo mal drenaje también hay que achacarlo a su interrupción por la instalación de varios arcos morrénicos procedentes del *icefiled* que lo ocupó durante la última glaciación (Jalut et al., 2010) y que la explotación a cielo abierto desmanteló en gran parte.

Desde comienzo de los años ochenta del siglo pasado con la puesta en marcha de la minería a cielo abierto del carbón a gran escala (Redondo Vega, 1988, 1989), se realizan trabajos mineros por este método que se centran en primer lugar en los macizos de protección de las minas subterráneas inactivas de la parte oriental del valle (el bloque de La Corona); esa actividad supuso la destrucción de todo el relieve original en el que hubiera algo de carbón que extraer, quedando aquel surcado por multitud de zanjas y escombreras por todas partes según la dirección de la corrida de las capas de carbón. También comienzan a explotarse de la misma manera, y parecido resultado, aunque en menor extensión, el bloque situado al N donde se localizaba la antigua mina subterránea de La Montañesa.

Pero es en el bloque montañoso principal, en el que se ubica el Cuerno La Mora, donde ya hacia 1985 hay una explotación masiva del carbón a cielo abierto, con gran despliegue de maquinaria pesada, primero en el extremo N en terrenos del Grupo Carrasconte de la MSP, (Redondo Vega 1988, 1989) y después en otros puntos de la parte meridional del bloque hasta abarcar poco a poco a todo el sector (concesión Nueva Julia) y constituirse en una de las mayores minas de carbón a cielo abierto de España. A lo largo de casi treinta años que estuvo en actividad las distintas cortas abiertas supusieron la destrucción total de las formas de relieve originales. Una prueba de ello es que la profundización de las cortas ha sido de tal magnitud, que en varios puntos se ha producido la intercepción de los niveles freáticos y el alumbramiento de aguas lo cual ha generado, al abandonar las explotaciones, las ocho lagunas mineras que no existían antes de iniciarse el cielo abierto (Redondo-Vega et al., 2021).

En La Mora la transformación por el cielo abierto ha sido de tan grande (Fig.118) que ha supuesto la desaparición total de las formas de relieve original salvo en pequeños enclaves aislados donde la conservación de la vegetación evidencia lo contrario, aunque estos sean un porcentaje muy pequeño. El paisaje abandonado compuesto por una sucesión de cortas superpuestas con taludes inestables, otras parcialmente rellenadas con estériles, amplios sectores convertidos al endorreísmo cuando no la afluencia de nuevas aguas alumbradas en lagunas que se incorporan a la red fluvial sin ningún control. Y, por supuesto, por doquier las escombreras gigantescas seña de identidad del cielo abierto y resultado del "factor de hinchamiento" que experimenta la roca (el estéril) una vez desagregada y que para los yacimientos de carbones estefanienses se estima hasta de un 20% una vez compactado (Redondo Vega, 1988), es decir, vamos a tener que colocar ese porcentaje más en volumen en los huecos con lo que siempre nos sobrará estéril. Por eso, aún trabajando mediante "auto relleno", siempre sobra, como mínimo, el vertedero inicial que generó la apertura de la corta.

Todos estos elementos unidos entre sí por una red de pistas de acceso, muchas de ellas truncadas y decapitadas por la profundización de las labores o su replanteamiento a lo largo de los años. La caótica morfología de todos esos elementos antrópicos amalgamados en un espacio pequeño, contrasta fuertemente con la belleza y buena conservación del medio ambiente que los rodea y que ha merecido su declaración como espacio protegido (Parque Natural de Babia y Luna) y de la Red Natura 2000 (LIC y ZEPA de Omañas, Alto Sil y Valle de San Emiliano).

En la actualidad en el paisaje minero se han ejecutado una serie de trabajos desde finales de la anterior década con el objetivo de "restaurar" el medio ambiente lo cual, obviamente es imposible. Los trabajos han consistido en regularizar las superficies abandonadas realizando una devolución de volúmenes de escombros masiva a los huecos creados. Si esa devolución no era posible, los escombros se ataludan mediante bermas horizontales con objeto de romper la pendiente y frenar la escorrentía superficial y la erosión de la nueva superficie; a pesar de ello, la inclinación de los taludes es tan grande, y la consistencia del "suelo" tan pequeña por la ausencia de vegetación, que ya han aparecido incisiones lineales de decenas de metros de longitud y de más de un m de profundidad como ocurre al E de la laguna de La Miranda. Se han rellenado algunas de las lagunas que creó el cielo abierto, no obstante, las de mayor dimensión, y más antiguas, ahí persisten porque es imposible reconstruir esas zonas por la cantidad de agua que aflora.

Con esta actuación, se han creado nuevos relieves artificiales a partir de los rellenos de estéril caracterizados por las suaves formas alomadas, que se conjugan con otras escalonadas. Todas las superficies compactadas se recubren con "tierra vegetal" en un intento de remedar el suelo natural que cubría los relieves antes de las labores mineras y que el laboreo destruyó en primer lugar. Para ello se han gastado varias decenas de millones de euros por parte de la Administración autonómica en unos trabajos que deberán haber afrontado las empresas mineras que allí trabajaron, lo cual constituye un ejemplo paradigmático de privatización de los beneficios y socialización de las pérdidas.

Figura 118. Vista aérea oblicua parcial del sector oriental de las explotaciones a cielo abierto de carbón del bloque del Cuerno La Mora (Foto Sergio Peña, 2019).

119

Las Médulas

Si hay un ejemplo verdaderamente paradigmático de lo que es la transformación del paisaje por la minería antigua en la provincia de León ese es sin duda el de Las Médulas. La persistencia de los cambios que los mineros romanos generaron para la extracción de oro nos indica la magnitud que aquellos tuvieron (Redondo Vega, 1998, 2006a) y que son fáciles de imaginar cuando se contempla el hueco principal de la mina desde el mirador de Orellán (Fig.119).

Las Médulas son una mina a cielo abierto hidráulica en la que el trabajo primordial lo hacía el agua. Primero se usaba para romper la cohesión del conglomerado cenozoico y poder apartar fuera del yacimiento los estériles gruesos que formarán las "murias" de escombros; estas acumulaciones conforman la irregular topografía que rodea siempre las minas romanas y que ha sido despreciada secularmente por la los habitantes de los núcleos mineros por sus ínfimas condiciones de aprovechamiento agrario. También el agua era necesaria para lavar la matriz más fina del conglomerado de cuyo seno se extraía el oro.

El requisito de agua obligó a una cuidadosa planificación de las captaciones de agua, su transporte, y de su almacenamiento en la montera de la explotación; la magnitud de esa infraestructura hidráulica está en relación con la del yacimiento a explotar. Por eso en la gran mina de Las Médulas la captación de agua se realiza lejos en la vertiente septentrional de los Montes Aquilanos y, más lejos aún, en el valle del río Cabrera, transportándose por un conjunto de canales a distinta cota hasta la mina. Como consecuencia de ello el impacto que la mina trajo consigo no sólo se ciñó al perímetro de ésta, sino que llegó hasta la más alejada de las captaciones en términos de detracción de caudales en todos los arroyos de cabecera (Redondo Vega, 1998, 2006a) y por la traza geométrica de los canales sobre las laderas. Ello sin olvidar la ocupación del territorio que la construcción y el mantenimiento de toda esa infraestructura tuvo que acarrear.

Las Médulas ha sido calificadas como "paisaje cultural", aunque nos resistimos a denominarlo de esta manera ya que después de tantos milenios de ocupación del territorio todos son paisajes, de algún modo, culturales, aunque en el caso de los de origen minero eso es mucho más evidente, sobre todo por lo que se refiere a los cambios de las características que originalmente tenían las formas del relieve. El laboreo minero generó cambios irreversibles en la zona explotada y en su entorno que se traducen en modificaciones topográficas en dos sentidos.

Por un lado, se crea un enorme hueco la topografía original de los sedimentos cenozoicos cuya superficie enlazaba la zona más alta de la actual mina (Placias

Figura 119. Vista de la parte central de la explotación desde el mirador de Orellán. La conjunción de líneas, formas, colores y texturas tan diversas dota a este paisaje de un alto valor intrínseco desde un punto de vista perceptual.

1021 m), con la cota a 503 m de Carucedo; en ese vacío creado persisten múltiples pináculos aislados de forma toscamente cónica, o segmentos de cima sinuosa de paredes subverticales, donde afloran visibles los conglomerados rojizos tan característicos a modo de relieves residuales de la antigua estructura. Por otro lado, los fondos de corta más profundos son ahora ocupados por el agua formando una serie de lagunas alargadas, como la laguna Negra y el lago Somido (Redondo-Vega, et al., 2023a), coincidiendo con antiguas "colas de lavado" del yacimiento.

Por otro lado, se crean nuevos relieves fruto del laboreo minero como los numerosos acopios de estéril mencionados, "las murias", o los conos de deyección adonde van a parar la mayor parte del estéril más fino una vez lavado y extraído el oro. Estos elementos dan lugar a un relieve de topografía irregular y caótica, salpicada de focos endorréicos que dificultan el normal avenamiento de las aguas de escorrentía. Estas acumulaciones de escombros gruesos están formadas fundamentalmente por cantos rodados de cuarcita y cuarzo procedentes del conglomerado y se esparcen en varias áreas en torno al yacimiento.

Hay otras acumulaciones de escombro más localizadas hacia el N y O que sirvieron para dar salida al estéril aprovechando la pronunciada pendiente de los valles ya que salvan 200 m en unos 2 km de recorrido. Estas grandes acumulaciones llegaron a colmatar parcialmente el valle del arroyo de La Balouta desde la "cueva" de la Palombeira hasta las proximidades de río Sil a lo largo de casi 2 km. Hacia el N otra gran escombrera (Chao de Maiseiras) cerró el valle de arroyo Balén embalsando el agua en lo que ahora es el lago de Carucedo, extendiéndose a lo largo de más de 2 km desde la salida de las lagunas de origen minero (Somido, Larga y Pinzáis) situadas en las antiguas "colas de lavado" (Redondo-Vega et al., 2023a).

120

La mina de carbón a cielo abierto de Santa Lucía

A finales de los años setenta del pasado siglo comienza a explotarse mediante cielo abierto a unos 3 km al SE de Santa Lucía de Gordón, lo que se consideraba el mejor yacimiento de hulla de León ubicado en la parte occidental de la cuenca carbonífera de Ciñera-Matallana. A partir de ese momento el laboreo de interior de las numerosas capas de hulla se simultaneó con el cielo abierto por parte de la empresa Hullera Vasco-Leonesa titular de las concesiones mineras.

Planteada para explotar en profundidad los productivos niveles de la formación "Pastora", el cielo abierto de Santa Lucía no es una mina convencional, como los centenares de cielos abiertos que se abrieron por aquellos años en la provincia, donde la minería de contorno o las cortas de ladera eran lo habitual (Redondo Vega, 1989). Debido a la configuración del yacimiento y la complejidad del relieve con fuertes pendientes de su entorno, necesitó de una planificación desde el principio que permitiera sacar fuera de la corta los enormes volúmenes de estéril que habría que mover. Se plantea así una gran mina a cielo abierto que es casi un laboreo en "foso descubierto" similar al de explotaciones de minerales metálicos como RioTinto por ejemplo. Las labores van profundizando para acceder a los sucesivos niveles productivos creándose un hueco cónico en el relieve (semi-cónico en este caso) a gran escala y que en detalle forman una sucesión de escalones horizontales superpuestos, bermas, a lo largo de toda la vertiente del hueco, más los accesos que cortan transversalmente éstas para acceder a los distintos niveles de explotación.

El resultado final después de casi cuatro décadas de laboreo es un gigantesco hueco (Fig.120) con más de 40 de esas bermas entre la montera de la explotación y el fondo de la corta que hoy ocupa una laguna minera. La magnitud del hueco creado ya había generado, a mediados de los años ochenta del pasado siglo, inestabilidad en la parte superior del talud general, la montera, debido a la descompresión y la tendencia a la deformación hacia el vacío de los materiales. Allí, el límite con el término municipal de Matallana de Torío, mostraba un aspecto totalmente agrietado con fallas de más de 2 m de salto paralelas a la línea del borde de la montera (Redondo Vega, 1988).

El volumen de los escombros fue tan elevado (a pesar de las ratios de explotación relativamente moderadas en comparación con otras minas leonesas a cielo abierto), que para seguir profundizando la corta, y a lo largo de varias fases temporales, el vertido se extendió hacia el SO a ambas vertientes del Cueto san Mateo 1603 m, Vega Fonda y hacia el SSE Sierros de San Miguel y mina Tabliza. Mientras que por el N se extendieron por el Cotil de Fierro 1541 m, hasta el Alto de la Campa 1434 m, dominando el Pozo Ibarra otra de las instalaciones subterráneas de la empresa. En total las escombreras externas a la corta ocupan una superficie en torno a las 400 ha.

Por lo que se refiere a la corta en la actualidad la inestabilidad de los taludes verticales que separan las bermas es patente, como muestran, no solo las numerosas y continuas caídas de fragmentos de todo tamaño hasta la base del talud sobre cada escalón, sino los desprendimientos y deslizamientos que tienden a reasentar los taludes como se puede apreciar en la zona central de la vertiente principal de la corta, o en las bermas que dominan la laguna en el fondo de la corta (Fig. 120).

Figura 120. Vista de la vertiente principal del cielo abierto de Santa Lucía en la se aprecian varios sectores con desprendimientos y deslizamientos destacando la geometría de las más de 40 bermas escalonadas entre la montera y el fondo de la corta que hoy ocupa una laguna. Arriba se perciben parcialmente los vertederos exteriores (flechas).

121

Las canteras del valle de Alba

Las canteras de caliza tradicionalmente eran de pequeño tamaño y se situaban en las proximidades de los hornos de cal o caleros, ya que era la materia prima necesaria su elaboración como, por ejemplo, la canterilla colindante al calero que se conserva en la Hoz de Vegacervera. Sin despreciar el uso que se hace de la roca caliza para la elaboración de áridos, en la actualidad, es la construcción de grandes infraestructuras la que suele llevar aparejado la apertura de nuevas canteras como ocurrió, por ejemplo, con la explotación de la cantera de caliza de Millaró de la Tercia para abastecer de roca la ampliación del puerto del Musel en Asturias a partir de 2005.

Pero en la provincia han sido las grandes factorías de fabricación de cemento, en Toral de los Vados y en La Robla, las que han llevado aparejado la apertura de grandes canteras de caliza en sus proximidades con las que abastecerse de esa roca. Estas nuevas canteras son de grandes dimensiones acordes con las dimensiones de la demanda de roca que hace la instalación fabril, de tal modo que la existencia de caliza de calidad abundante cerca de la industria, se constituye casi en un factor primordial de localización.

En el caso elegido (Fig. 121) se trata de una cantera de grandes dimensiones localizada al N Sorribos de Alba que se extiende a lo largo de más de 2 km situándose la cota de la plaza de la cantera a 1150 m y ocupa una superficie en torno a 40 ha. Por encima de ese nivel hay otras dos canteras que se escalonan por la vertiente entre 1200 m y 1350 m y que ocupan, junto con los vertederos, unas 38 ha. El conjunto crea un fuerte impacto visual pues las modificaciones del relieve original que han generado las canteras constituyen el fondo escénico desde la bajada al núcleo de La Robla por la carretera N 630 desde el punto kilométrico 124 al 122 además de un número potencial de observadores (del cual depende en gran medida el impacto visual) muy elevado.

Desde un punto de vista estructural beneficia las calizas carboníferas del entorno del eje del sinclinal de Alba en el que las capas buzan subverticales, algo más el flanco S con 78º de buzamiento al N. Las canteras superiores se sitúan sobre las mismas rocas pero en el flanco septentrional de la mencionada estructura sinclinal y con las capas muy inclinadas con 70º al S.

Las canteras de caliza, desde el punto de viste de su afección al relieve original, dan lugar a huecos permanentes porque la mayor parte de la roca movilizada se aprovecha en las distintas elaboraciones. El stock de material estéril nunca alcanza los volúmenes de la minería energética o de otras canteras como las de pizarra. Consecuentemente los vertederos externos a la cantera son relativamente escasos y con un volumen manejable. En las canteras del valle de Alba algunos de estos se ajustan a los accesos entre los distintos de niveles de las canteras abiertas. En contrapartida la explotación de la caliza crea huecos permanentes en el relieve porque no hay estéril para el relleno y de haberlo, las condiciones topográficas de fuertes pendientes del medio de montaña donde se localizan y la geometría de los huecos creados dificultaría en extremo los trabajos de restitución topográfica. Por eso es bastante habitual, en el caso de canteras, ocultar esos impactos visuales mediante pantallas de vegetación interpuestas entre la cantera abandonada y el espectador.

Figura 121. Vista parcial de uno de los frentes de la cantera de El Calero, Sorribos de Alba.

122

La cantera de pizarra de Forna

Las canteras de pizarra son en la actualidad una de las escasas actividades mineras que se mantienen en León tras el cierre forzoso de la minería del carbón por el gobierno en 2017. Se explota el abundante y extenso yacimiento de las pizarras negras del Paleozoico inferior localizado en su mayor parte en la parte occidental de la provincia (Bierzo y Cabrera). Se trata de pizarras de gran calidad que se utilizan de forma preferente para cubiertas en edificios y viviendas unifamiliares, destinándose la mayor parte de la producción a la exportación. Han ido explotadas tradicionalmente a partir de pequeñas canterillas con las que se abastecían de "pizarras para techar" todos núcleos rurales del entorno del yacimiento donde hay una cultura secular de la pizarra en la morfología constructiva de los núcleos. Esta forma tradicional de aprovechar la pizarra apenas causó impacto en los relieves al ser los volúmenes movidos, en general, pequeños.

A partir de los años setenta del siglo pasado se inicia la explotación industrial a gran escala del yacimiento con vistas a la exportación (San Pedro de Trones, Benuza, Odollo, La Baña), creando una actividad económica que ha sido fundamental para el mantenimiento y desarrollo socioeconómico de una de las comarcas más deprimidas de la provincia. En contrapartida, paralelo al desarrollo de la industria pizarrera se ha incrementado exponencialmente el impacto medioambiental de una actividad minera que siempre se ha mirado con permisividad por la Administración encargada de velar por la conservación ambiental y la explotación racional de los recursos mineros.

Los impactos de la explotación de pizarra se deben de manera fundamental al bajo nivel de aprovechamiento con el que tradicionalmente se ha venido trabajando y que se cifra en torno al 5% de todo lo que se mueve en la cantera (García de Celis et al., 1993), cifra que en muchos casos es aun inferior y que son resultado de varios factores como, la falta investigación y de conocimiento preciso del yacimiento a explotar, los inadecuados métodos de arranque y las voladuras, o el excesivo control de calidad que impone el mercado exterior y que lleva a desechar un volumen elevado de piezas en el proceso de elaboración. El resultado, son los enormes huecos en el terreno para extraer los "rachones" e ingentes cantidades de estériles y rechazos, en todas las fases del aprovechamiento, a los que hay que buscar un emplazamiento, es decir, se crean unas nuevas formas de relieve y además de forma permanente. Se crea una dialéctica que ya observamos en la minería del carbón a cielo abierto entre la destrucción de relieve original en las canteras y la formación de nuevos relieves en las escombreras.

La cantera de Forna (Fig. 122) se localiza a unos 2,5 km al N de esa localidad en el entorno de un pequeño valle orientado al N afluente del arroyo de Valdeoliva y en la actualidad está abandonada. Se trata de una cantera con dos "plazas" separadas por algo más de 500 m. La más meridional ocupa el *talweg* de ese pequeño valle sobre la cota de 1365 m y forma un anfiteatro escalonado con cinco bermas horizontales a cuyo pie extiende una laguna permanente (Redondo-Vega et al., 2024c) alimentada por aguas freáticas y cuyo caudal sobrante se evacúa por un pequeño canal de egresión. La cantera tiene continuidad hacia el N, pero en la

Figura 122. Vista aérea oblicua de la cantera de Forna en la que destacan las formas geométricas e irregulares creadas por las labores mineras frente a la regularidad de las formas naturales que las enmarcan.

ladera, en donde las bermas horizontales se transforman en muy talud inclinado de casi 100 m muy inestable donde son frecuentes los desprendimientos y caídas de grandes bloques como consecuencia de las descompresiones creadas en la ladera por el hueco; el fondo de la plaza también lo ocupa una laguna permanente esta sin salida de aguas fuera del sitio.

El relieve original caracterizado por amplias superficies culminantes pandas que contrastan con las vertientes muy inclinadas que dominan los fondos de valle angostos, y muy encajados, por el proceso general de encajamiento que afecta a toda la red del río Cabrera, ha sido completamente transformado por la explotación. Además de los dos grandes huecos creados por la explotación, hay dos lagunas que antes no existían; se ha ocupado totalmente el cauce situado al E de la cantera a lo largo de casi 0,5 km por una voluminosa escombrera (ocupa una superficie de 17,5 ha) que ha funcionado como vertedero exterior de la explotación. También se ha tapado totalmente el *talweg* principal del arroyo de Valdeoliva con escombros, con lo que su caudal de éste aparece retenido en una pequeña balsa desde donde se desvía por un canal perimetral (a media ladera) a la escombrera de 1,3 km, hasta que desemboca en el cauce natural del arroyo sobrepasada aquella.

Desde un punto de vista morfológico las formas generadas por la explotación contrastan netamente de las naturales según se aprecia en la Fig. 122. Los planos y líneas de los taludes y bermas de las canteras, la anárquica distribución de los nuevos relieves y volúmenes que forman las escombreras y las lagunas del fondo de las explotaciones destacan por una geometría y angulosidad inexistentes en las suaves formas redondeadas de los relieves del entorno.

123

La mina romana de Castropodame

Al S de la localidad de Castropodame, entre La Roza y la Fuente del Escaleiro, se extiende a lo largo de 1,2 km una mina aurífera de época romana a una altitud comprendida entre los 810 y los 880 m. Aunque es la más extensa, no es la única de la zona como indican otros relieves de origen minero de ese relieve. Así podemos considerar las dos incisiones lineales de más de 800 m de desarrollo situadas al E de Castropodame en la margen izquierda del arroyo de la Veiga, o las numerosas excavaciones que se relacionan con aquella minería en todo el piedemonte septentrional del Redondal 1564 m, (Turienzo y San Pedro Castañero, San Andrés de las Puentes).

Los contactos mecánicos de la estructura entre zócalo y cobertera y la presencia de diques de cuarzo que, ligados a antiguas dinámicas de fractura, recorren algunos niveles estratigráficos del Paleozoico inferior, fueron lugares especialmente investigados y explotados por los mineros romanos por la frecuente presencia de oro en estas estructuras. Son innumerables los contactos como el mencionado de La Leitosa (Fig. 116) tanto en el Bierzo como en el piedemonte del Teleno (Luengo Ugidos, 1993) y La Cabrera. En el ejemplo que nos ocupa, el bloque de rocas paleozoicas del Redondal domina desde el S la *cubeta tectónica* de Bembibre (Fig. 13); el enlace entre el bloque fallado elevado a modo de *horst* con el fondo de la cubeta se realiza mediante una rampa inclinada, un *glacis*, tallado en los conglomerados cenozoicos que sirve de transición a los niveles de terrazas cuaternarios (Fig. 47) del río Boeza. Es en esos materiales cenozoicos que recubren el contacto por falla del extremo occidental del bloque del Redondal donde se localiza la mina.

Lo interesante de esta explotación, además de su fácil acceso desde el pueblo y su visibilidad, es que en ella se combinan tanto el laboreo a cielo abierto sobre los sedimentos rojos cenozoicos, como la excavación subterránea centrada en los diques de cuarzo aurífero del zócalo paleozoico (Redondo-Vega et al, 2023b). Por eso, al lado de las zanjas que hienden aún los conglomerados modernos rodeados de acumulaciones de estériles por todo el entorno ya excavado, en el extremo meridional de la mina se vació toda la zona de contacto (Fig. 123) dejando exento un talud de las cuarcitas paleozoicas. Se trata de una pared vertical a cuyo pie se acumulan varias escombreras de material fino de color blanquecino (su origen, probablemente, puede ser el tratamiento mecánico del cuarzo de los diques explotados) a modo de conos de deyección; en la pared, que alcanza varias decenas de metros en algún punto, persiste alguna bocamina, así como al pie del escarpe.

Otros elementos notables de esta mina y de su entorno son los canales que abastecían de agua desde el arroyo de Vendañuelo que drena la vertiente meridional del bloque del Redondal; dos niveles son aún muy visibles a media ladera, el superior desembocaba en un estanque de almacenamiento, a 960 m de cota, desde donde se distribuía a la zona superior de la mina. Se conserva una vivienda subterránea para los mineros situada a pie de mina y excavada en la estructura, así como varios castros mineros en el piedemonte septentrional del Redondal (La Corona, y los Castros). Todos esos elementos complementan la mina propiamente dicha y muestran una intensa ocupación del territorio hace más de dos mil años. Los cambios entonces generados, las modificaciones en las formas de relieve original y su sustitución por otras nuevas antropogenéticas, son aún muy evidentes y, sobre todo, visibles si dirigimos la mirada hacia el S la altura del km 377 de la N VI a la altura de Almázcara.

Figura 123. Vista parcial del extremo meridional de la explotación aurífera de Castropodame que muestra el contacto del zócalo paleozoico a la derecha de la imagen con los sedimentos cenozoicos a la izquierda, estructura preferentemente explotadas por los mineros romanos.

La Cabuercona

La Cabuercona, junto con las minas del arroyo de Vuestrusurio situadas colindantes hacia el E, forman un conjunto de minas romanas que se localizan en los Montes ele León, aproximadamente 2 Km al Sur de la "Cruz de Ferro" en el Camino de Santiago (Luengo Ugidos y Redondo Vega, 1996). El acceso a ellas se realiza por una amplia pista forestal que sirve para llegar al pueblo de Prada de la Sierra.

Se trata de unas explotaciones en yacimiento primario (Redondo-Vega et alt., 2023b) que fueron abiertas a ambas vertientes de la divisoria de aguas principal, entre las cuencas de los ríos Miño y Duero. Hacia el O de la misma se encuentra la explotación principal, La Cabuercona (Fig. 124) y al E "cabuercas" del arroyo de Vuestrusurio, pero ya en la cuenca vertiente del Duero. Dicha localización, a caballo entre las dos grandes cuencas hidrográficas del NO peninsular, hace que estas minas sean un ejemplo más de los muchos trasvases de agua entre cuencas colindantes que los romanos llevaron a cabo con las explotaciones auríferas (García de Celis et al., 1995).

La orientación de las dos minas excavadas es NO-ESE (aunque con cambios de dirección en ángulo siguiendo la que imponen los diques de cuarzo que se minaron), que coincide claramente con la de los estratos de la Serie de Los Cabos del Paleozoico inferior en este sector de los Montes de León; ello nos indica que los antiguos mineros perseguían, con su laboreo, un contacto, bien estratigráfico, bien tectónico (Luengo Ugidos y Redondo Vega, 1996). En este sentido, es probable que por aquí pase, en esa misma dirección, un cabalgamiento que, a pesar de que no se indica en la cartografía básica de las estructuras de la zona, puede ser la continuación del que hacia el E se marca en Valdespino de Sornoza, donde una estrecha banda de las calizas del muro del Paleozoico aflora sobre la Serie de los Cabos (de hecho esas mismas calizas son las que afloran en la mina romana de Prada de la Sierra situada apenas 2,5 km al S).

El agua para la excavación procedía de la cabecera del arroyo de Vuestrosurio pasaba a la vertiente de la red del Sil por una collada situada al N de las minas a una cota de 1460 m y llegaba al flanco N de La Cabuercona por tres canales uno de ellos directamente a una depósito situado en su extremo E y en dos niveles a 1450 m y 1445 m; lamentablemente la repoblación forestal de los años ochenta del pasado siglo borró por completo esa infraestructura hidráulica a excepción del depósito de agua situado justo en la cabecera de la explotación.

De la dimensión del cambio que la minería imprimió al relieve con esta mina da testimonio la estimación (según el Inventario de Indicios Mineros elaborado de 1985) de que fue removido 1 millón de m³ de material, mientras que las cabuercas de Vuestrusurio el volumen fue de tan sólo 20.000 m³. El resultado es el de un valle aparentemente natural, como otros muchos de las cabeceras de Los Montes de León, pero que en realidad es una gran corta a cielo abierto (Redondo-Vega et alt., 2023b) en la que se benefició todo el recubrimiento de alteritas del zócalo paleozoico y una parte de éste para obtener oro.

Figura 124. Vista del tramo superior de La Cabuercona se observan parte de las alteritas del zócalo a la derecha y en mitad de la imagen un asomo de éste en el que se conservan alguna pequeña galería excavada en él.

![Vista del tramo superior de La Cabuercona, un valle cubierto de vegetación con alteritas del zócalo visibles a la derecha.](image)

Tiene una longitud de más de 700 m y un desnivel de 120 m. Se conserva alguna galería excavada en mitad del flanco N de la mina sobre un afloramiento del zócalo, lo cual prueba que aquí también los mineros romanos combinaron los dos métodos de explotación al beneficiar la cubierta de alteritas, con el minado de los diques de cuarzo presentes en el zócalo, tal como comentamos en la mina de Castropodame (Fig. 123). No hay escombros, gruesos "murias" en el entorno de la mina; sí los hay, por el contrario, en la parte E, quizá porque ambas vertientes presentaban un recubrimiento del zócalo diferente, o porque se traspasó el escombro al lado E del yacimiento.

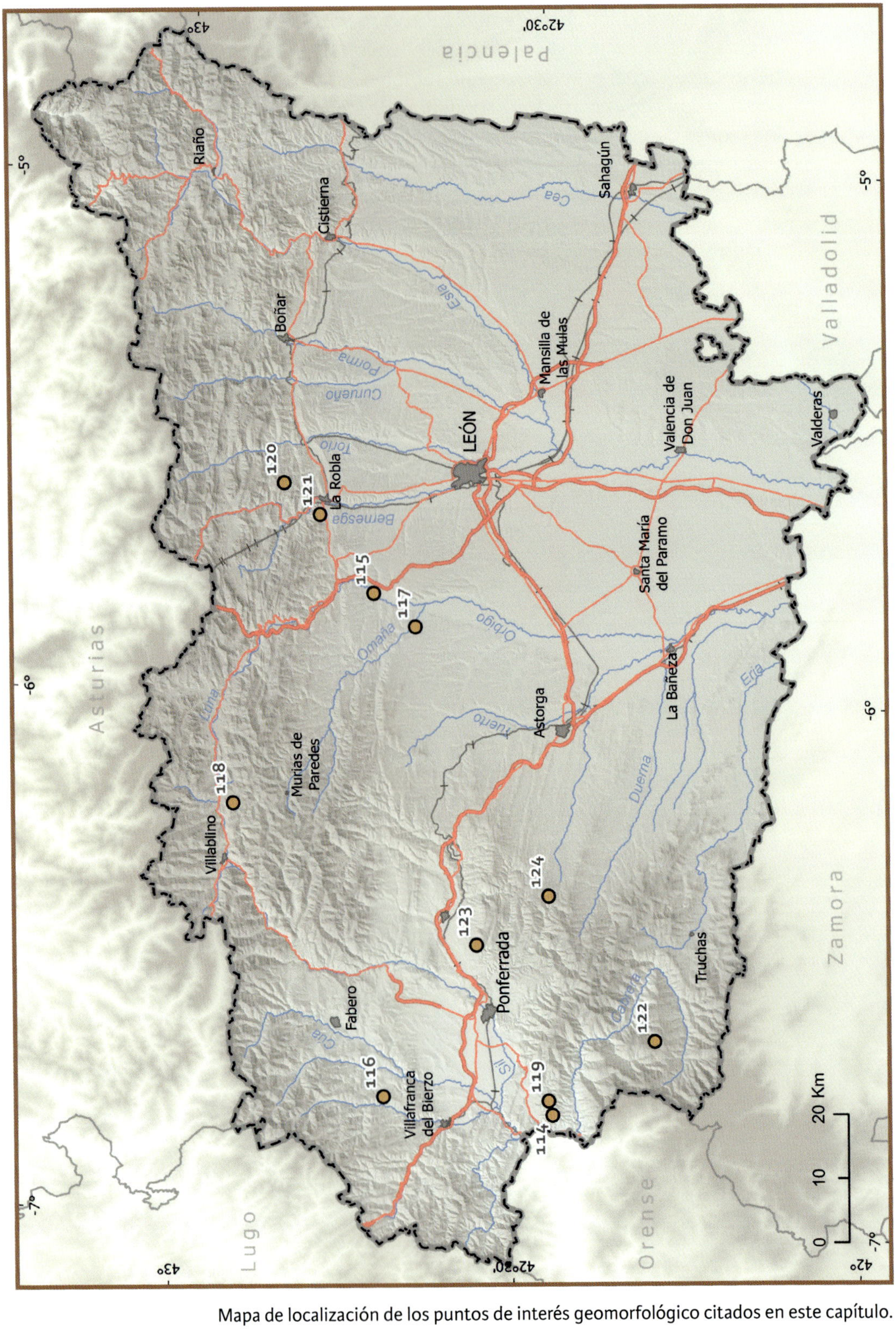

Mapa de localización de los puntos de interés geomorfológico citados en este capítulo.

Bibliografía

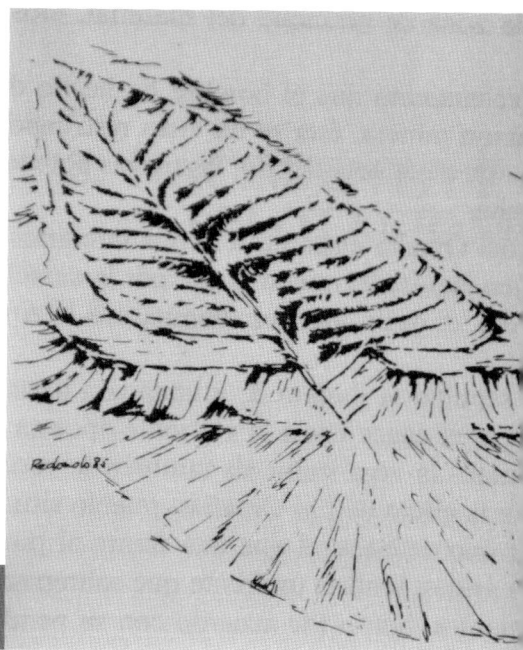

Alonso Herrero, E. (2002). El glaciarismo en las cuencas altas de los ríos Esla y Porma. En J.Mª. Redondo Vega, A. Gómez Villar, R.B. González Gutiérrez y P. Carrera Gómez (Coords.), *El modelado de origen glaciar en las montañas leonesas* (pp. 235-246). León: Universidad de León, Secretariado de Publicaciones y Medios Audiovisuales.

Alonso Otero, F. (1982). Observaciones sobre la morfología glaciar de la Sierra del Teleno (Montes de León). *Anales de Geografía de la Universidad Complutense*, 2, 85-98.

Arenillas Parra, M., Alonso Otero, F. (1981). La morfología glaciar del Mampodre (León). *Boletín de la Real Sociedad de Historia Natural*, 79 (1-2), 53-62.

Birot, P., et Solé Sabaris, L. (1954). *Recherches morphologiques dans le Nord-Ouest de la Péninsule Ibérique*. Mémories et Documents. París: Centre de Documentation Cartographique et Géographique, (C.N.R.S.).

Cabero Diéguez, V. (1980). *Espacio agrario y economía de subsistencia en las montañas galaico-leonesas: La Cabrera*. Salamanca: Ediciones de la Universidad de Salamanca.

Cabero Diéguez, V., Martínez de Pisón, E., Redondo Vega, J.M. (1988). Picos de Europa (Valdeón y Sajambre). En V. Cabero Diéguez y L. López Trigal, (Coords.), *La provincia de León y sus Comarcas*, (pp. 201-216). León: Diario de León, https://dialnet.unirioja.es/servlet/articulo?codigo=5289668

Carrera Gómez, P., Valcárcel Díaz, M., Pérez Alberti, A. (2006). Ejemplos de formas erosivas de origen nival en las vertientes del alto Ancares, noroeste de la provincia de León. En A. Pérez Alberti y J. López Bedoya (Eds.), *Geomorfología y Territorio. Actas de la IX Reunión Nacional de Geomorfología* (pp. 59-65). Santiago de Compostela: Universidade de Santiago de Compostela

Carrera-Gómez, P., Valcárcel, M. (2018). The geomorphological role of snow since the Little Ice Age in the Sierra de Ancares (NW Spain). *Cuadernos de Investigación Geográfica*, 44 (1), 171-185. https://doi.org/10.18172/cig.3379

Cascos Maraña, C. (1990). Rasgos y problemas de un gran escarpe de falla el borde meridional del macizo asturiano en su contacto con la cuenca terciaria castellano-leonesa (norte de León y Palencia), *Ería*, 21, 61-78. https://doi.org/10.17811/er.0.1990.61-78

Castañón Álvarez, J.C. (1989). *Las formas de relieve de origen glaciar en los sectores central y oriental del Macizo Asturiano*. Tesis Doctoral, Universidad de Oviedo.

Catálogo de Cavidades Leonesas. (2023). *Cueva del Moruquín* (M9). https://cuevasysimasdeleon.org/entrada.php

Cuende de Lera, I., Redondo-Vega, J.M., González-Gutiérrez, R.B. (1923). Cambios de los usos del suelo en la minería del hierro en el norte de España desde la segunda mitad del siglo XX la explotación del Coto Wagner (León). En J. Arnáez, P. Ruiz Flaño, N. Pascual Bellido, N. Lana-Renault, J. Lorenzo Lacruz, A. Díez Angulo.....M.E. Nadal romero (Coords.), *Geografía: cambios, retos y adaptación, Libro de Actas XVIII Congreso de la Asociación de Geógrafos Españoles* (pp.433-442). Logroño: Universidad de La Rioja/AGE.

https://dialnet.unirioja.es/servlet/articulo?codigo=9074650

Danis-Álvarez, P.J., Santos-González, J. (2017). Glacial influence on drainage network: Respina and Rebueno valleys (Upper Porma Basin, Cantabrian Mountains, Northwest Spain). *Geographycal Research Letters*, 43, (1), 269-291. https://doi.org/10.18172/cig.3037

Ferreras Chasco, C. (1981). *El Norte de la Meseta Leonesa*. León: Institución Fray Bernardino de Sahagún-Diputación Provincial.

Frochoso Sánchez, M., (1980). El macizo central de los Picos de Europa y sus glaciares. *Ería*, 1, 67-87.

Frochoso Sánchez, M. y Castañón Álvarez, J.C. (1986). La evolución morfológica del Alto Valle del Duje durante el Cuaternario (Picos de Europa, NW de España). *Ería*, 11,193-209.

Frochoso Sánchez, M. y Castañón Álvarez, J.C. (1998). El relieve glaciar de la Cordillera Cantábrica. En A. Gómez Ortiz, y A. Pérez Alberti (Eds.), *Las huellas glaciares en las montañas españolas* (pp. 65-137). Santiago de Compostela: Servicio de Publicaciones de la Universidade de Santiago de Compostela.

Fuentes-Pérez, J.F., Navarro Hevia, J., Ruiz Legazpi, J., García-Vega, A. (2015). Inventario y caracterización morfológica de lagos y lagunas de alta montaña en las provincias de Palencia y León (España). *Pirineos*, 170. http://dx.doi.org/10.3989/Pirineos.2015.170006

García de Celis, A. (1991). Los glaciares rocosos de la Sierra del Suspirón (León). *Polígonos*, 1, 9-20. http://dx.doi.org/10.18002/pol

García de Celis, A. (1997). *El relieve de la montaña occidental de León*. Valladolid: Secretariado de Publicaciones e Intercambio Científico, Universidad de Valladolid.

García de Celis, A. (2002a). Formas periglaciares relictas en la Sierra del Suspirón (Cordillera Cantábrica, León): campos de bloques. En E. Serrano Cañadas y A. García de Celis (Eds.), *Periglaciarismo en montaña y altas latitudes* (pp. 37-52). Valladolid: Dpto. de Geografía.

García de Celis, A., (2002b). Itinerario por Omaña, Babia, Laciana y Valle del Sil (Montaña Cantábrica Occidental Leonesa). En J.M. Redondo Vega, A. Gómez Villar, R.B. González Gutiérrez y P. Carrera Gómez (Coords.), *XVII Jornadas de Geografía Física* (pp. 48-60). Universidad de León: León.

García de Celis, A. (2016a). *La Peña del Rastro y otros lugares de interés natural de Villafranca del Bierzo*. Valladolid: Ediciones Universidad de Valladolid.

García de Celis, A. (2016b). *Los paisajes glaciares y el patrimonio natural del Valle de Ancares, (Candín, León)*. Valladolid: Ediciones Universidad de Valladolid.

García de Celis, A., Luengo Ugidos, M.A., Redondo Vega, J.Mª. (1992). Algunos ejemplos de deslizamientos en el Alto Sil. *Actas de la II Reunión Nacional de Geomorfología. Estudios de Geomorfología en España* (pp. 445-453). Murcia: AGE.

García de Celis, A. González Fernández, A.M., Redondo Vega, J.M. (1993). La explotación de pizarras ornamentales en Castilla y León. *Ería: Revista Cuatrimestral de Geografía*, 32, 251-264. https://dialnet.unirioja.es/servlet/articulo?codigo=34797

García de Celis, A., González Gutiérrez, R.B., Luengo Ugidos, M.A., Redondo Vega, J.M. (1995). Un ejemplo de explotación romana de yacimiento primario: la mina del rio de la Sierra (León). *Estudios Humanísticos, geografía, historia y arte*, 17, 11-29.

García de Celis, A., Martínez Fernández, L.C., (2002). Morfología glaciar de las montañas de la cuenca alta de los ríos Sil, Omaña, Luna y Bernesga: revisión y nuevos datos (Montaña Occidental de León). En J.M. Redondo Vega, A. Gómez Villar, R.B. González Gutiérrez y P. Carrera Gómez, (Coords.), *El modelado de origen glaciar de las montañas leonesas* (pp.197-232). León: Universidad de León, https://rebiun.baratz.es/rebiun/record/Rebiun07130216

García de Celis, A., Martínez Fernández, L.C., Fernández-Vega, B. (2015). *Los paisajes glaciares de Fornela (León) docencia, investigación y divulgación del patrimonio natural de la reserva de la biosfera de los Ancares Leoneses*. Valladolid: Ediciones Universidad de Valladolid.

García de Celis, A., Prieto-Sarro, I., Álvarez-García, M. (2022). Babia, Luna y Omaña. En L. López Trigal, V. Cabero Diéguez, J. Cortizo Álvarez y A. García de Celis (Coords.), *El territorio de León, provincia, comarcas y ciudades* (pp. 210-236). León: Universidad de León.

García Fernández, J. (2006). *Geomorfología estructural*. Barcelona: Ariel.

García-Ruiz, J.M., Lana-Renault, N. 2011. Hydrological and erosive consequences of farmland abandonment in Europe, with special reference to the Mediterranean region. A review. *Agriculture, Ecosystems & Environment*, 140(3-4), 317-338.

GEM, (2017). La Torca Marino (TC-4): a 943 m de profundidad en los Picos de Europa. *Boletín SEDECK*, 11, 51-57.

Gómez Lende, M., Serrano Cañadas, E. (2012). Elementos del patrimonio geomorfológico subterráneo: las cuevas heladas de Picos de Europa (Cordillera Cantábrica). *XII Reunión Nacional de Geomorfología* (pp. 47-50). Santander.

Gómez Lende, M.; Serrano Cañadas, E.; González García, M.; González Trueba, J.J. (2016). Periglaciarismo en la divisoria cantábrica: La Sierra de Cebolleda. *Polígonos*, 28, 33-53. https://doi.org/10.18002/pol.v0i28.4284

Gómez Villar, A., Redondo Vega, J. Mª, González Gutiérrez, R.B. (1996). La cubeta de Noceda ejemplo de transición entre las montañas cantábricas y las cuencas de sedimentación terciarias. *Polígonos: Revista de Geografía*, 6, 69-92. https://doi.org/10.18002/pol.v0i6.1071

Gómez Villar, A., Redondo Vega, J.Mª., González Gutiérrez, R.B. (2002). Aproximación al estudio de los conos aluviales en la Montaña Central leonesa. *Actas de la VI Reunión Nacional de Geomorfología "Aportaciones a la Geomorfología de España en el inicio del tercer milenio"* (pp. 53-58). Madrid: IGME, Serie Geología, 1.

Gómez Villar, A., González Gutiérrez, R.B., Redondo Vega, J. Mª, Santos González, J. (2011). Distribución de los glaciares rocosos relictos en la Cordillera Cantábrica. *Cuadernos de Investigación Geográfica*, 37 (2), 49-80. https://doi.org/10.18172/cig.1256

Gómez-Villar, A., Santos-González, J., González-Gutiérrez, R.B., Redondo-Vega, J.M. (2015). Glacial cirques in the southern side of the Cantabrian Mountains of southwestern Europe. *Geografiska Annaler, Series A Physical Geography*, 97(4), 633-651. https://doi.org/10.1111/geoa.12104

González Gutiérrez, R.B. (1997). El modelado glaciar del valle del Arroyo de Cacabillo. Ejemplo de control de los rasgos estructurales (río Curueño, Norte de León). *Polígonos*, 7, 29-46. https://doi.org/10.18002/pol.v0i7.1048

González Gutiérrez, R.B. (1999). Las explotaciones auríferas romanas del río de las Huelgas y su influencia en la transformación del paisaje (el ejemplo de Veguelina de Cepeda, León). *Cuadernos de investigación geográfica: Geographical Research Letters*, 25, 111-124. https://dialnet.unirioja.es/servlet/articulo?codigo=81512

González Gutiérrez, R.B. (2001). *Estudio geomorfológico de la Montaña Central de León: los valles del Torío y Curueño*. Tesis doctoral. Universidad de León.

González Gutiérrez, R.B. (2002a). El modelado glaciar de los tramos altos y medios de los valles del Torío y Curueño (Montaña Central cantábrica Leonesa, León). En J.M., Redondo Vega, A. Gómez Villar, R.B. González Gutiérrez, y P. Carrera Gómez, (Coords.), *El modelado de origen glaciar de las montañas leonesas* (pp. 197-232). León: Universidad de León. https://rebiun.baratz.es/rebiun/record/Rebiun07130216

González Gutiérrez, R.B. (2002b). *El relieve de los valles del Torío y Curueño (Montaña Central Leonesa)*. León, Universidad de León.

González Gutiérrez, R.B., Santos González, J., Gómez Villar, A., Redondo Vega, J.M. (2007). Análisis morfométrico de los glaciares rocosos relictos de las sierras de Fuentes de Invierno, San Isidro y Mampodre (Cordillera Cantábrica, España). *Abstracts of the 1th Congresso Ibérico da International Permafrost Association, "Ambientes periglaciarios e variações climáticas: das montanhas às altas altitudes"* (11). Guarda, Portugal.

González Gutiérrez, R.B., Santos-González, J., Gómez Villar, A., Santos. J., Redondo-Vega, J.Mª. (2015). Estudio de la estructura interna de un glaciar rocoso relicto en la Sierra de Sentiles, San Isidro, mediante el análisis de fábrica, Cordillera Cantábrica, España. *5th Conference of the Iberian Section of the International Permafrost Association*, Valladolid.

González Gutiérrez, R.B., Santos-González, J., Santos. J., Redondo-Vega, J.Mª, Gómez Villar, A., Irwin, J. (2016). Macro-fabric analysis in relict rock glaciers, Cantabrian Mountains, (NW Spain).1 *International Conference on Research of Sustainable Development in Mountain Regions*. Bragança (Portugal).

González-Gutiérrez, R.B., Santos-González, J., Gómez-Villar, A., Redondo-Vega, J.M. (2017a). Geomorphology of the Curueño River headwaters, Cantabrian mountains (NW Spain). *Journal of Maps*, 13 (2), 382-394. http://dx.doi.org/10.1080/17445647.20 17.1316217

González-Gutiérrez, R.B., Santos-González, J., Gómez-Villar, A., Redondo-Vega, J.Mª. (2017b). Inventario de formas periglaciares en la provincia de León y su valor patrimonial. *VI Congreso Ibérico de la Internacional Permafrost Association. "Ambientes Periglaciares: Avances en su estudio, valoración patrimonial y riesgos asociados"*. Mieres (España).

González-Gutiérrez R.B., Santos-González, J., Cano, M., Alonso-Herrero, E., García de Celis, A., Gómez-Villar, A., Redondo-Vega, J.M. (2017c). Glaciokarst landforms in the Sierra de los Grajos, Babia and Luna Natural Park (Cantabrian Mountains, NW Spain). *Acta Carsologica*, 46(2-3), 165-178. https://ojs.zrc-sazu.si/carsologica/article/view/5001.

González-Gutiérrez, R.B., Redondo-Vega, J.M., y Grupo Espeleológico Matallana. (2018). Espelotemas característicos de Torca Marino (TC4, -943 m). *Encuentros Espeleológicos en Valdeón. I Centenario del Parque Nacional de Picos de Europa*. Posada de Valdeón, 11-14 deoctubre de 2018.

González-Gutiérrez, R.B., Santos-González, J., Santos, J., Cano, M., Irwin, J.R, Gómez-Villar, A., Redondo-Vega, J.M. (2019a). Glacial geomorphology of the Sancenas karst massif (Cantabrian Mountains, Northern Spain). *Geografia Fisica e Dinamica Quaternaria*, 42 (1), 71-86. http://dx.doi.org/10.4461/GFDQ.2019.42.6

González-Gutiérrez, R.B., Santos-González, J., Gómez-Villar, A., Redondo-Vega, J.M. (2019b). Surface macro-fabric analysis of relict rock glaciers in the Cantabrian Mountains (NW Spain). *Permafrost and Periglacial* Processes, 30 (4), 348-363. https://doi.org/10.1002/ppp.2025

González-Gutiérrez, R.B., Santos-González, J., Melón-Nava, A. (2022). Valles del Curueño y Porma. En L. López Trigal, V. Cabero Diéguez, J. Cortizo Álvarez y A. García de Celis (Coords.) *El territorio de León, provincia, comarcas y ciudades.* (pp. 264-284). León: Universidad de León.

González-Gutiérrez, R. B., Santos-González, J., Cruz-De Juán, J., Guerrero-Fernández, J. A., Mendoza, M., Vilariño, M., Estrada, S., Melón-Nava, A., Gómez-Villar, A., & Redondo-Vega, J. M. (2024). *Caracteres ambientales y espeleotemas de pequeño tamaño en la cavidad de Torca Marino (Parque Nacional de los Picos de Europa, León, España) / Environmental characteristics and small speleothems in the Torca Marino cavity (Picos de Europa National Park, León, Spain)*. Ería, 44(1/2), 5–24.

González-Trueba, J.J (2005). La Pequeña Edad del hielo en los Picos de Europa (Cordillera Cantábrica, NO de España. *Cuaternario y Geomorfología*, 19 (3-4), 75-94. https://core.ac.uk/download/pdf/147467651.pdf

González Trueba, J.J. (2007). *El Macizo Central de los Picos de Europa. Geomorfología y sus implicaciones geoecológicas en la alta montaña cantábrica*. Tesis doctoral. Universidad de Cantabria.

González-Trueba, J.J. (2022). Picos de Europa: Valdeón y Sajambre. En L. López Trigal, V. Cabero Diéguez, J. Cortizo Álvarez y A. García de Celis (Coords.), *El territorio de León, provincia, comarcas y ciudades* (pp. 310-336). León: Universidad de León.

González Trueba, J.J., Serrano Cañadas, E. (2008). La valoración del patrimonio geomorfológico en espacios naturales protegidos Su aplicación al Parque Nacional de los Picos de Europa. *Boletín de la Asociación de Geógrafos Españoles*, 47, 175-194. https://bage.age-geografia.es/ojs/index.php/bage/article/view/2035

González Trueba, J.J., Serrano Cañadas, E. (2010). The snow in the Picos de Europa: Geomorphological and environmental implications. *Cuadernos de Investigacion Geografica*, 36(2), 61-84. https://doi.org/10.18172/cig.1238

Hall Riaza, J.F., Valcárcel Díaz, M., Blanco Chao, R. (2016). Caracterización morfométrica de formas glaciares en cuña en las Sierras de Xistral, Teleno y Cabrera. *Polígonos*, 28, 55-71. https://doi.org/10.18002/pol.v0i28.4287

Isachenko, A.G. (1974). *L´action de l´home sur le paysage naturel*. Paris: C.N.R.S.

Luengo Ugidos, M.A., (1993). Estudio del relieve del sector oriental de los Montes de León. Tesis doctoral, Universidad de Salamanca.

Luengo Ugidos, M.A., Redondo Vega, J.M. (1996). Modelado de vertientes y minería antigua en el noroeste peninsular. En L. Guitián Rivera, y R. Lois González, (coords), *Actividad humana y cambios recientes en el paisaje*, Santiago: Universidade de Santiago de Compostela, pp 41-51.

Luengo Ugidos, M.A., García de Celis, A., Redondo Vega, J.M. (1993). Depósitos cuaternarios y minería romana en las montañas del NW de la península Ibérica. En *Actas 3ª Reuniao do Quaternario Ibérico*, Coimbra, pp141-148.

Jalut, G., Belet, J.M., García de Celis, A., Redondo Vega, J.Mª., Bonnet, M., Valero Garcés, B., Moreno, A., Villar Pérez, L., Fontugne, M. Dedoubat, J.J., González Sampériz, P., Santos Fidalgo, L., y Vidal Romaní, J.R. (2004). Reconstrucción paleoambiental de los últimos 35.000 años en el Noroeste de la Península Ibérica: La Laguna de Villaseca (León). *Geo-Temas*, 6 (5), 105-108. https://sge.usal.es/archivos/GEO_TEMAS/Geo_temas_6_5sge.pdf

Jalut, G., Turu i Michels, V., Dedoubat, J.J., Otto, Th., Ezquerra, J., Fontugne, M., Belet, J.M., Bonnet, L., García de Celis, A., Redondo-Vega, J.M., Vidal-Romaní, J.R., Santos, L., (2010). Palaeoenvironmental studies in NW Iberia (Cantabrian range): vegetation history and synthetic approach of the last deglaciation phases in the western Mediterranean. *Palaeogeography. Palaeoclimatolology. Palaeoecology.* 297, 330–350. http://dx.doi.org/10.1016/j.palaeo.2010.08.012

Julivert, M. (1967). La ventana del río Monasterio y la terminación meridional del manto de Ponga. *Revista de la Facultad de Ciencias*, VIII (2), 131-148. http://hdl.handle.net/10651/4786

Llopis Lladó, N. (1950). *Los rasgos morfológicos y geológicos de la cordillera cántabro-astúrica*. Discurso leído en la solemne apertura del curso 1950-51 en el Paraninfo de la Universidad de Oviedo.

Llopis Lladó, N. (1970). *Fundamentos de hidrogeología cárstica*. Madrid: Blume.

Martín Galindo, J.L. (1949). La captura fluvial del Puerto de La Magdalena. *Estudios Geográficos*, XXXVI, 503-506.

Melendez, B., Fuster, J.Mª. (1984). *Geología*. Madrid: Paraninfo.

Melón-Nava, A., Santos-González, J., Redondo-Vega, J.M. González Gutiérrez, R.B., Gómez-Villar, A., (2022). Factors influencing the ground thermal regime in a mid-latitude glacial cirque (Hoyo Empedrado, Cantabrian Mountains, 2006–2020). *Catena*, 212. https://doi.org/10.1016/j.catena.2022.106110

Nieuwendam, A., Ruiz-Fernández, J., Oliva, M., Cruces, A., Lopes, V., Freitas, M.C., (2016). Postglacial Landscape Changes and Cryogenic Processes in the Picos de Europa (Northern Spain) Reconstructed from Geomorphological Mapping and Microstructures on Quartz Grains. *Permafrost and Periglacial Processes*, 27 (1), 96-108. https://doi.org/10.1002/ppp.1853

Pellitero Ondicol, R. (2012). *Geomorfología, paleoambiente cuaternario y geodiversidad en el macizo de Fuentes Carrionas-Montaña Palentina*. Tesis doctoral. Universidad de Valladolid. https://doi.org/10.35376/10324/2495

Pellitero, R. (2013). Evolución finicuaternaria del glaciarismo en el macizo de Fuentes Carrionas (Cordillera Cantábrica), propuesta cronológica y paleoambiental. *Cuaternario y Geomorfología*, 27 (1-2): 71-90. https://recyt.fecyt.es/index.php/CUGEO/article/view/20179

Pellitero, R. (2014). Geomorphology and geomorphological landscapes of Fuentes Carrionas. *Journal of Maps*, 10 (2): 313-323. https://doi.org/10.1080/17445647.2013.867822

Pellitero, R.; Serrano, E.; González Trueba, J.J. (2011). Glaciares rocosos del sector central de la Montaña cantábrica: Indicadores. paleoambientales. *Cuadernos Investigación Geográfica*, 37, 119–144.

Pellitero, R., Fernández-Fernández, J.M., Campos, N., Serrano, E., Pisabarro, A., (2019). Late Pleistocene climate of the northern Iberian Peninsula: New insights from palaeoglaciers at Fuentes Carrionas (Cantabrian Mountains). *Journal of Quaternary Science*, 34 (4-5), 342-354.

https://doi.org/10.1002/jqs.3106

Peña-Pérez, S.A., Gómez-Villar, A. and González-Gutiérrez, R.B. (2022). Surface macro-fabric analysis of screes in the Las Ubiñas Massif (Cantabrian Mountains NW Spain). *10th International Conference on Geomorphology (IAG), Geomorphology and Global Change*, Coimbra Portugal. https://doi.org/10.5194/icg2022-142

Pérez Alberti, A., Rodríguez Guitián, M. (1993). Formas y depósitos de macroclastos y manifestaciones actuales de periglaciarismo en las sierras septentrionales y orientales de Galicia. En A. Pérez Alberti, L. Guitián Rivera y P. Ramil Rego (eds.), *La evolución del paisaje en las montañas del entorno de los caminos jacobeos: cambios ambientales y actividad human*, (pp 91-105). Santiago de Compostela: Xunta de Galicia.

Pérez Alberti, A., Valcárcel Díaz, M., (1996). Geomorfología del valle glaciar de Balouta (Ancares Leoneses-NW de la península Ibérica). *Polígonos. Revista de Geografía*, 6, 157-183.

Pérez Alberti, A., Rodríguez Guitián, L., Valcárcel Díaz, M. (1992). El modelado glaciar de la vertiente oriental de la Sierra de Ancares (Noroeste de la Península Ibérica). *Papeles de Geografía*, 18, 39-51.

Pérez Alberti, A., Guitián Rivera, L., Valcarce Díaz, M (1993). Las formas y depósitos glaciares en las sierras orientales y septentrionales de Galicia (NW Península Ibérica). En A. Pérez Alberti, L. Guitián Rivera y P. Ramil Rego (eds.), *La evolución del paisaje en las montañas del entorno de los caminos jacobeos: cambios ambientales y actividad humana*, (pp. 61-90). Santiago de Compostela: Xunta de Galicia.

Pérez Alberti, A., Valcárcel Díaz, M., Martínez Cortizas, A., Blanco Chao, R. (1998). Evidencias de procesos periglaciares actuales en el noroeste de la Península Ibérica. En: A. Gómez Ortiz, F. Salvador Franch, L. Schulte y A. García Navarro (Eds.), *Procesos Biofísicos en actuales en medios fríos* (pp. 245-261). Barcelona: Publicacions de la Univers itat de Barcelona.

Pisabarro, A., Pellitero, R., Serrano, E., Gómez-Lende, M., González-Trueba, J.J. (2017). Ground temperatures, landforms and processes in an Atlantic mountain. Cantabrian Mountains (Northern Spain). *Catena,* 149 (2), 623-636. https://doi.org/10.1016/j.catena.2016.07.051

Redondo Vega, J.M. (1980). Espeleogénesis de la vertiente sur del macizo de Fresneda, Vegacervera, (León). *Espeleon,* 25, 65-75.

Redondo Vega, J.M. (1981). Espeleogénesis de la cueva Tibigratias. *Noroeste,* 1, 32-36.

Redondo Vega, J.M. (1988). Las minas de carbón a cielo abierto en la provincia de León. Transformación del medio y explotación de recursos no renovables. León: Servicio de Publicaciones, Universidad de León.

Redondo Vega, J.M. (1989). Inventario de explotaciones de carbón a cielo abierto, León. León: Servicio de Publicaciones, Universidad de León.

Redondo Vega, J.Mª. (2006a). Las Médulas de Carucedo. En R.C. Lois Gonzalez y X. Somoza Medina (Eds.), *RUrban changes in different scales: systems and structures scientific excursions and field trip guide: an introduction to the urban geography of NW Iberian Peninsula,* pp: 83-89. León: Universidad de León.

Redondo Vega, J.Mª (2006b). Puntos de interés geológico. En J.Mª. Redondo Vega (Dir.), *Diagnosis territorial y bases para la ordenación, el uso y la gestión de Sierra de los Ancares (León).* Junta de Castilla y León, 2 vol., (inedt.).

Redondo Vega, J. Mª (2006c). Puntos de interés geológico. En J.Mª. Redondo Vega (Dir.), *Diagnosis territorial y bases para la ordenación, el uso y la gestión de Alto Sil.* Junta de Castilla y León, 2 vol., (inedt.).

Redondo Vega, J.Mª (2007). Puntos de interés geológico. En J.Mª. Redondo Vega (Dir.), *Diagnosis territorial y bases para la ordenación, el uso y la gestión de Omaña.* Junta de Castilla y León, 2 vol., (inedt.).

Redondo Vega, J.M. (2017). Medio ambiente e impactos territoriales. En L. López Trigal, R. Escudero y J.L. Placer, (eds.), *Diagnóstico de la provincia de León* (pp. 73-98). León, Universidad de León.

Redondo Vega, J.Mª., Cortizo Álvarez, (1984). La captura fluvial del río Tremor. *Estudios Humanísticos,* 6, 133-144.

Redondo Vega, J.M., Santos González, J. (2011). La construcción del relieve del Alto Bernesga: medio físico. En E. Fdez.-Mtz. (Coord.), *Guía del Patrimonio Geológico la Reserva de la Biosfera del Alto Bernesga* (pp. 91-148). León: Ilmo. Ayto. de La Pola de Gordón.

Redondo Vega, J. Mª, García de Celis, A. J. (1989). Un caso particular de contacto entre el zócalo y la cobertera en el NO de la Cuenca del Duero: la Vega de Boñar (León). *Actas XI Congreso Nacional de Geografía, Vol. II*. Madrid: AGE.

Redondo Vega, J.M. y Santos González, J. (2013a). Dinámica y morfología glaciar en el valle de Cardaño, Palencia (Cordillera Cantábrica). *Boletín de la Asociación de Geógrafos Españoles*, 62: 173-188. https://doi.org/10.21138/bage.1574

Redondo Vega, J. Mª, Gómez Villar, A., González Gutiérrez, R.B. (1997). Morfología y estructura en el valle del río Selmo (Sierra del Caurel, León). *Polígonos: Revista de Geografía*, 7, 97-120. https://doi.org/10.18002/pol.v0i7.1060

Redondo Vega, J.Mª, Gómez Villar, A., González Gutiérrez, R.B. (1998). Los glaciares rocosos fósiles de la Sierra de Gistredo (Montaña Cantábrica), León. *V Reunión Nacional de Geomorfología. "Investigaciones recientes de la Geomorfología en España"* (pp. 745-750). Granada.

Redondo Vega, J.Mª, Gómez Villar, A., González Gutiérrez, R.B. (2000). Descripción de un episodio de sedimentación glaciolacustre en la Sierra de Vizbueno, Cordillera Cantábrica. León. *Actas de la VI Reunión Nacional de Geomorfología. "Aportaciones a la Geomorfología de España en el inicio del tercer milenio"* (pp. 121-126). Madrid: IGME, Serie Geología, 1.

Redondo Vega, J.Mª, (2002a). El relieve glaciar de la Sierra de Gistredo (NW de la Cordillera Cantábrica, León). En J.Mª. Redondo Vega, A. Gómez Villar, R.B. González Gutiérrez y P. Carrera Gómez (Coords.), *El modelado de origen glaciar en las montañas leonesas* (pp. 105-136). León: Universidad de León, Secretariado de Publicaciones y Medios Audiovisuales.

Redondo Vega, J.Mª. Gómez Villar, A., González Gutiérrez, R.B. Carrera Gómez, P. (2002b). El relieve glaciar del Macizo del Vizcodillo, Cabrera Alta, León. En J.Mª. Redondo Vega, A. Gómez Villar, R.B. González Gutiérrez y P. Carrera Gómez (Coords.), *El modelado de origen glaciar en las montañas leonesas* (pp. 13-28). León: Universidad de León, Secretariado de Publicaciones y Medios Audiovisuales.

Redondo Vega, J.Mª, Gómez Villar, A., González Gutiérrez, R.B. Carrera Gómez, P. (2002c). El depósito glaciolacustre del rio del Campo, Alto Boeza, Sierra de Vizbueno. En J.Mª. Redondo Vega, A. Gómez Villar, R.B. González Gutiérrez y P. Carrera Gómez (Coords.), *XVII Jornadas de Geografía Física* (pp.125-128). León: Universidad de León, Secretariado de Publicaciones y Medios Audiovisuales.

Redondo Vega, J.Mª, Gómez Villar, A., González Gutiérrez, R.B. Carrera Gómez, P. (2002d). La Cubeta de Bembibre. En J.Mª. Redondo Vega, A. Gómez Villar, R.B. González Gutiérrez y P. Carrera Gómez (Coords.), *XVII Jornadas de Geografía Física* (pp. 107-124). León: Universidad de León, Secretariado de Publicaciones y Medios Audiovisuales.

Redondo Vega, J.Mª, Gómez Villar, A., González Gutiérrez, R.B. Carrera Gómez, P. (2002e). El relieve del Bierzo. En J.Mª. Redondo Vega, A. Gómez Villar, R.B. González Gutiérrez y P. Carrera Gómez (Coords.), *XVII Jornadas de Geografía Física* (pp. 85-95). León: Universidad de León, Secretariado de Publicaciones y Medios Audiovisuales.

Redondo Vega, J.Mª, Gómez Villar, A., González Gutiérrez, R.B. Carrera Gómez, P. (2002f). El relieve de la Sierra de Gistredo-Catoute (NO de la Cordillera Cantábrica, León). En J.Mª. Redondo Vega, A. Gómez Villar, R.B. González Gutiérrez y P. Carrera Gómez (Coords.), *XVII Jornadas de Geografía Física* (pp. 68-81). León: Universidad de León, Secretariado de Publicaciones y Medios Audiovisuales.

Redondo Vega, J.Mª, Gómez Villar, A., González Gutiérrez, R.B. Carrera Gómez, P. (2002g). Los glaciares rocosos fósiles de la Sierra de Gistredo-Catoute. En J.Mª. Redondo Vega, A. Gómez Villar, R.B. González Gutiérrez y P. Carrera Gómez (Coords.), *XVII Jornadas de Geografía Física* (pp. 62-67). León: Universidad de León, Secretariado de Publicaciones y Medios Audiovisuales.

Redondo Vega, J.Mª, Gómez Villar, A., González Gutiérrez, R.B. Carrera Gómez, P. (2002h). Las formas del modelado como recubrimiento del armazón moroestructural. En J.Mª. Redondo Vega, A. Gómez Villar, R.B. González Gutiérrez y P. Carrera Gómez (Coords.), *XVII Jornadas de Geografía Física* (pp. 33-40). León: Universidad de León, Secretariado de Publicaciones y Medios Audiovisuales.

Redondo Vega, J.Mª, Gómez Villar, A., González Gutiérrez, R.B. Carrera Gómez, P. (2002i). El Macizo de Valporquero-Correcillas. En J.Mª. Redondo Vega, A. Gómez Villar, R.B. González Gutiérrez y P. Carrera Gómez (Coords.), *XVII Jornadas de Geografía Física* (pp. 26-32). León: Universidad de León, Secretariado de Publicaciones y Medios Audiovisuales.

Redondo Vega, J.Mª, Gómez Villar, A., González Gutiérrez, R.B. Carrera Gómez, P. (2002j). La Montaña Cantábrica leonesa: Valles del Torío y Curueño. En J.Mª. Redondo Vega, A. Gómez Villar, R.B. González Gutiérrez y P. Carrera Gómez (Coords.), *XVII Jornadas de Geografía Física* (pp. 13-25). León: Universidad de León, Secretariado de Publicaciones y Medios Audiovisuales.

Redondo Vega, J.Mª, Gómez Villar, A., González Gutiérrez, R.B, y Carrera Gómez, P. (2002k). Caracterización de los macizos que dominan los glaciares rocosos fósiles de la Sierra de Gistredo (León): Influencia de la fracturación en la génesis y desarrollo de estas formas periglaciares. *V Reunión IPA-España "Periglaciarismo en Montaña y altas latitudes"* (pp. 27-36). Valladolid: Universidad de Valladolid.

Redondo Vega, J.M., Gómez Villar, A. y González Gutiérrez R.B. (2004). Localización y caracterización morfométrica de los glaciares rocosos relictos de la Sierra de Gistredo (Montaña Cantábrica, León). *Cuadernos de Investigación Geográfica*, 30, 35-60. http://dx.doi.org/10.18172/cig.1134

Redondo Vega, J.Mª, Gómez Villar, A., González Gutiérrez, R.B. (2005). Rasgos morfométricos y morfodinámicos de los glaciares rocosos relictos de la Sierra de Gistredo (Montaña Cantábrica, León). En *Homenaje a Joaquín González Vecín* (pp. 373-382). León: Universidad de León, Secretariado de Publicaciones.

Redondo Vega, J.Mª., González Gutiérrez, R.B. Santos González, J., Gómez Villar, A. (2006) Sedimentación glaciolacustre en la montaña cantábrica leonesa. *Actas de la IX Reunión Nacional de Geomorfología "Geomorfología y territorio"* (pp. 83-100). Santiago de Compostela: Universidade de Santiago de Compostela, Publicaións.

Redondo Vega, J.M., Gómez Villar, A., González Gutiérrez, R.B., Santos González, J. (2007a). Paleoenvironmental significance of the glacio-lacustrine deposits in the river Sil Valley, Cantabrian Mountains, León-Spain. *Abstracts Volume of the Sixth International Conference on Geomorphology, "Geomorphology in regions of environmental contrasts"*. Zaragoza.

Redondo Vega, J.M., Gómez Villar, A., González Gutiérrez, R.B. (2007b). Environmental and sedimentological characteristics of the relict rock glaciers in Gistredo Range. *Abstracts Volume of the Sixth International Conference on Geomorphology, "Geomorphology in regions of environmental contrasts"*. Zaragoza.

Redondo Vega, J.M., Gómez Villar, A., González Gutiérrez, R.B., Santos González, J. (2010). *Los glaciares rocosos de la Cordillera Cantábrica*. León: Universidad de León.

Redondo Vega, J.M., Santos González, J., González Gutiérrez, R.B., Gómez Villar, A. (2011). Las herencias morfoclimáticas de climas fríos como patrimonio geológico de interés geomorfológico: los rasgos de origen glaciar en el valle de Viadangos de Arbas. (León). En E. Fdez.-Mtz. y R. Castaño (Eds.), *Avances y Retos en la Conservación del Patrimonio Geológico en España*, (pp. 231-234). León: Universidad de León.

Redondo Vega, J. Mª, Santos-González, J., González Gutiérrez R. B., y Gómez Villar, A. (2013). Ejemplos de formas de relieve indicadoras de diferentes paleoclimas en la Cordillera Cantábrica. *Polígonos. Revista de Geografía*, 24, 163-181. https://doi.org/10.18002/pol. voi24.845

Redondo-Vega, J.M., Alonso Herrero, E., García de Celis, A., Gómez-Villar, A., González-Gutiérrez, R.B., Santos-González, J. (2014). Huellas glaciares a baja altitud en los valles cantábricos meridionales. En J. Arnáez, P. González-Sampériz, T. Lasanta, B.L. Valero-Garcés (Eds.), *Geoecología cambio ambiental y paisaje. Homenaje al Profesor José María García-Ruiz* (pp.103-116). Logroño: IPE-CSIC, Universidad de La Rioja.

Redondo-Vega, J.M., Alonso-Herrero, E., Santos-González, J., A González-Gutiérrez, R.B., Gómez-Villar, (2015). La Balouta exhumed karst: a Roman gold-mine-derived landscape within the Las Médulas UNESCO World Heritage Site (Spain). *International Journal of Speleology*, 4 (3) 267-276. http://dx.doi.org/10.5038/1827-806X.44.3.5

Redondo-Vega, J.M., Gómez-Villar, A., Santos-González, J., González-Gutiérrez, R.B. Álvarez Martínez, J., (2017). Changes in land use due to mining in the north-western mountains of Spain during the previous 50 years. *Catena*, 149, 844-856. https://doi. org/10.1016/j.catena.2016.03.017

Redondo-Vega, J.M., Gómez-Villar, A., González-Gutiérrez, R.B., Santos-González, J., (2018). El origen de las lagunas de León. En R. Blanco Chao, F. Castillo Rodríguez, M. Costa Casais, J. Horacio García y M. Valcárcel Díaz, (Eds.), *Xeomorfoloxía e paisaxes xeográficas de investigación e ensino. Homenaxe a Augusto Pérez* Alberti (pp. 469-486). Santiago de Compostela: Universidade de Santiago de Compostela, Publicacións.

Redondo-Vega, J.M., Melón-Nava, A., Peña-Pérez, S.A., Santos-González, J., Gómez Villar, A. González-Gutiérrez, R.B., (2021). Coal pit lakes in abandoned mining areas in León (NW Spain): characteristics and geoecological significance. *Environmental Earth Sciences*, 80, 24. https://link.springer.com/article/10.1007%2Fs12665-021-10037-6

Redondo-Vega, J.M., Santos-González, J., González-Gutiérrez, R.B., Gómez Villar, A. (2022). The glaciers of the Montes de León. En M. Oliva, D. Palacios & J.M. Fernández-Fernández (Eds.), *Iberia, land of glaciers* (pp. 315-333). Amsterdam: Elsevier. https://doi. org/10.1016/B978-0-12-821941-6.00015-3

Redondo-Vega, JM., González-Gutiérrez, R.B., Santos-González, J., Peña-Pérez, S.A., Gómez-Villar, A. (2023a). Cambios antiguos en el paisaje de origen minero en León (España): localización y caracteres morfométricos de las lagunas auríferas romanas. Salazar Simarro, N., Arciello, D., Paniagua Pérez, J. (Eds.). *Ruina Montium: Estudios sobre la plata en Iberoamérica. De los orígenes al siglo XIX*. Universidad de León., pp19-32. https://hdl.handle.net/10612/17112

Redondo-Vega, J.M., González-Gutiérrez, R.B., Santos-González, J., Peña-Pérez, S.A., Melón-Nava, A., Gómez Villar, A. (2023b). *Dos milenios de cambios antrópicos en el paisaje de la minería romana en yacimientos primarios en el NO de España.* En J. Arnáez, P. Ruiz Flaño, N. Pascual Bellido, N. Lana-Renault, J. Lorenzo Lacruz, A. Díez Angulo.....M.E. Nadal romero (Coords.), *Geografía: cambios, retos y adaptación, Libro de Actas XVIII Congreso de la Asociación de Geógrafos Españoles* (pp. 575-585). Logroño: Universidad de La Rioja/AGE.

Redondo-Vega, J.M., González-Gutiérrez, R.B., Santos-González, J., Melón-Nava, A., Peña-Pérez, S.A., Gómez Villar, A. (2024a). Lagunas de origen glaciar en León: Génesis, tipología y significado paleo-ambiental. *Actas del II Congreso Internacional Reino de León.*

Redondo-Vega, J.M., González-Gutiérrez, R.B., Santos-González, J., Melón-Nava, A., Peña-Pérez, S.A., Gómez Villar, A. (2024b). Las cascadas de los cursos de agua leoneses: Origen, localización y características principales. *Actas del II Congreso Internacional Reino de León.*

Redondo-Vega, JM., Santos-González, J., Melón-Nava, A., Gómez-Villar, A., Peña-Pérez, S.A., González-Gutiérrez, R.B. (2024c). Pit Lakes in Abandoned Slate Quarries in Northwestern Spain: Characteristics and Potential Uses. *Water*, 16 (17), 2403. https://doi.org/10.3390/w16172403

Rodríguez, C., Sevilla, J., Obeso, Í., Herrera, D. (2022). Emerging Tools for the Interpretation of Glacial and Periglacial Landscapes with Geomorphological Interest. A Case Study Using Augmented Reality in the Mountain Pass of San Isidro (Cantabrian Range, Northwestern Spain). *Land*, 11,1327. https://doi.org/10.3390/land11081327

Rodríguez Pérez, C. (1995). Estudio geomorfológico del Puerto de San Isidro. *Ería*, 36, 63-87.

Rodríguez Pérez, C. (2017). Glaciarismo y nivoperiglaciarismo en el puerto de San Isidro Cordillera Cantábrica). En J. Ruiz Fernández, C. García Hernández, M. Oliva, C. Rodríguez Pérez, D. Gallinar, (Eds.). *Ambientes Periglaciares: Avances en su Estudio, Valoración Patrimonial y Riesgos Asociados* (pp. 39-62). Oviedo: Servicio de Publicaciones de la Universidad de Oviedo.

Ruiz Fernández, J. (2013). *Las formas de modelado glaciar, periglaciar y fluviotorrencial del Macizo Occidental de los Picos de Europa (Cordillera Cantábrica).* Tesis doctoral. Universidad de Oviedo. http://hdl.handle.net/10651/15141

Ruiz Fernández, J. y Poblete Piedrabuena, M.A. (2011). Las terrazas fluviales del río Cares: aportaciones sedimentológicas y cronológicas (Picos de Europa, Asturias). *Estudios Geográficos*, LXXII, 271,173-202. https://doi.org/10.3989/egeogr.2011.i271

Ruiz Fernández, J. Serrano, E. (2011). El modelado kárstico en el macizo del Cornión En J.J. González Trueba, y E. Serrano Cañadas, (Eds.), *Geomorfología del macizo occidental del parque nacional Picos de Europa.* Madrid: Organismo Autónomo Parques Nacionales.

Ruiz-Fernández, J., Oliva, M., Cruces, A., Lopes, V., Freitas, M.C., Andrade, C., García-Hernández, C., López-Sáez, J.A., Geraldes, M. (2016). Environmental evolution in the Picos de Europa (Cantabrian Mountains, SW Europe) since the Last Glaciation. *Quaternary Science Reviews*, 138, 87-104. https://doi.org/10.1016/j.quascirev.2016.03.002

Ruiz-Fernández, J., Oliva, M., Hrbacek, F., Vieira, G., García-Hernández, C. (2017). Soil temperatures in an Atlantic high mountain environment: The Forcadona buried ice patch (Picos de Europa, NW Spain). *Catena*, 194 (2), 637-647 https://doi.org/10.1016/j.catena.2016.06.037

Santos González, J., Redondo Vega, J.Mª, Gómez Villar, A., González Gutiérrez, R.B. (2006). Bloques erráticos en Páramo del Sil: Testigos del máximo avance glaciar en la cuenca del Sil (Cordillera Cantábrica). *Actas de la IX Reunión Nacional de Geomorfología "Geomorfología y territorio"* (pp. 101-112). Santiago de Compostela: Universidade de Santiago de Compostela, Publicaíns.

Santos González, J., Redondo Vega, J.M., Gómez Villar, A., González Gutiérrez, R.B. (2007a). Small-scale glacial erosional forms on bedrock outcrops in the upper Sil basin. *Abstracts Volume of the Sixth International Conference on Geomorphology, "Geomorphology in regions of environmental contrasts"*. Zaragoza.

Santos González, J., González Gutiérrez, R.B., Gómez Villar, A., Redondo Vega, J.M. (2007b). Primeros resultados del estudio del régimen térmico del suelo en el entorno de los glaciares rocosos relictos (Cordillera Cantábrica, provincia de León). *Abstracts of the 1th Congreso Ibérico da International Permafrost Association, "Ambientes periglaciarios e variaçòes climáticas: das montanhas* às *altas altitudes"*. Guarda, Portugal.

Santos-González, J. González-Gutiérrez, R.B., Gómez-Villar, A., Redondo-Vega, J.M. (2009a). Ground thermal regime in the vicinity of relict rock glaciers (Cantabrian Mountains, NW Spain). *Finisterra*, LXIV, 87, 35-44. https://doi.org/10.18055/Finis1375

Santos González, J., Redondo Vega, J.Mª, Prieto Sarro, I., González Gutiérrez, R.B. Gómez Villar, A. (2009b). Ground thermal regimes around relict rock glaciers (Cantabrian Mountains, Spain). *Conference Abstracts of the 7th International Conference on Geomorphology (ANZIAG), "Ancient Landscapes-Modern Perspectives"* (284). Melbourne.

Santos González, J. (2011). Glaciarismo y periglaciarismo en el Alto Sil: provincia de León (Cordillera Cantábrica). Tesis doctoral, Universidad de León.

Santos González, J., Redondo Vega, J. Mª, Gómez Villar, A., González Gutiérrez, R.B. (2010a). Los aludes de nieve en Alto Sil (Oeste de la Cordillera Cantábrica, España). *Cuadernos de Investigación Geográfica*, 36 (1), 86-106. https://doi.org/10.18172/cig.1224

Santos González, J., Redondo Vega, J. Mª, Gómez Villar, A., González Gutiérrez, R.B. (2010b). Dinámica actual de los nichos de nivación del Alto Sil (Cordillera Cantábrica). *Cuadernos de Investigación Geográfica*, 36 (1), 7-26. https://doi.org/10.18172/cig.1229

Santos-González, J., Santos, J., González-Gutiérrez, R.B., Redondo-Vega, J.M. Gómez-Villar, A., (2013a). Till fabric and grain size analysis of glacial sequences in the Upper Sil River Basin, Cantabrian Mountains, NW Spain. *Physical Geography*, 34 (6): 471-490. http://dx.doi.org/10.1080/02723646.2013.855989

Santos-González, J., Redondo-Vega, J.M., González-Gutiérrez, R.B. y Gómez-Villar, A., (2013b). Applying the AABR method to reconstruct equilibrium-line altitudes from the last glacial maximum in the Cantabrian Mountains (SW Europe). *Palaeogeography, Palaeoclimatology, Palaeoecology*, 387: 185-199. http://dx.doi.org/10.1016/j.palaeo.2013.07.025

Santos-González, J., Redondo-Vega, J.Mª, González-Gutiérrez, R.B., Gómez-Villar, A. (2013c). Determination of La Baña lake (NW Iberian Peninsula) origin using clast macro-fabric analysis. *Abstracts Volume of the 8th International Conference (AIG) on Geomorphology, "Geomorphology and sustainability"*. Paris.

Santos González, J., Santos, J., Redondo Vega, J.Mª, González Gutiérrez, R.B., Gómez Villar, A. (2013d). Till fabric and grain size analysis of glacial sequences in a complex paleoglacial system, the case study of the upper Sil valley, Cantabrian Mountains, NW Spain. *Abstracts Volume of the 8th International Conference (AIG) on Geomorphology, "Geomorphology and sustainability"*. Paris.

Santos-González, J., Redondo-Vega, J.M., González-Gutiérrez, R.B., González-Gutiérrez, R.B., Gómez-Villar, A., (2015). Nuevos datos sobre el origen del Lago de la Baña (Sierra de la Cabrera, NO de España) a partir del análisis geomorfológico de su entorno. *Boletín de la Asociación de Geógrafos Españoles*, 67: 61-81 http://www.age-geografia. es/ojs/index.php/bage/article/view/1817/1733

Santos González, J., González Gutiérrez R. B., Redondo Vega, J. Mª, y Gómez Villar, A. (2016). Distribución y caracterización de bloques aradores en el noroeste de la Península Ibérica: el Alto Sil y el Macizo de Vizcodillo. *Polígonos. Revista de Geografía*, 28, 139-159. http://dx.doi.org/10.18002/pol.voi28.4291

Santos-González, J., González-Gutiérrez R.B., Santos J.A., Gómez-Villar, A., Peña-Pérez, S A., Redondo-Vega, J.M. (2018). Topographic, lithologic and glaciation style influences on paraglacial processes in the upper Sil and Luna catchments, Cantabrian Mountains, NW Spain. *Geomorphology*, 319, 133-146. https://doi.org/10.1016/j.geomorph.2018.07.019.

Santos-González, j. González-Gutiérrez, R.B., Redondo-Vega, J.M., Gómez-Villar, A., Jomelli, V., Fernández-Fernández, J.M., Andrés, N., García-Ruiz, J.M., Peña-Pérez, S.A., Melón-Nava, A., Oliva, M., Álvarez-Martínez, J., Charton, J., ASTER Team, Palacios, D. (2021). The Origin and Collapse of Relict Rock Glaciers During the Bølling-Allerød Interstadial: A New Study Case from the Cantabrian Mountains (Spain). SSRN Electronic Journal, DOI:10.2139/ssrn.3939425

Santos-González, J. González-Gutiérrez, R.B., Redondo-Vega, J.M., Gómez-Villar, A., Jomelli, V., Fernández-Fernández, J.M., Andrés, N., García-Ruiz, J.M., Peña-Pérez, S.A., Melón-Nava, A., Oliva, M., Álvarez-Martínez, J., Charton, J., ASTER Team, Palacios, D. (2022a). The origin and collapse of rock glaciers during the Bølling-Allerød interstadial: A new study case from the Cantabrian Mountains (Spain). *Geomorphology*, 401, 108112. https://doi.org/10.1016/j.geomorph.2022.108112

Santos-González, J., Redondo-Vega, J.M., García de Celis, A., González-Gutiérrez, R.B., Gómez Villar, A. (2022b). The glaciers of the Leonese Cantabrian Mountains. En M. Oliva, D. Palacios y J.M. Fernández-Fernández (Eds.), *Iberia, land of glaciers* (pp. 289-314). Amsterdam: Elsevier, https://doi.org/10.1016/B978-0-12-821941-6.00014-1

Santos-González, J., González-Gutiérrez, R.B., Gómez-Villar, A., Redondo-Vega, J.M., Peña-Pérez, S.A., Melón-Nava, A., Pisabarro-Pérez, A. (2022c). The use of Schmidt-hammer for relative-age dating of glacial, periglacial and paraglacial deposits in NW Spain. *10th IAG International Conference on Geomorphology*, Coimbra, Portugal.

Santos-González, J., González-Gutiérrez, R.B., Melón-Nava, A. (2022d). Valles del Bernesga y Torío. En L. López Trigal, V. Cabero Diéguez, J. Cortizo Álvarez y A. García de Celis (Coords.), *El territorio de León, provincia, comarcas y ciudades.* (pp. 241-260). León: Universidad de León.

Santos-González, J., González-Gutiérrez, R.B., Gómez-Villar, A., Peña-Pérez, S.A., Melón-Nava, A., Pisabarro-Pérez, A. Redondo-Vega, J.M., (2024). Application of the Schmidt-hammer for relative-age dating of glacial and periglacial landforms in the Cantabrian Mountains (NW Spain). Geomorphology, 456.

Serrano Cañadas, E. (1998). Geomorfología Estructural. Una introducción. Tratamiento Gráfico del Documento, S.L., Santander.

Serrano Cañadas, E., González Trueba, J.J., (2002). Morfología y evolución glaciar en los Picos de Europa. En J.M., Redondo Vega, A., Gómez Villar, R.B., González Gutiérrez y P. Carrera Gómez, (Coords.), *El modelado de origen glaciar en las montañas leonesas* (pp. 249-268). León: Universidad de León. https://rebiun.baratz.es/rebiun/record/Rebiun07130216

Serrano Cañadas, E., González Trueba, J.J., (2004). Morfodinámica periglaciar en el grupo Peña Vieja (Macizo Centra de los Picos de Europa-Cantabria). *Cuaternario y Geomorfología*, 18(3-4), 73-88.

Serrano, E., González Trueba, J.J., (2005). Assessment of geomorphosites in natural protected areas: the Picos de Europa National Park (Spain). *Géomorphologie*, 11(3), 197-208. https://doi.org/10.4000/geomorphologie.364

Serrano, E., González-Trueba, J.J., Sanjosé, J., Del Río, L.M. (2011). Ice patch origin, evolution and dynamics in a temperate high mountain environment: The Jou Negro, Picos de Europa (NW Spain). *Geografiska Annaler. Series A Physical Geography*, 93(2), 57-70.

http://dx.doi.org/10.1111/j.1468-0459.2011.00006.x

Serrano, E., González-Trueba, J.J., González-García, M. (2012). Mountain glaciation and paleoclimate reconstruction in the Picos de Europa (Iberian Peninsula, SW Europe). *Quaternary Research (United States)*, 78 (2), 303-324. https://doi.org/10.1016/j.yqres.2012.05.016

Solé Sabarís, L. (1983). Morfología general de la Península Ibérica. Geología de España. En *Libro Jubilar de J.M. Ríos* (pp. 589-612), T II. Madrid: I.G.M.E.

Suárez Salgado, F. (1993). El glaciarismo cuaternario de los Montes Aquilianos (El Bierzo-León). *Estudios Bercianos*, 18, 84-98.

Suárez Salgado, F. (1994a). El glaciarismo cuaternario de los Montes Aquilianos (El Bierzo-León) (2ª parte). *Estudios Bercianos*, 19, 30-48.

Suárez Salgado, F. (1994b). El glaciarismo cuaternario de los Montes Aquilianos (El Bierzo-León) (3ª parte). *Estudios Bercianos*, 20, 13-22.

Torres Vega, A., Andrés Martínez, J.M., Rodríguez de Prado, M.R., Sánchez Hermosa, J.L., Sánchez García, J.A. (1983). *Archivo de cavidades leonesas. T I*. León: Delegación Leonesa de Espeleología.

Tricart, J., (1977). Précis de Géomorphologie. Tome II: Géomorphologie Dynamique Générale. Paris: SEDES.

Tricart, J., (1981). Précis de Géomorphologie. Tome III: Géomorphologie Climatique. Paris: SEDES.

Tricart, J., Cailleux, A. (1967). Traité de Géomorphologie. Tome II: Le Modelé des Régions Périglaciaires. Paris: SEDES.

Valcárcel Díaz, M. (1998). *Evolución geomorfológica y dinámica de las vertientes en el noreste de Galicia: importancia de los procesos de origen frío en un sector de las montañas lucenses*. Tesis doctoral. Universidad de Santiago de Compostela.

Valcárcel Díaz, M. (2001). El glaciarismo pleistoceno de la Sierra de Ancares. *Xeografica, Revista de Xeografía, Territorio e Medio Ambiente, 135-164*.

Valcárcel Díaz, M. y Pérez Alberti, A. (1998). Límite máximo de la glaciación y línea de equilibrio glaciar en el noroeste de la Península Ibérica durante el último periodo frío. En A. Gómez Ortiz, y F. Salvador Franch, (Eds.), *Investigaciones recientes en Geomorfología española* (pp. 455-462).

Valcárcel Díaz, M. y Pérez Alberti, A. (2002a). La Sierra de los Ancares: itinerario geomorfológico. . En J.Mª. Redondo Vega, A. Gómez Villar, R.B. González Gutiérrez y P. Carrera Gómez (Coords.), *XVII Jornadas de Geografía Física* (pp. 148-162). León: Universidad de León, Secretariado de Publicaciones y Medios Audiovisuales.

Valcárcel Díaz, M. y Pérez Alberti, A. (2002b). La glaciación finipleistocena en el sector noroccidental de las montañas leonesas: la Sierra de Ancares. En J.Mª. Redondo Vega, A. Gómez Villar, R.B. González Gutiérrez y P. Carrera Gómez (Coords.), *El modelado de origen glaciar de las montañas leonesas.* (pp. 67-102). León: Universidad de León, Secretariado de Publicaciones y Medios Audiovisuales.

Valcárcel Díaz, M. y Pérez Alberti, A. (2002c). Los campos de bloques en las montañas del noroeste de la Península Ibérica: génesis y significado paleoambiental. *V Reunión IPA-España "Periglaciarismo en Montaña y altas latitudes"* (pp. 13-26). Valladolid: Universidad de Valladolid.

Valcárcel Díaz, M. y Pérez Alberti, A. (2002d). Dinámica glaciar pleistocena del complejo Porcarizas-Valongo (Serra dos Ancares, NW Ibérico. En Pérez Alberti y Martínez Cortizas (Eds.), *Avances en la reconstrucción paleoambiental de las áreas de montaña lucenses*, (pp. 53-64). Lugo: Diputación Provincial de Lugo.

Valcárcel Díaz, M., Carrera Gómez, P. (2010). Geomorphological action of the seasonal snow cover on Sierra de Ancares: Northeastern slope of Pico Cuiña (Leon). *Cuadernos de Investigación Geográfica*, 36 (2), 85-98. https://doi.org/10.18172/cig.1239

Valcárcel Díaz, M., Carrera Gómez, P., Pérez Alberti, A. (2005a). Pronival ramparts formation at a seasonal snow match from the Cuiña Cirque, Ancares Sierra, northwestern Spain. *Sixth International Conference on Geomorphology*. Abst. Vol., Zaragoza.

Valcárcel Díaz, M., Carrera Gómez, P. y Pérez Alberti, A. (2005b). Nival bedrock erosion at a seasonal snow patch site from the Cuiña cirque. Ancares Sierra, Northwestern Spain. In S. Etienne (Ed.), *Shifting Lands: news insights into periglacial* geomorphology (pp. 94-95). Clermont Ferrand: ESF-Sediflux Network, Sec. Conference.

Valcárcel-Díaz, M., Pérez-Alberti, A. (2021). The glaciers in Eastern Galicia. The glaciers of the Leonese Cantabrian Mountains. En M. Oliva, D. Palacios y J.M. Fernández-Fernández (Eds.), *Iberia, land of glaciers* (pp. 375-395). Amsterdam: Elsevier. https://doi.org/10.1016/B978-0-12-821941-6.00014-1

Valcárcel-Díaz, M., Vázquez-Rodríguez, A.L., Pontevedra-Pombal, X. (2022). Inestabilidad de ladera natural e inducida asociada a grandes movimientos en masa durante el Pleistoceno-Holoceno en la Serra dos Ancares (NW de la Península Ibérica). *Anales de Geografía de la Universidad Complutense*, 42, 301-329.